C语言
程序设计（第4版）

谭浩强 ◎ 著

清华大学出版社

北京

内 容 简 介

本书针对我国应用型大学的实际情况,由谭浩强教授在《C程序设计》一书的基础上编写出版的。本书降低起点,精简内容,通俗易懂,突出重点,紧扣基本要求,使读者容易学习。该书出版后受到广泛欢迎,到目前已更新三版,累计重印 70 多次。本书是在《C语言程序设计》(第 3 版)(谭浩强,清华大学出版社)的基础上修订再版的。

在这次修订中,保持了原书概念清晰、通俗易懂的特点,同时根据 C99 新标准介绍程序设计,体现教材的先进性和规范性,并且更加容易学习与入门。本书定位准确,体系科学,内容适当、取舍合理、例题丰富,分析透彻。作者采用的"提出问题—解决问题—归纳分析"的三部曲,符合初学者的认知规律,取得很好的效果。

凡具有计算机初步知识的读者都能读懂本书。本书可作为应用型大学各专业学习 C 语言程序设计的教材,基础较好的高职高专也可选用,本书也是不可多得的用于自学的好教材。

本书还配套出版辅助教材《C语言程序设计(第 4 版)学习辅导》。

图书在版编目(CIP)数据

C语言程序设计/谭浩强著.—4 版.—北京:清华大学出版社,2020.2(2024.7重印)
ISBN 978-7-302-54404-3

Ⅰ.①C… Ⅱ.①谭… Ⅲ.①C语言—程序设计—高等学校—教材 Ⅳ.①TP312.8

中国版本图书馆 CIP 数据核字(2019)第 264395 号

责任编辑:谢 琛
封面设计:刘 键
责任校对:李建庄
责任印制:杨 艳

出版发行:清华大学出版社
      网   址:https://www.tup.com.cn, https://www.wqxuetang.com
      地   址:北京清华大学学研大厦 A 座   邮   编:100084
      社 总 机:010-83470000   邮   购:010-62786544
      投稿与读者服务:010-62776969, c-service@tup.tsinghua.edu.cn
      质量反馈:010-62772015, zhiliang@tup.tsinghua.edu.cn
      课件下载:https://www.tup.com.cn,010-83470236
印 装 者:三河市铭诚印务有限公司
经   销:全国新华书店
开   本:185mm×260mm   印   张:23.5   字   数:531 千字
版   次:2000 年 1 月第 1 版 2020 年 6 月第 4 版   印   次:2024 年 7 月第 13 次印刷
定   价:59.00 元

产品编号:083930-02

领域的计算机应用人才,同时在教学过程中要注意培养学生的科学思维和信息素养。计算思维是科学思维的一部分。有专家认为:计算思维是运用计算机科学的基础概念进行问题求解、系统设计和理解人类行为的思维活动。计算思维的本质是抽象和自动化。程序设计中的算法思维就是典型的计算思维。学习程序设计能够有效地培养计算思维。

作者认为:计算思维是在学习和应用计算机的过程中自然而然地培养的,计算思维并不神秘,它是自然而然的结果,而不是生硬进行的过程;是本身存在的内在关联,而不是外界强加的概念。我们要善于在教学过程中有意识地引导学生善于思考,掌握规律,举一反三,掌握科学思维(包括计算思维)方法。

培养计算思维不是最终目的。培养计算思维是为了更好地应用计算机,培养更多更好的计算机应用人才。

5. 要从实际出发,准确定位

在学习 C 语言程序设计的人群中,有不同的情况和要求。有的是计算机专业的,有的是非计算机专业的;有的是本科生,有的是高职生;有的来自研究型大学,有的来自应用技术型大学;有的以后成为计算机专业人员,有的是计算机应用人员;有的要求精通,有的要求粗通,有的则只求一般了解。必须准确定位,从具体实际出发,对不同对象提出不同的要求。不可能要求一个没有计算机基础的人,通过三四十学时的课程就能精通程序设计,掌握复杂的算法,编写出复杂的程序。要求必须恰当,内容要有所取舍。在有限的学时内,只能学习基本的内容,为今后进一步的学习和使用打下必要的基础。如果有少数人将来需要熟练地编程,甚至成为专业的软件开发人员,则应当在学习本课程的基础上继续进行更深入的学习,例如至少应当完成一个综合作业,开发一个具有一定规模的应用软件的实践项目。

本书的对象是应用型大学本科学生,程度较高的高职(大专)学生也可以用本书作为教材。

本书在《C 语言程序设计》(第 3 版)的基础上进行了修订。修订中遵循以下原则。

(1) **保持原有特点和风格。**由于作者所著的《C 程序设计》和《C 语言程序设计》内容全面、叙述清晰,通俗易懂,在教学实践中取得了很好的效果,因此在修订时尽量保持原有的优点,基本上保留原书的体系,注意概念准确,讲解透彻,使读者对 C 语言和程序设计有全面、完整的理解。

(2) **按照 C99 标准进行介绍**,以适应 C 语言的发展,使编写程序更加规范。目前国内许多介绍 C 语言的教材是按照 C89 标准介绍的,而国外的同类教材已改为以 C99 标准为蓝本。本书按照 C99 标准的规定介绍程序设计,例如:

① 数据类型中,C99 增加了双长整型(long long int)、复数浮点型(float_complex,double_complex,long long _complex)、布尔型(bool)等。

② 根据 C99 的建议,main 函数的类型一律指定为 int 类型,并在函数的末尾加返回语句"return 0;"。

③ C99 增加了注释行的新形式——以双斜线"//"开始的内容作为注释行,这本来是 C++ 的注释行形式,现在 C99 把它扩充进来了,使编程更加方便。同时保留了原来的"/* …… */"形式,以使原来按 C89 标准编写的程序可以不加修改仍可使用。本书采用 C99 的注释新形式,读者使用更方便,而且符合发展需要。因此,本书的程序基本上采用下面的形式:

```
#include <stdio.h>              // 以"//"作为注释行的开始
int main()                      // 指定 main 函数为 int 类型
   {
        ⋮
    return 0;                   // 如函数正常执行,返回整数 0
   }
```

由于 C99 是在 C89 的基础上增加或扩充一些功能而成的,因此 C89 和 C99 基本上是兼容的。过去用 C89 编写的程序在 C99 环境下仍然可以运行。C99 所增加的许多新的功能和规则,是在编制比较复杂的程序时为方便使用和提高效率而用的,在初学时可以不涉及,因此本书对目前暂时用不到的内容不做介绍,以免读者分心,增加学习难度。在将来进行深入编程时再逐步了解和学习。

（3）**加强算法,强化解题思路**。在介绍例题时,先进行问题分析,探讨解题思路,构造算法,然后才是根据算法编写程序,而不是先列出程序再解释程序。在各章中由浅入深地结合例题介绍各种典型的算法。对穷举、递推、迭代、递归、排序(包括比较交换法、选择法、起泡法)、矩阵运算、字符处理应用等算法做了详细的介绍,对难度较大的链表操作的算法做了清晰的思路说明。引导读者在拿到题目后,先考虑算法再编程,而不是坐下来就写程序,以培养好的习惯,培养算法思维。

（4）**更详尽明确地说明了指针**。指针是学习 C 语言的重点,也是难点。作者在书中明确指出"指针就是地址",让很多读者豁然开朗。作者根据各校教学中遇到的情况和一些师生提出的问题,在本次修订时对指针的性质做了进一步说明:我们所说的指针就是地址,这个地址不仅是在内存中的位置信息(即纯地址),而且还包括在该存储单元中的数据类型的信息,请读者阅读本书时加以注意。

（5）**更加通俗易懂,容易学习**。作者充分考虑到广大初学者的情况,精心设计体系,适当降低门槛,便于读者入门。尽量少用深奥难懂的专业术语,用通俗易懂的方法和语言阐述清楚复杂的概念,使复杂的问题简单化。没有学过计算机原理和高等数学的读者完全可以掌握本书的内容。

本书采用作者提出的"提出问题—解决问题—归纳分析"的新的教学三部曲,先具体后抽象,先实际后理论,先个别后一般。而不是先抽象后具体,先理论后实际,先一般后个别。实践证明这样做符合读者的认知规律,读者很容易理解。

在介绍每个例题时,都采取以下的步骤:给出问题→解题思路→编写程序→运行结果

→程序分析→**程序改进**。对有关内容用**说明**、**注意**、**提醒**、**思考**等标注,并用楷体字以引起注意。这种方法符合读者认知规律,使读者思路更加清晰,更容易接受和理解。通过运行程序,读者看到结果,便于验证算法的正确性,学习过程不觉得抽象,而会觉得算法具体有趣,看得见,摸得着。

在每一章的最后有**本章小结**,归纳本章的要点,提纲挈领,画龙点睛,以加深印象,增强条理性。

本书便于自学。具有高中以上文化水平的人,即使没有教师讲解,也能基本掌握本书的内容。这样,就有可能做到:教师少讲,提倡自学,上机实践。

(6) 把教学内容分为**基本要求和提高要求两部分**。这是考虑到不同对象的要求的差别。在各章中把一部分较深入的内容作为"提高部分",单独列出,放在各章的最后,供学生选学和参考。如果学时不够,可以只学基本部分。通过学习基本部分,能初步掌握 C 程序设计的基本内容,写出相对简单的程序,如果希望学习得更深入一些,掌握更多的编程思路和技巧,可以选学各章的"提高部分"。也可以教师讲授基本部分,学生自学提高部分,以培养学生的自学能力。

应当怎样学习 C 语言程序设计呢?作者给出以下建议。

(1) 在开始学习时不要死记语法细节。请记住:重要的是学会编程序,而不是背语法。一开始就要学会看懂程序,编写简单的程序,然后逐步深入。有一些语法细节是需要通过较长期的实践才能熟练地掌握的。初学时,切忌过早地滥用 C 语言的某些容易引起错误的细节(如不适当地使用＋＋和－－的副作用)。

(2) 不能设想今后一辈子只使用在学校里学过的某一种语言。无论用哪一种语言进行程序设计,其基本思路和方法都是一样的。从这个意义上说,在大学里学哪一种语言,并不是很重要的原则问题。学会了一种计算机语言,可以很快地学会另一种语言。因此,在学习时一定要学活用活,举一反三,掌握规律,在以后需要时能很快地掌握其他语言进行工作。

(3) 在学校学习阶段,主要是学习程序设计的方法,进行程序设计的基本训练,打下将来进一步学习的基础。学习程序设计课程时,应该把精力放在最基本、最常用的内容上,学好基本功。如果对学生有较高的程序设计要求,应当在学习本课程后,安排一次集中的课程设计环节,完成有一定规模的程序设计。

(4) 程序设计是一门实践性很强的课程,既要掌握概念,又要动手编程,还要上机调试运行,希望读者一定要重视实践环节,包括编程和上机,达到既会编写程序,又会调试程序。衡量这门课学习得好坏,不是"知不知道",而是"会不会干"。考核的方法不应当采用标准题(是非题或选择题),而应当把重点放在编制程序和调试程序上。

(5) 使用哪一种编译系统并不是原则问题。程序编好以后,用哪一种编译系统进行编译都可以。读者不应该只会用某一种编译环境,应当了解、接触和使用不同的编译环境。不同的编译系统,其功能和使用方法有些不同,编译时给出的信息也不完全相同,要注意参阅使用说明书,特别要在使用中积累经验,举一反三。

为了帮助读者学习本书,作者还编写了本书的配套参考书《C语言程序设计(第4版)学习辅导》,提供本书中各章习题的参考答案以及上机实习指导。

谭亦峰工程师、薛淑斌高级工程师和金莹副教授参加了本书的修订。许多高校老师多年来使用本教材,提出了许多宝贵的意见和建议,使本书得以日臻完善。在此谨向一切帮助和支持过作者的人士表示由衷的感谢。

本书肯定会有不少缺点和不足,热切期望得到专家和读者的批评指正。

谭浩强

2019 年 10 月 1 日于清华园

目 录

第3章　最简单的C程序设计——顺序程序设计　56

第 4 章　选择结构程序设计　102

第 7 章　用函数实现模块化程序设计　190

第 10 章　利用文件保存数据　313

第 1 章

程序设计与 C 语言

1.1 计算机与程序、程序设计语言

大家都已经看到：计算机改变了世界，改变了人类生活。许多人觉得计算机高不可攀，神秘莫测。其实计算机并不神秘，它并不是天生"自动"工作的，它是由程序控制的。要让计算机按照人们的愿望工作，必须由人们事先编制好程序，输入到计算机，执行程序才能使计算机产生相应的操作。

人和计算机怎么沟通呢？计算机并不懂得人类的语言，它只能识别二进制的信息。在计算机产生的初期，人们为了让计算机工作，必须编写出由 0 和 1 所组成的一系列的指令，通过它指挥计算机工作。在研制计算机时，要事先设计好该型号计算机的指令系统，规定好一条由若干位 0 和 1 组成的指令使计算机产生哪种操作。一个型号机器语言的指令的集合称为该计算机的**机器语言**。机器语言是紧密依赖于计算机的硬件的，因此称它为**低级语言**（意思是贴近计算机硬件的语言）。不同型号计算机的机器语言是不相同的。用机器语言写程序难学、难记、难写、难修改、难维护，而且在不同计算机之间互不通用，给计算机的推广应用造成很大困难。

20 世纪 50 年代出现了用于程序设计的"**高级语言**"，它比较接近于人们习惯使用的自然语言（英文）和数学语言，如用 read 表示从输入设备"读"数据，用 write 表示向输出设备"写"数据，用 sin 表示求正弦函数。用高级语言编写程序直观易学，易理解，易修改，易维护，易推广，通用性强（不同型号计算机之间通用）。从 1954 年出现第一个高级语言 FORTRAN 以来，全世界先后出现了几千种高级语言，每种高级语言都有其特定的使用领域。其中应用比较广泛的有 100 多种，影响较大的有 FORTRAN（适合数值计算）、BASIC（适合初学者的小型会话语言）、COBOL（适合商业管理）、Pascal（适合教学的结构程序设计语言）、LISP 和 PROLOG（人工智能语言）、Visual Basic（支持面向对象程序设计的语言）、C（系统描述语言）、C++（支持面向对象程序设计的大型语言）、Java（适于网络使用的语言）以及近几年使用较多的 C♯、Python、R 语言等。

显然，用高级语言编写的程序，计算机是不能直接识别和执行的（计算机只能直接识别

二进制的指令),必须事先把用高级语言编写的程序翻译成机器语言程序,这个"翻译"工作是由称为"**编译系统**"的软件来实现的。

高级语言的出现被认为是计算机发展史上的"惊人的成就",它为计算机的推广普及提供了可能。

1.2　C语言的出现和发展过程

C语言是国际上广泛流行的计算机高级语言。最初的C语言只是为编写 UNIX 操作系统提供一种工作语言而设计的。1973 年,Ken Thompson 和 Dennis M.Ritchie 合作把 UNIX 的 90% 以上用C语言改写(原来的 UNIX 操作系统是用汇编语言编写的)。

后来,C语言做了多次改进,但主要还是在贝尔实验室内部使用。随着 UNIX 的日益广泛使用,C语言也迅速得到推广。C语言和 UNIX 可以说是一对孪生兄弟,在发展过程中相辅相成。1978 年以后,C语言先后移植到大、中、小、微型计算机上。C语言便很快风靡全世界,成为世界上应用最广泛的程序设计高级语言。

以 1978 年发布的 UNIX 第 7 版中的 C语言编译程序为基础,Brian W.Kernighan 和 Dennis M.Ritchie (合称 K&R)合著了影响深远的名著 *The C Programming Language*,这本书中介绍的C语言成为后来广泛使用的C语言版本的基础,它被称为标准的C语言。1983 年,美国国家标准化协会(ANSI)根据C语言问世以来各种版本对C语言的发展和扩充,制定了新的标准草案,即83 ANSI C。ANSI C 比原来的标准C有了很大的发展。1989 年,ANSI 又公布了一个新的C语言标准——ANSI X3.159−1989(简称 C89)。1990 年,国际标准化组织(International Standard Organization,ISO) 接受 C89,作为国际标准 ISO/IEC 9899:1990,通常简称为 C90。ISO 的 C90 和 ANSI 的 C89 基本上是相同的。

1995 年,ISO 对 C90 做了一些修订,称为 C95。1999 年,ISO 又对C语言标准进行修订,在基本保留原来的C语言特征的基础上,增加了一些面向对象的特征,命名为 ISO/IEC 9899:1999,简称为 C99。但前一时期有的软件公司提供的C语言编译系统并未完全实现 C99 建议的功能,而是以 C89 为基础进行开发的。不同的软件公司提供的C编译系统所实现的语言功能和语法规则又略有差别。因此,读者应了解所用的C语言编译系统的特点。本书的叙述基本以 C99 为基础。

C语言功能强大、使用灵活,既可用于编写应用软件,又能用于编写系统软件。因此C语言问世以后得到迅速推广。自 20 世纪 90 年代初C语言在我国开始推广以来,学习和使用C语言的人越来越多,成了学习和使用人数最多的一种计算机语言,绝大多数理工科大学(包括高职高专)都开设了C语言程序设计课程。熟练掌握C语言成为计算机开发人员的一项基本功。

1.3 简单的C语言程序

下面先介绍几个简单的C语言程序,然后从中分析C语言程序的特点。

例 1.1 要求在屏幕上显示出以下一行信息:

```
This is a C program.
```

编写程序:

```c
#include <stdio.h>
int main( )
{
    printf("This is a C program.\n");
    return 0;
}
```

运行结果:

```
This is a C program.
```

程序分析:

这是一个最简单的C语言程序。先看程序的第2行,其中 main 是C语言程序中"主函数"的名字。main 前面的 int 表示此主函数是整型的,int 是 integer 的缩写。执行此函数后会产生一个整数的函数值[①]。每一个C语言程序都必须有一个 main 函数。每一个函数要有函数名,也要有函数体(即函数的实体)。函数体由一对大括号({ })括起来。

本例中主函数内有两个语句行。其中"return 0;"是把 0 作为函数的返回值,这是所有C程序所要求的。因此,本程序实际上只有第 4 行 printf 语句是用户用来实现所需的功能的。printf 是C编译系统提供的标准函数库中的输出函数(详见第 4 章)。printf 语句中括号内双撇号内的字符串按原样输出。"\n"是换行符,在执行程序时,输出"This is a C program.",然后执行回车换行。所有语句最后都应有一个分号。

---

① 执行一个函数后会得到一个函数值,例如正弦函数 sin(x)有一个确定的值。函数的值是提供给函数的调用者的。main 函数是由操作系统调用的,函数值提供给操作系统,以判定 main 函数是否正常结束。那么 main 函数的值是什么呢? 程序最后一行"return 0;",表示"返回 0",即把 0 作为函数的值。如果程序没有正常结束就不会执行此 return 语句,不返回 0,系统会使 main 函数的值为一个非 0 值(一般为 1)。操作系统就可以知道程序未正常结束,并采取相应的措施(如输出一个信息)。main 函数的值又称为 main 函数的返回值。

在使用标准函数库中的输入输出函数时,编译系统要求程序提供有关的信息(例如对这些输入输出函数的声明),程序第1行"♯include ＜stdio.h＞"的作用就是用来提供这些信息的,stdio.h是C编译系统提供的一个文件名,stdio是standard input ＆ output的缩写,即有关"标准输入输出"的信息。在开始时对此可暂不必深究,以后会有详细介绍。在此只需记住:在程序中用到系统提供的标准函数库中的输入输出函数时,应在程序的开头写这样一行:

```
#include <stdio.h>
```

例 1.2　求两个整数之和。
编写程序:

```
#include <stdio.h>
int main()                       //求两个整数之和
  {int a,b,sum;                  //这是声明部分,定义 a、b、sum 为整型变量
   a=123; b=456;                 //给变量赋值
   sum=a+b;                      //将 a 和 b 相加得到的和送到变量 sum 中保存
   printf("sum is %d\n",sum);    //输出 sum 的值
   return 0;
}
```

运行结果:

```
sum is 579
```

程序分析:

本程序的作用是求两个整数 a 和 b 之和 sum。各行右侧的"//……"是**注释部分**。注释可以用汉字或英文字符表示。注释只是给人看的,对编译和运行不起作用。注释可以出现在一行中的最右侧,也可以单独成为一行,可以根据需要写在程序中的任何一行中。第3行是声明部分,用来定义变量 a、b 和 sum 为整型变量,int 代表"整型"。第4行是两个赋值语句,使 a 和 b 的值分别为 123 和 456。第5行执行 a+b 的运算,然后把 a+b 的结果赋予变量 sum。

第6行是输出语句,双撇号中的"%d"是输入输出的**格式字符串**,用来指定输入输出时的数据类型和格式(详见第4章)。"%d"表示输入输出时用"十进制整数"形式表示。在执行输出时,双撇号中的字符"sum is "按原样输出,而在格式字符串"%d"的位置上代以一个十进制整数值。printf 函数中括号内双撇号和逗号的右面的 sum 是要输出的变量,现在 sum 的值为 579(123 与 456 之和),在输出结果时它应代替"%d",出现在"%d"原来的位置上。"\n"是换行符,实现回车换行。因此程序运行时输出"sum is 579"。

例 **1.3**　　求两个整数中的大者。

编写程序：

```
#include <stdio.h>
int main( )                    //主函数
  {int max(int x,int y);      //对被调用的 max 函数进行声明
   int a, b, c;               //定义整型变量 a、b、c
   scanf("%d,%d",&a,&b);      //从键盘输入变量 a 和 b 的值
   c=max(a,b);                //调用 max 函数,将得到的值赋给整型变量 c
   printf("max=%d\n",c);      //输出 c 的值
   return 0;
  }
int max(int x,int y)          //定义 max 函数,函数值为整型,形式参数 x、y 为整型
  {int z;                     //max 函数中的声明部分,定义本函数中用到的变量 z 为整型
   if (x>y) z=x;              //如果 x>y,则将 x 的值赋给变量 z
   else z=y;                  //否则,将 y 的值赋给变量 z
   return(z);                 //将 z 的值返回到主函数中调用函数的位置
  }
```

运行结果：

```
8,5↙                    (输入 8 和 5,赋给 a 和 b)
max=8                   (输出两个数中的大者,即 c 的值)
```

为了在分析运行情况时便于区别输入和输出的信息,本书对输入的信息加了下画线,如上面运行结果的第 1 行表示：从键盘输入“8,5”,然后按 Enter 键。第 2 行是从计算机输出的信息,显示在屏幕上。

程序分析：

本程序包括两个函数：主函数 main 和被调用的函数 max。max 函数的作用是将 x 和 y 中的大者的值赋给变量 z。return 语句将 z 的值作为 max 函数值带回给主调函数 main。返回值是通过函数名 max 带回到 main 函数中的调用 max 函数的位置处。

程序第 3 行是在主函数中对被调用函数 max 的声明。由于在主函数中要调用 max 函数,而 max 函数的定义却在 main 函数之后,为了使编译系统能够正确识别和调用 max 函数,必须在调用 max 函数之前对 max 函数进行声明,以通知编译系统：“在 main 函数中,max 是一个已定义的函数”。有关函数的声明以后会详细介绍,在此只要初步了解即可。

main 函数中的 scanf 是“**输入函数**”的名字(scanf 和 printf 都是 C 的标准输入输出函数)。程序中 scanf 函数的作用是：在程序运行时要求用户输入 a 和 b 的值。&a 和 &b 中的“&”的含义是“变量的地址”。本例中 scanf 函数的作用是：将用户输入的两个数值分别送到变量 a 和 b 的地址所代表的单元中,也就是输入给变量 a 和 b。scanf 函数中双撇号括

起来的"%d,%d"的含义与前相同,只是现在用于"输入"。它指定用户应当按十进制整数形式输入 a 和 b 的值。

在程序第 6 行中调用 max 函数,在调用时将**实际参数** a 和 b 的值分别传送给 max 函数中的参数 x 和 y(称为**形式参数**)。经过执行 max 函数得到一个返回值(即 max 函数中变量 z 的值),这个值返回到调用 max 函数的位置,即程序第 6 行"="的右侧,代替了原来的 max(a,b),然后把这个值赋给变量 c。第 7 行输出变量 c 的值。在执行 printf 函数时,对双撇号括起来的"max=%d\n"是这样处理的:①将字符串"max="原样输出;②"%d"由 c 的值取代之;③"\n"是回车换行。请对照运行结果分析。

本例用到了函数调用、实际参数和形式参数等概念,在此只做了很简单的解释。读者如对此不大理解,可以先不予以深究,在学到以后有关章节时,问题自然迎刃而解。在此介绍此例子,无非是使读者对 C 程序的组成和形式有一个初步的了解。

通过以上几个例子,可以看到:

(1) **C 程序主要是由函数构成的**。一个 C 源程序必须包含一个 main 函数,也可以包含一个 main 函数和若干个其他函数。因此,**函数是 C 程序的基本单位**。被调用的函数可以是系统提供的库函数(例如 printf 和 scanf 函数),也可以是用户根据需要自己编制设计的函数(例如,例 1.3 中的 max 函数)。C 的函数相当于其他语言中的子程序,用来实现特定的功能。程序全部工作都是由各个函数分别完成的。编写 C 程序就是编写一个个的函数。C 的函数库十分丰富,ANSI C 建议包括 100 多个库函数,不同的 C 编译系统提供的库函数一般都多于 ANSI C 所建议的数量,如 Turbo C 提供 300 多个库函数。

C 语言的这种特点使得容易实现程序的模块化。

(2) **一个函数由两部分组成**。

① **函数首部**。即函数的第 1 行,包括函数名、函数类型、函数参数(形式参数)名和参数类型。

例如,例 1.3 中的 max 函数的首部为

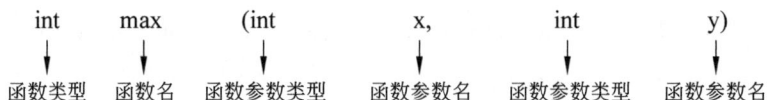

int	max	(int	x,	int	y)
↓	↓	↓	↓	↓	↓
函数类型	函数名	函数参数类型	函数参数名	函数参数类型	函数参数名

一个函数名后面必须跟一对括号,括号内写函数的参数名及其类型。函数可以没有参数,例如:

```
int main()
```

② **函数体**。即函数首部下面的大括号内的部分。如果一个函数内有多个大括号,则最外层的一对大括号为函数体的范围。

函数体一般包括以下两部分。

声明部分。在这部分中定义所用到的变量和对所调用函数的声明。如例 1.3 程序,

main 函数中对变量的定义"int a,b,c;"和对所调用的函数的声明"int max(int x,int y);"。

执行部分。由若干个语句组成。

当然,在某些情况下也可以没有声明部分(如例 1.1),甚至可以既无声明部分也无执行部分。如:

```
void dump()
{ }
```

它是一个空函数,什么也不做,但这是合法的。

(3) **一个 C 程序总是从 main 函数开始执行的**,而不论 main 函数在整个程序中的位置如何(main 函数可以放在程序最前头,也可以放在程序最后,或在一些函数之前,或在另一些函数之后)。

(4) **C 程序书写格式自由**,一行内可以写几个语句,一个语句可以分写在多行上,程序的各行没有行号(有的语言要求在每一行的开头要有行号,以便识别)。

(5) **每个语句和数据声明的最后必须有一个分号**。分号是 C 语句的必要组成部分。例如:

```
c=a+b;
```

分号是不可缺少的。即使是程序中最后一个语句也应包含分号,见以上各例。

(6) **C 语言本身没有输入输出语句**。输入和输出的操作是由库函数 scanf 和 printf 等函数来完成的。C 对输入输出实行"函数化"的方式。由于输入输出操作牵涉具体的计算机设备,把输入输出操作放在函数中处理,就可以使 C 语言本身的规模较小,编译程序简单,很容易在各种机器上实现,程序具有可移植性。

(7) **可以用"//"对 C 程序中的任何一行或数行做注释**。一个好的、有使用价值的源程序都应当加上必要的注释,以增加程序的可读性。

1.4 运行 C 程序的步骤与方法

1.4.1 运行 C 程序的步骤

前面已经列出了几个用 C 语言编写的程序。为了使计算机能按照人的意志进行工作,必须根据问题的要求,编写出相应的程序。所谓**程序**,就是**一组计算机能识别和执行的指令**。每一条指令使计算机执行特定的操作。用高级语言编写的程序称为"**源程序**(source program)"。前已说明,计算机只能识别和执行由 0 和 1 组成的二进制的指令,而不能识别和执行用高级语言写的指令。为了使计算机能执行高级语言源程序,必须先用一种称为"**编译程序**"的软件,把源程序翻译成二进制形式的"**目标程序**(object program)",然后再将该目标程序与系统的函数库以及其他目标程序连接起来,形成**可执行的目标程序**。

在编好一个 C 源程序后,如何上机运行呢?在纸上写好一个程序后,要经过这样几个步骤:

上机输入和编辑源程序→对源程序进行编译,得到目标程序→将目标程序与库函数连接,得到可执行的目标程序→运行可执行的目标程序。以上过程如图 1.1 所示。

其中实线表示操作流程,虚线表示文件的输入输出。例如,经过编辑后得到一个源程序文件 f.c,然后对源程序文件 f.c 进行编译,经过编译得到目标程序文件 f.obj,再将目标程序 f.obj 与系统提供的库函数等连接,得到可执行的目标程序 f.exe,最后运行可执行目标程序 f.exe。

在了解了 C 语言的初步知识后,读者最好在计算机上运行一个 C 程序,以建立对 C 程序的初步认识。

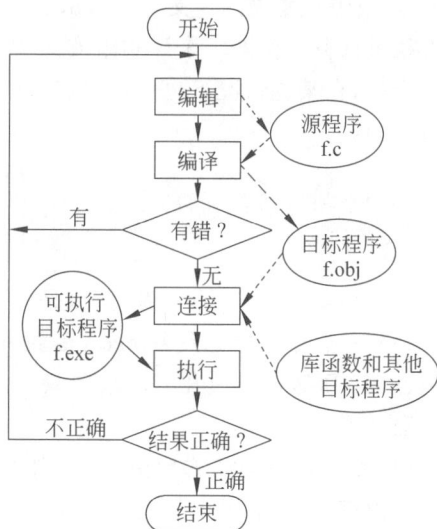

图 1.1

1.4.2 上机运行 C 程序的方法

为了编译、连接和运行 C 程序,必须要有相应的 **C 语言编译系统**。目前使用的大多数 C 语言编译系统都是集成环境(IDE)的,把程序的编辑、编译、连接和运行等操作全部集中在一个界面上进行,功能丰富,使用方便,直观易用。

可以用不同的编译系统对 C 程序进行操作,常用的有 Turbo C++ 3.0、Visual C++ 6.0、Visual C++ 2008、Visual C++ 2010 等。由于 C++ 是从 C 语言发展而来的,C++ 对于 C 程序是兼容的,因此可以用 C++ 的编译系统对 C 程序进行编译。也就是说,一个 C 程序可以在 C++ 集成环境中进行调试和运行。

在大学的计算机实验室中一般都已预装了需要用到的 C 语言编译系统(如 Visual C++ 6.0),学生直接在集成环境下输入和修改程序、进行编译和连接以及运行程序。如果在自己的计算机上运行 C 语言程序,则首先要要装 C 语言编译系统。

学习本课程的目的主要是:掌握 C 语言并能利用它编制程序和运行程序。写出源程序后可以用任何一种编译系统对程序进行编译和连接工作,只要用户感到方便、有效即可。不应当只会使用一种编译系统,而对其他系统一无所知。无论用哪一种编译系统,都应当能举一反三,在需要时会用其他编译系统进行工作。

本节主要介绍在 Visual C++ 6.0 中怎样编辑、编译、连接和运行 C 程序。本书中的程序都是在 Visual C++ 6.0 环境下调试和运行的。在本书的配套书《C 语言程序设计(第 4 版)学习辅导》中还介绍了 Visual C++ 2008 和 Visual C++ 2010 的使用方法。它们是大同小异的,掌握了其中一种,就能顺利地掌握其他。

1. 安装Visual C ++ 6.0 和进入 Visual C ++ 6.0 集成环境

Visual C ++ 6.0 是在 Windows 环境中工作的。Visual C ++ 6.0 有英文版和中文版,二者使用方法相同,只是中文版在界面上用中文代替了英文。本节介绍的是 Visual C ++ 6.0 中文版,为了方便使用英文版的读者,在介绍操作时在中文后面的括号内注明英文版中所对应的英文单词。

为了能使用 Visual C ++ 6.0 集成环境,必须事先在所用的计算机上安装 Visual C ++ 6.0 系统。在安装后最好在桌面上设立 Visual C ++ 6.0 的快捷方式图标,以方便使用。

双击桌面上 Visual C ++ 6.0 图标,就能进入 Visual C ++ 6.0 集成环境,屏幕上出现 Visual C ++ 6.0 的主窗口,见图1.2。

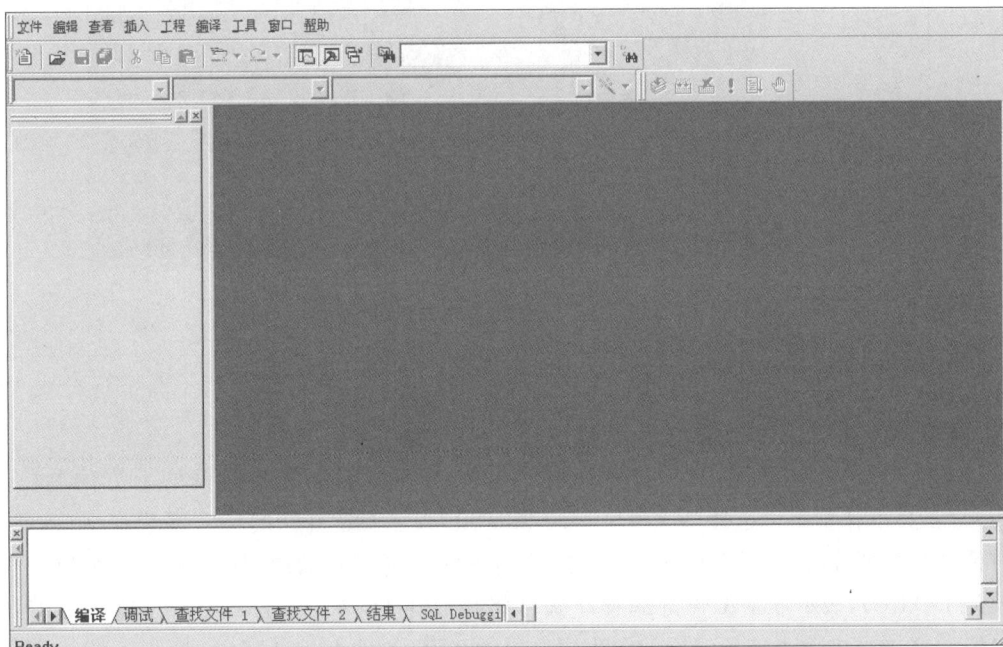

图 1.2

在Visual C ++ 主窗口的顶部是Visual C ++ 的主菜单栏。其中包含 9 个菜单项:文件(File)、编辑(Edit)、查看(View)、插入(Insert)、工程(Project)、编译(Build)、工具(Tools)、窗口(Windows)和帮助(Help)。在括号中的内容是用 Visual C ++ 6.0 英文版时屏幕上显示的英文。

主窗口的左侧是项目工作区窗口,右侧是程序编辑窗口。工作区窗口用来显示所设定的工作区的信息,程序编辑窗口用来输入和编辑源程序。

2. 输入和编辑源程序

1）新建一个源程序

可采取以下步骤：

在 Visual C++ 主窗口的主菜单栏中选择"文件"（File），然后选择"新建"（New）（见图1.3）。

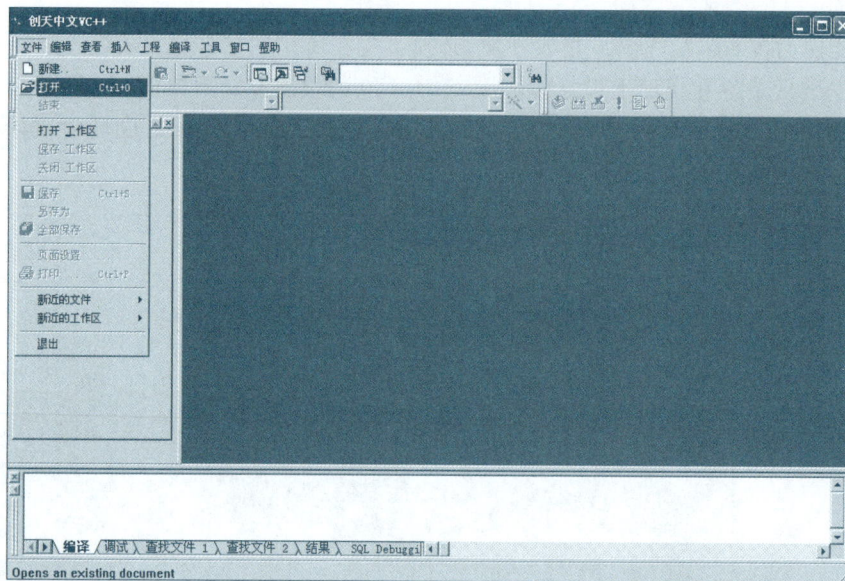

图 1.3

屏幕上出现一个"新建"（New）对话框（见图1.4）。单击此对话框的上方的"文件"（Files），在其下拉菜单中选择"C++ Source File"项，表示要建立新的C++源程序文件，然后在对话框右半部分的"目录"（Location）文本框中输入准备编辑的源程序文件的存储路径（现假设为 D:\CC），表示准备编辑的源程序文件将存放在 D:/CC 子目录下。在其上方的"文件"（File）文本框中输入准备编辑的源程序文件的名字（如输入 c1-1.c）。

这样，即将进行输入和编辑的源程序就以 c1-1.c 为文件名存放在 D 盘的 CC 目录下。当然，读者完全可以指定其他路径名和文件名。

在单击"确定"（Ok）按钮后，回到 Visual C++ 主窗口，由于在前面已指定了路径（D:\CC）和文件名（c1-1.c），因此在窗口的标题栏中显示出 D:\CC\c1-1.c。可以看到光标在程序编辑窗口闪烁，表示程序编辑窗口已激活，可以输入和编辑源程序了。我们输入例1.1程序（见图1.5）。在输入过程中如发现有错误，可以利用全屏幕编辑方法进行修改编辑。

如果经检查无误，则将源程序保存在前面指定的文件 c1-1.c 中，方法是：在主菜单栏中选择"文件"（File），并在其下拉菜单中选择"保存"（Save），见图1.6。

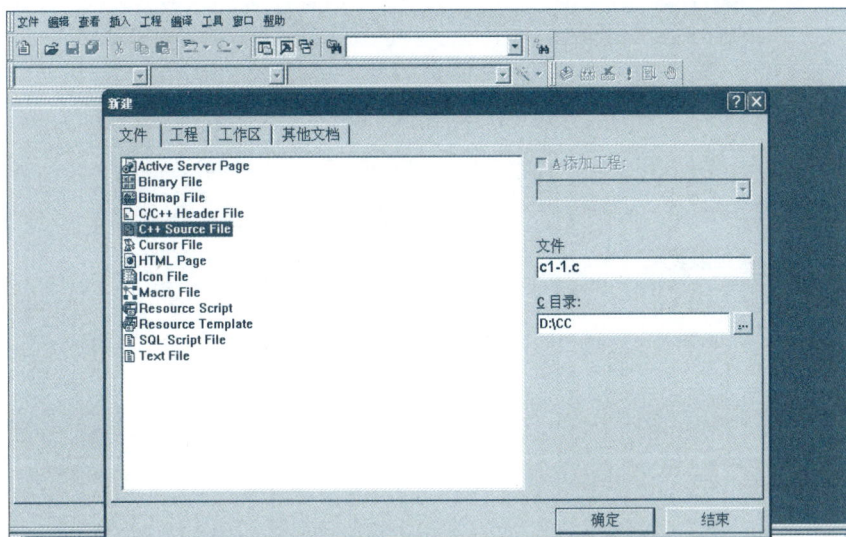

图　1.4

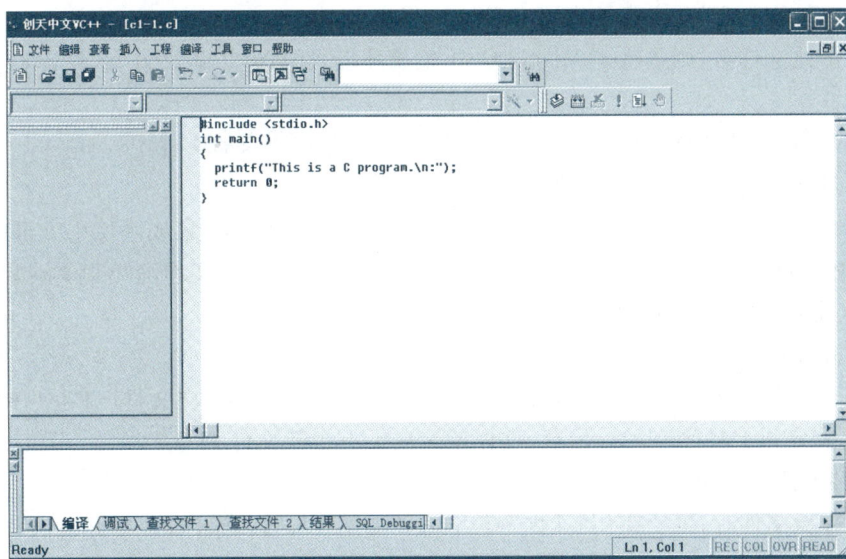

图　1.5

说明：Visual C++ 6.0 可以编译后缀为.c 的 C 源程序，也可以编译后缀为.cpp 的 C++源程序。

2) 打开一个已有的程序

如果已经编辑并保存过 C 源程序，而希望打开所需要的源程序文件，并对它进行修改，方法是：

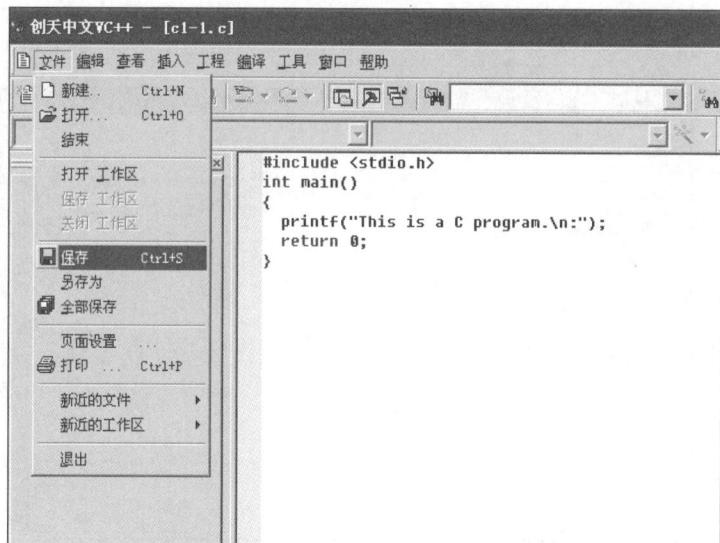

图　　1.6

① 在"我的电脑"中按路径找到已有的 C 程序名(如 c1-1.c)。

② 双击此文件名,则进入了 Visual C ++ 集成环境,并打开了该文件,程序已显示在编辑窗口中。

③ 修改后选择"文件"(File) →"保存"(Save),保存在原来的文件中。

3) 通过已有的程序建立一个新程序

如果你已经编辑并保存过 C 源程序(不论是否在 Visual C ++ 集成环境中处理的),则可以利用已有的程序来建立一个新程序,这样做比重新输入一个新文件简单得多,可以省去不少步骤,而且可以利用原有程序中的部分内容。方法是:

① 打开任何一个已有的源文件(例如 c1-1.c)。

② 将显示在屏幕上的 c1-1.c 程序修改为例 1.2 程序,然后通过"文件"(File)→"另存为"(Save as),将它以文件名 c1-2.c 另存,这样就生成了一个新文件 c1-2.c。

用这种方法很方便,但应注意:

① 另存新文件时,不要错用"文件"(File)→"保存"(Save) 操作,否则原有文件(c1-1.c)的内容被修改了。

② 在编译新文件前,应将原有的工作区关闭,以免新文件在原有的工作区进行编译。方法是:选择"文件"(File)→"关闭工作区"(Close Workspace),关闭当前的工作区。

3. 对源程序进行编译

在编辑和保存了源文件(如 c1-1.c)以后,若需要对该源文件进行编译。单击主菜单栏中的"编译"(Build),在其下拉菜单中选择"编译 c1-1.c"(Compile c1-1.c)项,见图 1.7。由于刚才建立(或保存)文件时已指定了源文件的名字 c1-1.c,因此在"编译"下拉菜单中的"编译"项中自动显示了现在要编译的源文件名 c1-1.c。

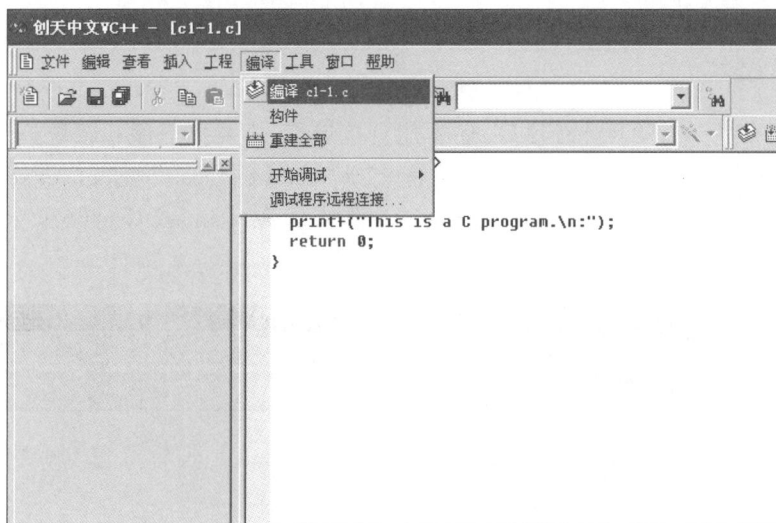

图 1.7

在单击"编译 c1-1.c"后,屏幕上出现一个对话框,内容是"This build command requires an active project workspace.Would you like to create a default project workspace?"(此编译命令要求一个有效的项目工作区,你是否同意建立一个默认的项目工作区),见图 1.8。单击"是"(Yes)按钮,表示同意由系统建立默认的项目工作区,然后开始编译。

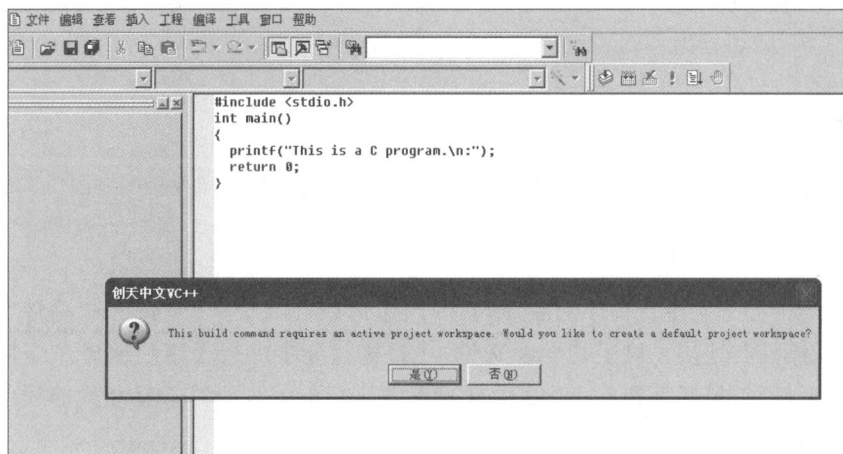

图 1.8

也可以不用选择菜单的方法,而用 Ctrl+F7 键来完成编译。

在进行编译时,编译系统检查源程序中有无语法错误,然后在主窗口下部的调试信息窗口输出编译的信息,如果无错,则生成目标文件 c1-1.obj;如果有错,则会指出错误的位置和性质,提示用户改正错误。

4. 程序的连接

在得到后缀为.obj 的目标程序后,还不能直接运行,还要把程序和系统提供的资源(如函数库库、头文件)建立连接。此时应选择"编译"→"Build test.exe(构件 c1-1.exe)",见图1.9。表示要求连接并构建一个可执行文件 c1-1.exe(作者认为:Visual C++ 6.0 中文版中用的"构件"应改为"构建"更确切)。

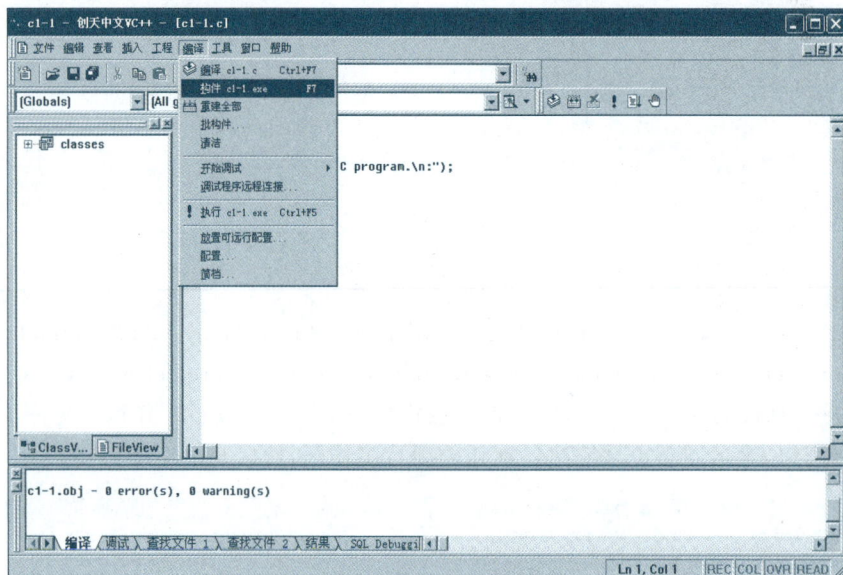

图 1.9

在执行连接后,在调试输出窗口中显示连接时的信息:"c1-1.exe-0 error(s),0 warning(s)",表示没有发现"错误"(error)和"警告"(warning),生成了一个可执行文件 c1-1.exe,见图1.10。

以上介绍的是分别进行程序的编译与连接,也可以选择菜单"编译"→"构件"(或按 F7键)一次完成编译与连接。对于初学者来说,还是提倡分步进行程序的编译与连接,因为程序出错的概率较大,最好等到上一步完全正确后再进行下一步。对于有经验的程序员来说,在对程序比较有把握时,可以一步完成编译与连接。

5. 程序的执行

在得到可执行文件 c1-1.exe 后,就可以直接执行 c1-1.exe 了。选择"编译"→"执行

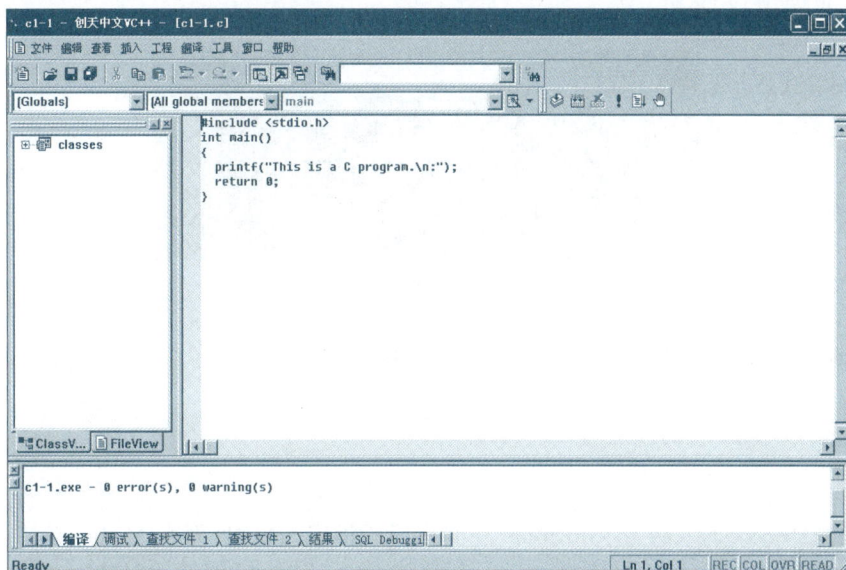

图 1.10

c1-1.exe",见图 1.11。

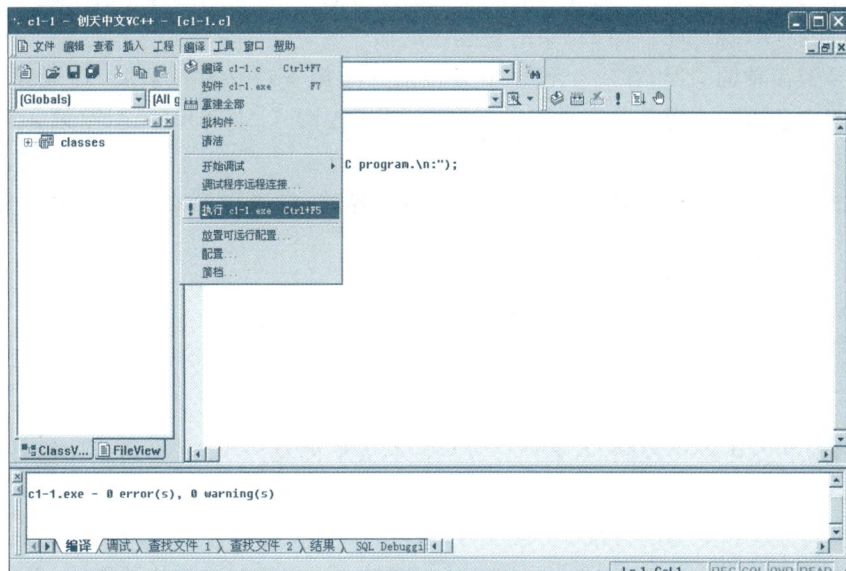

图 1.11

在单击"执行 c1-1.exe"(Execute c1-1.exe)后,即开始执行 c1-1.exe。也可以不通过单击菜单,按 Ctrl+F5 键来实现程序的执行。程序执行后,屏幕切换到输出结果的窗口,显示出运行结果，见图1.12。

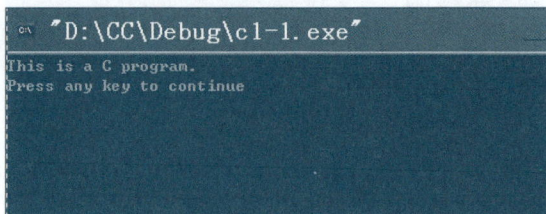

图 1.12

可以看到，在输出结果的窗口中的第 1 行是程序的输出：

This is a C program.

然后换行。

第 2 行"Press any key to continue"并非程序所指定的输出，而是 Visual C ++ 在输出完运行结果后由 Visual C ++ 系统自动加上的一行信息，通知用户："按任何一键以便继续"。当按任何一键后，输出窗口消失，回到 Visual C ++ 的主窗口，可以继续对源程序进行修改补充或进行其他的工作。

如果已完成对一个程序的操作，不再对它进行其他处理，应当选择"文件"（File）→"关闭工作区"（Close Workspace），以结束对该程序的操作。

以上是最简单的情况，在一个程序中只包括一个源程序文件（程序由一个模块组成）。如果一个程序是由多个源程序文件组成，处理方法可参阅《C 语言程序设计（第 4 版）学习辅导》。

不同的 Visual C ++ 版本的使用方法是大同小异的，读者了解其中一种用法后，可以举一反三，很快掌握其他系统的使用方法。

本章小结

（1）计算机是由程序控制的，要使计算机按照人们的意图工作，必须用计算机语言编写程序。

（2）机器语言和汇编语言依赖于具体计算机，属于低级语言，难学难用，无通用性。高级语言接近人类自然语言和数学语言，容易学习和推广，不依赖于具体计算机，通用性强。

（3）C 语言是目前在世界上使用最广泛的一种计算机语言，语言简洁紧凑，使用方便灵活，功能很强，既有高级语言的优点，又具有低级语言的功能；既可用于编写系统软件，又可用于编写应用软件。掌握 C 语言程序设计是程序设计人员的一项基本功。

（4）一个 C 语言程序是由一个或多个函数构成的，必须有一个 main 函数。程序由 main

函数开始执行。在函数体内可以包括若干个语句,语句以分号结束。一行内可以写多个语句,一个语句可以分写为多行。

(5)上机运行一个C程序必须经过4个步骤:编辑、编译、连接和执行。要熟练掌握上机技巧。

(6)用C语言写好程序后,可以用不同的C编译系统对它进行编译。目前所用的编译系统多采用集成环境:把编辑、编译、连接和执行等步骤在一个集成环境中完成。

(7)目前所用的C++集成环境功能强,使用方便。由于C++和C兼容,可以用C++集成环境对C程序进行编译、连接和运行。

习题

1.1 请参照本章例题,编写一个C程序,输出以下信息:

```
*******************************
      Very good!
*******************************
```

1.2 编写一个C程序,输入 a、b、c 三个值,输出其中最大者。

1.3 上机运行本章 3 个例题,熟悉所用系统的上机方法与步骤。

1.4 上机运行为本章习题 1.1 和习题 1.2 所编写的程序。

第 ② 章

数据的存储与运算

2.1 数据在计算机中是怎样存储的

学习 C 语言程序设计,需要了解数据在计算机中是怎样存储的。

从第 1 章所介绍的程序中可以看到,程序的作用是对数据进行操作,例如对数据进行算术运算、输入或输出、比较两个数的大小等。程序中一切操作都是围绕数据进行的。计算机处理的数据不仅限于数值(如 1、−5.8),还包括字符数据(如字母'a',专用字符'!' '&'),还有代表图形的数据、代表音频的数据等。这些数据在计算机内部是怎样存储的呢?

2.1.1 数据在计算机中是以二进制形式存储的

众所周知,计算机的工作是基于二进制原理的,计算机内部的信息都是用二进制来表示的。计算机的存储器是由半导体集成电路构成的,它包括几亿个小的脉冲电路单元(二极管元件)。每一个二极管元件如同一个开关,有两种稳定的工作状态:"导通"与"截止",即电脉冲的"有"与"无",用 1 和 0 表示。如果有相邻的 8 个二极管元件中第 1、3、5、7 个元件处于"导通"状态,第 2、4、6、8 个元件处于"截止"状态(见图 2.1(a)),这种状态用 10101010 表示(见图 2.1(b)或图 2.1(c))。当用户向计算机输入数据(例如输入整数 5)时,计算机先把数

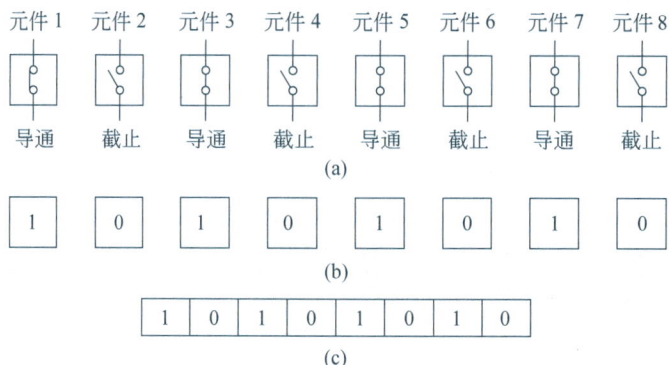

元件 1	元件 2	元件 3	元件 4	元件 5	元件 6	元件 7	元件 8
导通	截止	导通	截止	导通	截止	导通	截止

(a)

1	0	1	0	1	0	1	0

(b)

1	0	1	0	1	0	1	0

(c)

图 2.1

据转换为二进制形式(整数 5 的二进制形式为 101),根据其每一位是 0 或 1,使相应的电子元件设置为"截止"或"导通"状态。至于怎样具体实现,用户可不必过虑,是由计算机自动完成的。

一个十进制怎样表示为二进制形式呢?二进制数的特点是"逢二进一"。每一位的值只有 0 和 1 两种可能。

表 2.1 表示最简单的十进制数与二进制数的对应关系。

表 2.1 最简单的十进制数与二进制数的对应关系

十 进 制 数	二 进 制 数	十 进 制 数	二 进 制 数
0	0	6	110
1	1	7	111
2	10	8	1000
3	11	9	1001
4	100	10	1010
5	101		

十进制数 **10**,用二进制表示是 **1010**。它的含义是:

$$1\times2^3+0\times2^2+1\times2^1+0\times2^0$$

每一个二进位代表不同的幂,最右边一位代表 **2** 的 **0** 次方,最右边第二位代表 **2** 的 **1** 次方,以此类推。显然一个很大的整数可能需要几十个"二进制位"来代表。

2.1.2 位、字节和地址

在谈论数据存储时常用到以下一些名词:

位,又称为"**比特**"(**bit**)。每一个二极管元件称为一个"二进制位",是存储信息的最小单位。它的值是 1 或 0。

字节,又称为"**拜特**"(**byte**)。一个存储器包含许许多多个"二进制位",如果直接用"位"来表示和管理,很不方便。一般将 8 个"二进制位"组织成一组,称为"字节"。这是人们最常用的存储单位,例如平常说的"占内存 125K",就是指 125KB,即约 12.5 万字节。"内存为 256M",就是指 256 兆字节,一兆是 10^6,即 100 万。"硬盘容量为 40G",就是指 40 吉字节,一吉是 10^9,40GB 就是 400 亿字节。[①]

地址。计算机的存储器包含许多存储单元,怎样才能找到所需的存储单元呢?操作系统把所有存储单元以字节为单位编号,如图 2.2 所示。

---

① 由于计算机对存储器是按二进制方式管理的,1K 实际上是 2^{10},即 1024。平时为方便起见,常把 1KB 说成 1000B,但应了解它实际上是 1024B。125KB 实际上是 $125\times1024B=128000B$。

图 2.2 表示：在编号为 2001 的字节中存放数据 3，在编号为 2002 的字节中存放数据 4……，以此类推。2001、2002 就是存储单元的地址。也就是说，在地址为 2001 的存储单元中存放数据 3，在地址为 2002 的存储单元中存放数据 4……。请注意，这只是示意性的说明，实际上在计算机中一般不是用一字节存放一个整数，而是用 2 或 4 字节存放一个整数。这是因为一字节只有 8 个二进制位，能存放的数据范围比较小，因此为了扩大存储数据的范围，需要用几字节来存放一个数据。

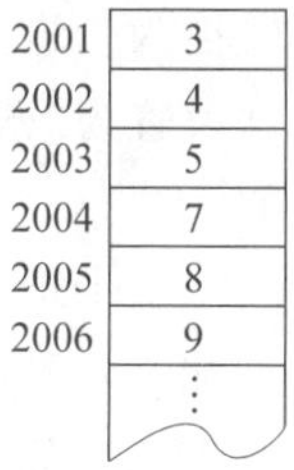

2001	3
2002	4
2003	5
2004	7
2005	8
2006	9

图 2.2

2.1.3 不同类型数据的存储方式

由于在计算机中的存储形式不同，C 语言中的数据是分为不同类型的。

1. 整数的存储方式

一个十进制整数，先转换为二进制形式，如整数 10，以二进制形式表示是 1010，直接把它存放在存储单元中。如果用一字节来存储，存储单元中的情况如下。

0	0	0	0	1	0	1	0

一字节共有 8 个二进制位，左面第 1 位（即最高位）用来表示符号，当最高位为 0 时表示是正数。其他 7 位都用来存放数值，则它的最大值是 01111111，即 2^7-1，它相当于十进制的 127。如果数值大于 127，一字节就放不下了。这显然是不满足要求的。有的 C 语言编译系统（如 Turbo C 2.0）以两字节表示一个整数。这时，它的最大值是 0111111111111111，即 $2^{15}-1$，它相当于十进制的 32767。实际上使用的整数往往超过 32767，显然两字节放不下，因此现在的 C 语言编译系统（如 Visual C++）以 4 字节表示一个整数，这时，它的最大值是 31 位都是 1，即 $2^{31}-1$，约为 21 亿。一般情况下能满足使用要求了。

数值并不总是正值，往往有负数。那么怎样表示负数呢？是用"补码"表示的。在计算机的存储器中，整数是以补码形式存放的。一个正数的补码和该数的原码（即该数的二进制形式）相同，如整数 10 的原码和补码都是 00001010。对负数，先求出它的补码，再存放到存储单元中。有关补码的知识不属于 C 语言的范围，但由于在运行和分析程序时，可能需要一些补码的知识，故放在本章的提高部分做简单的介绍。该读者如对此有兴趣，可以参考。

2. 实数的存储形式

前面介绍的是整数的存储形式，一个整数可以准确地表示为二进制形式。如果输入的是一个实数，如 123.456，就不能采取上面的办法。对于实数，一律采用指数形式存储，例如 123.456 可以写成标准化指数形式 0.123456×10^3，它包括前后两个部分：前面部分是数值部分，后面部分是指数部分，如下所示。

$$0.123456 \times 10^3$$

数值部分　　指数部分

所谓"标准化指数形式"是指这样的指数：其数值部分是一个小数,小数点前的数字是零,小数点后的第一位数字不是零。一个实数可以有多种指数表示形式,但只有一种属于标准化指数形式。如 123.456 可以表示为 123456×10^{-3},12345.6×10^{-2},1234.56×10^{-1},123.456×10^0,12.3456×10^1,1.23456×10^2,0.123456×10^3,0.0123456×10^4 等,在数学上它们是等价的,其中只有 0.123456×10^3 符合上面的条件(小数点前的数字是零,小数点后的第一位数字不是零),它是**标准化指数形式**,而其他都不是标准化指数形式。在计算机内存中按照标准化指数形式存储。

在计算机中一般以 4 字节存储一个实数。这 4 字节可分成两个部分：一般以 3 字节存放数值部分(包括数符),以 1 字节存放指数部分(包括指数的符号),如图 2.3 所示。

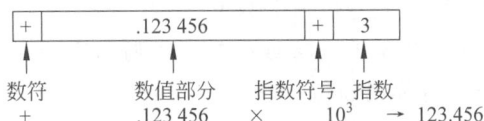

数符　　　　数值部分　　指数符号　指数
　+　　　　 .123 456　　 ×　　 10^3　→ 123.456

图　2.3

图 2.3 中是用十进制数来表示的,实际上在计算机中是用二进制形式表示各数值,指数部分是以 2 为底的。

以上的转换都是由编译系统自动完成的,读者对上面的介绍只需有粗略的了解即可。

3. 字符的存储方式

字符包括字母(如 A,a,X,x)、专用字符(如 $,@,％,♯)等。计算机并不是将该字符本身存放到存储单元中(存储单元只能存储二进制信息),而是将字符的**代码**存储到相应的存储单元中。一般采用国际通用的 ASCII 代码。ASCII 是 American National Standard Code for Information Interchange 的缩写,意为美国国家信息交换标准码。附录 A 是字符与 ASCII 代码的对照表,例如从附录 A 中可以查到大写字母 A 相应的 ASCII 代码是 65(表中以十进制形式表示 ASCII 代码),而 65 的二进制形式是 1000001,所以在存储单元中的信息是 010000001(第 1 位补 0,以凑足 8 位),如下：

0	1	0	0	0	0	0	1

其他字符情况类似。读者不必死记 ASCII 代码表,以上转换工作是由编译系统自动完成的,不必用户自己转换。用户只要输入字母 A,在计算机的相应存储单元中就存入 010000001 的信息。

从附录 A 中可以看到在计算机中允许使用的字符不超过 255 个,其中前面 127 个是基本的、通用的,ASCII 码 128～255 相应的字符在不同的计算机系统中是不同的。因此常用的是 ASCII 码为 0~127 的字符。127 用二进制码表示为：1111111，占用 7 个二进制位。可见用一字节(8 个二进制位)即可以存放一个字符的代码。

2.2 整型数据的运算与分析

程序的作用就是对数据进行运算和处理。整型数据的运算是最简单的。

通过下面的例子，读者可以逐步熟悉 C 语言程序，并开始学习怎样编写程序。同时分析整型数据的特点与使用。

2.2.1 整型数据运算程序举例和分析

最简单的运算是算术运算。先分析一个例子。

例 2.1 **鸡兔同笼**。在一个笼子里同时养着一些鸡和兔子，你想了解有多少只鸡和多少只兔，主人对你说：我只告诉你鸡和兔的总头数是 16，总脚数是 40，你能不能自己计算有多少只鸡和多少只兔。

解题思路：

设 x 代表鸡的数量，y 代表兔的数量，总头数为 h(heads)，总脚数为 f(feet)。根据代数知识，可以列出下面的方程式：

$$x + y = h \tag{1}$$
$$2x + 4y = f \tag{2}$$

从这两个方程式中可以找到求 x 和 y 的公式。

式(2)－2×式(1)：

$$2y = f - 2h \qquad y = \frac{f - 2h}{2}$$

求出 y 后，$x = h - y$。

有此基础后，我们编一个 C 程序来求鸡和兔的数量，主人说总头数 h 为 16，总脚数 f 为 40。

编写程序：

```
#include <stdio.h>
int main()
{ int h,f,x,y;                    //定义整型变量 h,f,x,y
  h=16;                          //对整型变量 h 赋值,使 h 的值等于 16
  f=40;                          //对整型变量 f 赋值,使 f 的值等于 40
  y=(f-2*h)/2;                   //对表达式(f-2*h)/2 进行运算,把结果赋给 y
  x=h-y;                         //对表达式 h-y 进行运算,把结果赋给 x
  printf("%d%d\n",x,y);          //输出鸡的个数和兔的个数
```

```
  return 0;
}
```

程序分析：

（1）第 3 行"int h,f,x,y;"的作用是定义 4 个整型变量 h,f,x,y。int 是类型名,h,f,x,y 是变量名。定义变量的一般形式是：

类型名 变量名；

如果要同时定义多个同类型的变量,在两个变量间用逗号分隔。

在 C 程序中,凡是程序中用到的所有变量都必须在使用前定义,指定它们的类型。为什么要定义变量的类型呢？在 2.1 节已介绍,不同类型的数据在内存中的存储方式和占用的空间(字节数)是不同的。第 3 行通知计算机：变量 x,y,h,f 是整型变量。这样,编译系统就给它们分配相应的存储单元系并按照整型数据的存储方式进行存储。

（2）第 4、5 行是赋值,使整型变量 h 等于 16,f 等于 40。如果主人给出的总头数和总脚数不是 16 和 40,而是 37 和 88,只要把第 4、5 行改成下面两行即可：

```
h=37;
f=88;
```

（3）第 6、7 行是依据题目分析得到的公式进行计算,分别得到 x 和 y 的值。

（4）第 8 行是输出语句,输出 x 和 y 的值。双撇号中的内容称为"输出格式控制",用它来控制输出数据的格式。"%d"是用来输出十进制整数的,因此先输出 12,再输出 4。

应该说,这个程序是正确的,在进行编译和连接时都没有出错。运行时显示以下信息：

```
124
```

显示出鸡和兔的个数。但是这个结果令人不可捉摸,鸡和兔的总头数只有 16,为何会出现 124 这个数呢？经过仔细分析,应该是鸡 12 只,兔 4 只。但是在输出时把 12 和 4 连在一起了。这不怪计算机,因为程序就是这样规定的。用 printf 语句输出数据时,在前后两个数据间不会自动加空格。

程序改进：

为了解决这一问题,可以在 printf 语句中的两个%d 之间人为地加一个逗号,即

```
printf("%d,%d\n",x,y);
```

这样,重新编译和运行,显示的结果是：

```
12,4
```

比前面的结果好一些了。但是还没有告诉我们有多少只鸡,多少只兔,需要人们自己对照程序分析,很不方便。为解决这个问题,可以在 printf 语句中增加一些说明性的内容,对输出的结果作必要的说明。将 printf 语句再改为:

```
printf("cock=%d,rabbit=%d\n",x,y);
```

由于"cock＝"和"rabbit＝"是在输出格式说明%d 以外增加的字符,这些字符按原样输出。经过重新编译和运行,显示的结果是:

```
cock=12,rabbit=4
```

显然这个结果不仅正确,而且清晰,易于理解。

说明:其实,在 Visual C＋＋ 环境下运行时,在输出完程序结果后,还输出一行信息:"press any key to continue"。如下:

```
cock=12,rabbit=4
press any key to continue
```

但应注意,"press any key to continue"并不是程序输出的一部分,它是编译系统安排的、在每一次输出完运行结果以后输出的一行信息,作用是告诉用户:"按下任何一个键就可以继续工作"。用户在看完运行结果后,按下任意键,显示运行结果的窗口就关闭了,屏幕返回到程序窗口,可以继续进行其他工作(如修改程序)。为节省篇幅,本书所列出的程序运行结果都不印出此行信息。

可以看到:用计算机解题,必须由人们事先分析题目要求,找出解决问题的思路和具体步骤,然后指定计算机一步步怎么做。计算机完全是根据人们事先规定的指令进行工作的。程序就是用来告诉计算机要做什么、先做什么后做什么。有人以为计算机是万能的,只要写出方程式,把方程式输入计算机,计算机就会自动解出方程,得到结果。这是不可能的(至少在目前如此)。这是有人不了解计算机的工作方式而引起的误解。

2.2.2 整型常量与整型变量

1. 常量和变量

在计算机语言中数据有两种基本表现形式:**常量和变量**。

(1) **常量**是指在程序运行过程中其值不能改变的量。例 2.1 中程序中的 16 和 40 就是整型常量,在程序运行过程中它们的值始终是固定的,不会变为 18 和 50。

(2) **变量**是指在程序运行过程中其值可以改变的量。例 2.1 中程序中的 h,f,x,y 就是整型变量,可以在程序运行过程中给它们赋予新的值。怎样才能使它的值可以改变呢?在程序中定义变量时(如例 2.1 程序第 3 行),编译系统就会给它分配相应的存储单元,以便用来存储数据,**变量名就是以一个容易记忆的名字代表一个存储单元的地址**,或者说,变量名是该存储单元的符号地址。当程序中有一个赋值语句时,编译系统就根据变量名找到它对应的存储单元的地址,从而把新的值存放在该存储单元中。

要注意区别**变量名**和**变量的值**,这是两个不同的概念,见图 2.4。

图中变量名是 h,变量地址假设是 2000,变量值是 16,执行"h=16;"就是向变量名所代表的、地址为 2000 的存储单元中存入整数 16。如果再执行"h=37;",则将 37 存放到该存储单元中,取代了原值 16,见图 2.5。这就体现了变量的值是可以改变的特征。

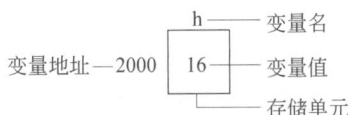

图 2.4

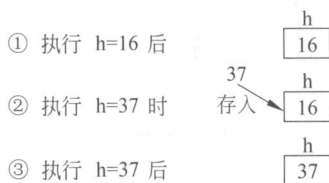

图 2.5

要弄清楚**变量名**、**变量地址**、**存储单元**、**变量的值**的相互关系,提到变量名,就马上想到它代表一个变量地址,通过这个地址可以找到相应的存储单元,可向该存储单元存放一个值,或者从该存储单元读取其值。

(3) 变量名的取名规则。

① C 语言规定变量名的第一个字符必须是字母或下画线,其后的字符必须是字母、数字或下画线。下面是合法的变量名:

```
sum, average, _total, Class, day, month, Student_name,tan,li_ling
```

下面是不合法的变量名:

```
Zhang-sun, Student's,263.com,$123,#33,3D64
```

以上的规定不仅适用于变量名,而且适用于函数名、数组名、类型名等。和其他高级语言一样,在 C 语言中,把用来标识对象(包括变量、函数、数组、类型等)名字的有效字符系列称为**标识符**(identifier)。简单地说,标识符就是一个对象的名字。以上命名规则适用于所有的标识符。

② 大小写字母代表不同的字符,如 Zhang 和 zhang 是两个不同的变量名。一般地,程序中的变量名用小写字母表示,与人们日常习惯一致,以增加可读性。

③ 变量名的长度不是无限的。C 语言标准没有规定变量名的长度,不同的 C 编译系统都有自己的规定。过去使用的有的 C 系统只允许变量名包含 8 个字符,现在使用的 C 编译系统都允许变量名的最大长度为 32 个字符甚至更多。应当够用了。

④ 变量名尽量简单易记,见名知意。在例 2.1 中为了简便,只用一个字母作为变量名。

在实际应用中,常用有含义的英文单词作为变量名,如 max,price,grade,area,count,day,month,class,total,country 等。一看变量名就可以大体知道该变量的作用。除了数值计算程序外,一般不要用代数符号(如 a,b,c,x1,y1 等)作为变量名,以增加程序的可读性。在西方国家,由于英语是母语,常用两个或多个有含义的英文单词拼成一个变量名,如用 StudentNumber 代表学号,ProfessorName 代表教授名等。但许多中国用户对此不习惯。在本书中尽量用简单明了的单词作为变量名。

⑤ 在同一程序的同一函数中,不同的变量不能取相同的变量名,以免混淆。

(4) 变量必须"先定义,后使用"。

如例 2.1 那样,这样做的目的如下:

① 根据定义变量时指定的类型,编译系统为变量分配相应的存储单元。例 2.1 程序中指定了 h,f,x,y 为 int 型,如果用的是 Turbo C 编译系统,则会为每个整型变量各分配 2 字节。如果使用 Visual C++,则各分配 4 字节。并具按整数方式存储数据。

② 凡未被事先定义的,系统不把它认作变量名,这就能保证程序中变量名使用得正确。例如,如果在声明部分有以下变量定义:

```
int student;
```

而在执行语句中将 student 错写成了 stadent。即

```
stadent=30;
```

在编译时检查出 stadent 未经定义,不能作为变量名,因此输出"Undefined symbol stadent in function main"(在主函数中有未定义的符号)的信息,提醒用户检查错误,避免使用变量名时出错。

③ 指定了每一变量属于一个类型,就便于在编译时据此检查在程序中要求对该变量进行的运算是否合法。例如,整型变量可以进行求余运算,若 a 和 b 已定义为整型变量,则可以通过 a%b 的运算求 a 被 b 除的整余数。%是"求余"运算符。如果将 a 和 b 指定为实型变量,则不允许进行"求余"运算,在编译时会给出有关"出错信息"。

> **提醒**:要注意区分类型名和变量名。类型相当于建造房屋的图纸,按照同一套图纸可以建造出许多套外形和结构完全相同的房屋,它们具有相同的特征。类型是抽象的,变量是实际存在的。图纸相当于一系列的规则和要求,依照它进行施工。但光有图纸是不能住人的,只有建成的房屋才能住人。类型不占存储单元,不能用来存储数据,而变量占存储单元,可以用来存储数据。

2. 整型常量的表示形式

除了常用的十进制形式(如 12、−56)外,还允许使用八进制形式和十六进制形式表示的

数。对于初学者来说,八进制形式和十六进制形式用得不多,故放在本章的提高部分介绍,供用到时参考。

3. 整型变量的种类

整型变量用来存放整型常量。整型变量的基本类型符为 int,这是用得最多的。编译时系统为它分配一定的字节(Turbo C 分配 2 字节,Visual C++ 分配 4 字节)。2 字节可以表示的数值的范围为 $-2^{15} \sim 2^{15}-1$,即 $-32768 \sim 32767$。本书一般以整型数据占 4 字节来说明。

如果需要可以改变变量的字节数,定义**长整型**或**短整型**,只要在 int 前面加上修饰词 long 或 short 即可。因此可以使用的整型类型有:

基本整型,类型名为 int。

长整型,类型名为 long int。

短整型,类型名为 short int。

此外,有些情况下,变量的值常常是正的(如人口、学号、库存量、年龄、存款额等)。为了充分利用变量的数值的范围,可以使整型变量的存储单元中的第 1 位不用来代表数值符号,而把全部的二进位都用来存储数值本身,这样可以将存储数值的范围扩大一倍。这时存储的值是无符号的。可以在类型名的前面加修饰词 unsigned,以指定该整型变量为无符号的整型变量。也可以加修饰词 signed,表示是有符号的。由于 int 类型已默认为是有符号的,因此加 signed 是多余的,一般都不加 signed。

在此只做简单介绍,如需详细了解,可看本章提高部分。

2.3 实型数据的运算与分析

先分析一个实型数据的运算的例子。

2.3.1 实型数据的运算举例

例 2.2 **分期付款的计算**。张先生为购房,向银行贷款,贷款额为 324500 元,每月准备还 3245 元,月利率为 0.8%,求需要多少个月(用 m 表示)才能还清。

解题思路:

首先需要找到求 m 的计算公式。已知计算公式是:

$$m = \frac{\log(p) - \log(p - d \times r)}{\log(1 + r)}$$

其中,d 是贷款额;p 是每月还款数;r 是月利率;m 是还清贷款所需月数。题目给定:$d = 324500$ 元,$p = 3245$ 元,$r = 0.8\%$。

有了计算公式就可以按此编写程序了。

要注意的是：

（1）几个参数中，d 和 p 是整数，r 是一个小数，因此程序中要分别定义整型变量和实型变量。

（2）公式中用到对数这个对数是以 10 为底的。在 C 语言的函数库中提供了一批函数（见附录 E），从中找到求对数 log 的函数 log10。

编写程序：

```
#include <stdio.h>          //用输入输出函数时必须用 stdio.h 头文件
#include <math.h>           //用数学函数时必须用 math.h 头文件
int main()
{ int d,p;                  //定义 d 和 p 为整型变量
  float r,m;                //定义 r 和 m 为实型变量
  d=324500;                 //给整型变量 d 赋值
  p=3245;                   //给整型变量 p 赋值
  r=0.008;                  //给实型变量 r 赋值
  m=(log10(p)-log10(p-d*r))/log10(1+r);   //通过公式求 m 的值
  printf("month=%f\n",m);   //输出 m 的值
  printf("total=%f\n",m*p); //计算并输出总的还款数
  return 0;
}
```

程序分析：

（1）第 1、2 行是"包含头文件"的命令，写 C 程序时凡是调用系统提供的库函数时，都应当用 #include 命令将有关"头文件"包含进来，头文件要放在程序的开头位置，故名。在头文件中包含有调用库函数的信息。调用不同的函数要用不同的头文件。附录 E 中列出了各种库函数所对应的头文件。

（2）第 4、5 行是分别定义了整型变量 d、p 和实型变量 r、m。

（3）第 6、7、8 行是按题意给 d、p、r 赋值。

（4）第 9 行是根据计算公式求 m 的值。

（5）第 10 行是输出 m 的值，由于 m 是实数，用%f 格式说明。

（6）第 11 行是计算并输出总的还款数。

运行结果：

```
month=201.983404
total=655436.127930
```

有人可能想不到结果会如此。如果不计利息，正好 100 个月就可以还清了，由于有了 0.8% 的月利率，借款人要还 202 个月才还清，总共付了 655436 元，是贷款数的两倍多。

程序改进：

以上结果虽然是正确的，但可以做些改进：

(1) 在程序编译时，没有出现致命"错误"（error），但出现两个"警告"（warning）：truncation from 'const double' to 'float'（将一个 double（双精度）常数转换成 float（实型））。这是由于 C 编译系统把所有实（float）型常量（如 0.008）都作为双精度数据来处理，同时 log10 函数的值是 double（双精度型）的（见附录 E），以提高运算精度。因此在把它们赋给 float 型变量时可能会丧失一些精度，因此系统发出"警告"，提醒用户注意。在编译时出现"警告"，不属于致命性错误，可以继续运行并得到结果，但不保证结果完全精确，由用户自己分析决定。

程序最好不出现错误，也不出现警告。可以将 r 和 m 改定义为 double 型，这样，赋值号"="的两侧都是 double 型，类型一致。再编译时就不出现警告了。读者自己可以上机试一下。

(2) 将 3 个赋值语句取消，改为在定义变量时同时赋初值。这样程序可以简短一些。

根据以上两点，修改程序如下：

```
#include <stdio.h>
#include <math.h>
int main()
{ int d=324500,p=3245;            //定义变量时赋初值
  double r=0.008,m;               //定义变量时赋初值
  m=(log10(p)-log10(p-d*r))/log10(1+r);
  printf("month=%f\n",m);
  printf("total=%f\n",m*p);
  return 0;
}
```

运行结果与前相同。

看到这个结果后，有的读者会提出这样的问题：月数最好是整数，还款总数不必精确到 6 位小数，只要到 2 位小数（角、分）就行了。这种愿望是合理的，可以实现，会在后面适当的时间处理。读者也可以先想一下用什么方法。

> **注意**：尽量在定义变量的同时对变量赋初值。

2.3.2　实型常量的表示形式

实数在计算机语言中常称为**浮点数**（floating point number）。实数在程序中应用很广。浮点数有两种表示形式。

（1）**十进制小数形式**。它由数字和小数点组成（注意必须有小数点）。0.123，123.23，0.0 都是十进制小数形式，而 10，−50 在 C 语言中不属于实型常量，而是整型常量。

（2）**指数形式**。在数学上，类似 123×10^3 这样形式的数称为**指数形式**。在计算机的字符中无法表示上角和下角，所以用字母 e 和 E 代表以 10 为底的指数。如用 123e3 或 123E3 代表 123×10^3。但注意字母 e（或 E）之前必须有数字，且 e 后面的指数必须为整数，如 e3，2.1e3.5，.e3，2e 等都不是合法的指数形式。

一个浮点数可以有多种指数表示形式。例如 123.456 可以表示为 123.456e0，12.3456e1，1.23456e2，0.123456e3，1234.56e−1 等。在 2.1 节中已说明了什么是**标准化指数形式**。

程序中的实数不论是以十进制小数形式出现还是以指数形式出现，在内存中一律以 2.1 节中介绍的以指数形式存储。例如以下两种写法在内存中存储方式相同。

```
a=3.14159;              //十进制小数形式
a=0.314159e1;           //指数形式
```

2.3.3 实型变量

1. 实型变量的分类

实型变量分为 3 类：**单精度**实型变量（float 型）、**双精度**实型变量（double 型）和**长双精度**实型变量（long double 型）。

ANSI C 标准并未具体规定每种类型数据的长度、精度和数值范围。一般的 C 编译系统（如 Visual C++ 6.0）为单精度（float）型数据分配 4 字节，为双精度（double）型数据分配 8 字节。对于长双精度（long double）型，不同的系统的做法差别很大，有的和 double 型一样，分配 8 字节（如 Visual C++ 6.0），有的则分配 16 字节。读者可用 sizeof(long double)测定所用的 C 系统的安排。

> **提示**：sizeof 是 C 语言中的运算符，用来测定类型或变量的长度。用法是：
>
> **sizeof**(类型名)
>
> 或
>
> **sizeof**(变量名)
>
> 如 sizeof(int)，sizeof(double)，sizeof(r)都是合法的（假设 r 是已定义为某一种类型的变量）。可以用 printf 函数输出此值。如：
>
> ```
> printf("%d",sizeof(long double));
> ```
> 输出的是其所占的字节数。

一般占 4 字节的单精度数据的数值范围为 $10^{-38} \sim 10^{38}$，有效位数为 7 位，双精度数据的

数值范围为 $10^{-308} \sim 10^{308}$，有效位数为 15～16 位。在初学阶段，long double 型用得较少，读者只要知道有此类型即可。

2. 实型数据的舍入误差

由于实型变量在内存中的存储单元是由有限字节组成的，因此能提供的有效数字总是有限的，在有效位以外的数字将被舍去，由此可能会产生一些误差。

例 **2.3** 实型数据的舍入误差。

编写程序：

```
#include <stdio.h>
int main()
{float a;
 a=1234.1415926;
 printf("a=%f\n",a);
 return 0;
}
```

运行结果：

```
1234.141602
```

虽然输出了小数点后 6 位数字，但是由于 a 是单精度浮点型变量，只能提供 6～7 位有效数字，因此 1234.141 后面的几个小数并不是精确的。

注意：在用计算机进行计算时，必须建立工程观点。要了解计算是怎样实现的，以及由此可能出现什么问题。在计算机上的计算不是理论值计算，纯数学的计算是绝对准确的，不会出现误差，而计算机是用有限的空间（存储单元）来存储数据的，有可能出现小的误差，这是正常的，对此要有清楚的认识，同时要考虑减少误差的方法。

3. 把实数按双精度数处理

由于单精度(float)型数据最多能保证 7 位有效数字(其中第 7 位还不能保证是完全准确的。例 2.3 的输出结果 1234.141602，其中第 8 位数字 6，是第 9 位数字 5 按四舍五入处理后得到的结果，只是近似值而并非绝对准确的)。因此为了提高数据的精度，可以将变量定义为双精度类型，用 8 字节存储数据，可以得到 15～16 位的有效位数。

一般 C 编译系统都自动地把程序中的实常量处理成双精度型，分配 8 字节，以提高精度。

在上面的程序中，有这样一个语句：

```
a=1234.1415926;                    //假设 a 已定义为 float 类型
```

由于实常数 3.141592612 已按双精度数处理（用 8 字节存储），因此在程序编译时，编译系统发出警告："truncation from 'const double' to 'float'"，指"将一个 double（双精度）常数转换成 float（实型）"，提醒用户：可能会损失一些精度。这不是致命错误，程序可以接着进行连接和运行，把一个双精度的数据存放在一个单精度的变量（4 字节）中，显然损失了精度。用户应了解警告中提出的问题是否会影响运行的结果，对可能产生的后果应有所估计。

为了不使精度损失，应当将变量改为双精度型（double），如例 2.2 的改进程序那样，再进行编译时，就不会出现上面的警告了。

再看一个例子：求两个值的乘积，有如下语句：

```
d=2.45678 * 4523.65;
```

编译系统把 2.45678 和 4523.65 作为双精度数，然后进行相乘的运算，得到的乘积也是一个双精度数，如果 d 定义为 float（单精度）型，用 4 字节存储，只能有 6～7 位有效数。显然会丢失若干个有效位数。为了保存更多的有效位数，应当将变量 d 定义为双精度型，用 8 字节存储。

提示：在程序中，对实型变量最好都定义为 double 类型。

当然，如果对精度要求不高（如学生成绩、小商品价格等，7 位有效位数足够了），也可以用 float 型，但在编译时会出现"警告"信息。

2.4 字符型数据的运算

C 语言不仅能处理数值数据，而且可以处理字符型的数据，例如输入或输出一个或多个字符，对字符的"大小"进行比较，对若干个字符按字母顺序排序等。

2.4.1 字符数据运算的简单例子

例 2.4 逐个输出英文字母 C，H，I，N，A。然后按反序输出，即 A，N，I，H，C。

解题思路：

可以把 5 个字母分别放在 5 个变量中，第 1 次按正序输出这 5 个字母，第 2 次按反序输出这 5 个字母。C 语言提供**字符型变量**，用来存放字符数据。

这个任务比较简单，可以直接写出程序。

编写程序：

```
#include <stdio.h>
int main()
{ char a='C',b='H',c='I',d='N',e='A';      //a,b,c,d,e 定义为字符变量并赋初值
  printf("%c%c%c%c%c\n",a,b,c,d,e);         //顺序输出 CHINA
  printf("%c%c%c%c%c\n",e,d,c,b,a);         //反序输出 CHINA
  return 0;
}
```

运行结果：

```
CHINA
ANIHC
```

程序分析：

本程序是比较简单的。

第 1、2 行与以前的作用相同，在写程序时一般可照抄。

第 3 行是定义字符变量 a,b,c,d,e。字符型类型名为 char(character 的缩写)，字符要用单撇号括起来。一个字符变量放一个字母字符。

第 4、5 行输出 5 个字母。输出字符所用的格式说明为"%c"。

2.4.2　字符常量和字符变量

1. 字符常量

C 语言的字符常量是用单撇号括起来的一个字符。如例 2.4 程序中的'C' 'H' 'I' 'N' 'A'等都是字符常量。不仅英文字母可以作为字符常量，而且其他键盘上的字符都可以作为字符常量，如'D' '?' '$' '&' '=' '@'等都是字符常量。注意，小写字母'a'和大写字母'A'是不同的字符常量。

在 C 语言中能在程序中表示的字符是有限的，在附录 A 中 ASCII 代码为 32～126 所对应的字符是可以在键盘中找到的，是可以在程序中直接表示出来的。而有些日常用到的特殊符号如 α,β,δ,ε, ⅰ, ⅱ, ⅲ, ⅳ 等不是 C 的合法字符，是无法在计算机上输入和输出的。附录 A 中 ASCII 值 128～255 所对应的字符(如 α,β,∞,≥,≤等)是某些型号计算机专用的，其他计算机上不能使用。

> **注意**：字符常量必须用单撇号括起来，如'a'，单撇号只是分界符，表示字符常量的起止范围。单撇号并不是字符常量的一部分。字符常量是字母 a，但在程序中表示时要用单撇号括起来，以免和变量 a 相混淆。

2. 转义字符

除了能直接表示和在屏幕上显示的字符外，还有一些字符是不能显示的，是用来作为输出信息时的控制符号（如换行、退格等）。如已经在程序中多次看到过的'\n'就代表"换行"。如例2.4中的

```
printf("%c%c%c%c%c\n",a,b,c,d,e);
```

其中的"\n"就是一个这样的控制字符，在编译时如果遇到字符'\'，就接着往后找，和其后的 n 一起作为一个特殊字符处理。它通知编译系统：插入一个换行。

说明：如果以单个字符形式出现，应该用单撇号把\n包起来（即'\n'）。如果出现在一个以双撇号包起来的字符串中，则'\n'的单撇号是不需要的。不要写成

```
printf("%c%c%c%c%c'\n' ",a,b,c,d,e);
```

这和一般的字符（如'a'）在字符串中不需要加单撇号的道理是一样的。

'\n'也是一个字符常量，可以赋给一个字符变量。如：

```
c='\n';
```

如果有

```
printf("%c",c);                    //变量 c 已被赋值'\n'
```

其结果不是在屏幕上显示一个字符 n，而是执行一次换行操作。

这样的字符称为"**转义字符**"，意思是将反斜杠"\"后面的字符转换成另外的意义。例如'\n'中的 n 不代表字母 n，而作为"换行"符。

除了'\n'之外，还有其他的转义字符：

\t   使下一个输出的数据跳到下一个输出区（一行中一个输出区占 7 列）。

\b   退格。将当前的输出位置退回前一列处，即消除前一个已输出的字符。

\r   回车，将当前的输出位置返回在本行开头。

\f   换页。将当前的输出位置移到下页的开头。

\0   代表 ASCII 代码为 0 的控制字符，即"空操作"字符。常用于字符串中，作为字符串的结束标志。

\\   代表一个反斜杠字符"\"。

\'   代表一个单撇号字符。

\"   代表一个双撇号字符。

\ddd   1～3 位八进制数所代表的字符。

\xhh　1～2 位十六进制数所代表的字符。

如'\101'代表 ASCII 码为八进制数 101 的字符,八进制数 101 相当于十进制数 65,从附录 A 中可查出 ASCII 码为 65 的字符是大写字符'A',因此'\101'和'\A'等价。又如'\12',\后面的 12 是指八进制数的 12(即十进制数 10),'\12'代表 ASCII 代码为 10 的字符,从附录 A 中查出它代表"换行"符。因此'\12'和'\n'等价。同理,'\x41'代表大写字符'A'。

> **注意**:转义字符必须以反斜杠"\"作为开头的标志。而且在其后只能有一个字符(或代表字符的八进制或十六进制数代码)。如'\nn'是不合法的,它不代表二次换行。

3. 字符变量

字符型变量用来存放字符常量,它只能放一个字符,不要以为在一个字符变量中可以放一个字符串(包括若干字符)。

字符变量的定义形式如下:

char 字符变量列表;

如:

```
char c1,c2;
```

它定义 c1 和 c2 为字符型变量,各可以放一个字符,因此在本函数中可以用下面语句对 c1 和 c2 赋值:

```
c1='a'; c2='b';
```

4. 字符数据与整型数据在一定条件下可以通用

在 2.1 节中已介绍字符数据在内存中的存储方式。在所有的编译系统中都规定以一字节来存放一个字符。字符数据是以 ASCII 码存储的。例如字符'a',它的 ASCII 码是 97,它在内存中的存储情况是

0	1	1	0	0	0	0	1

字符数据和整型数据的存储形式从形式上没有什么区别,这样就使字符型数据和整型数据之间可以通用。可以将一个整数赋给一个字符变量,如下面两行语句等价。

```
char c='a';              //将字符常量'a'赋给字符变量 c
char c=97;               //将'a'的 ASCII 代码赋给字符变量 c
```

执行上面第 1 行时,先将字符'a'转换为对应的 ASCII 码 97,然后存放在变量 c 中。执行上面第 2 行时,直接将整数 97 存放到变量 c 中(当然是以其二进制形式存放)。二者效果完全相同。要注意的是,赋给字符变量的整数范围为 0~127,它们对应有效的字符。

字符数据既可以以字符形式(用%c 格式)输出,也可以以整数形式(用%d 格式)输出。按字符形式输出时,系统先将存储单元中的 ASCII 码转换成相应字符,然后输出。按整数形式输出时,直接将 ASCII 码作为整数输出。

例 2.5 将一个整数分别赋给两个字符变量,将这两个字符变量分别以字符形式和整数形式输出。

编写程序:

```
#include <stdio.h>
int main()
  {char c1=97,c2=98;          //将'a'和'b'的 ASCII 码分别赋给字符变量 c1,c2
   printf("%c %c\n",c1,c2);    //字符数据按字符形式输出
   printf("%d %d\n",c1,c2);    //字符数据按整数形式输出
   return 0;
  }
```

运行结果:

```
a b
97 98
```

程序分析:

在第 3 行中,分别将整数 97 和 98 赋给字符变量 c1 和 c2,它的作用相当于:

```
char c1='a',c2='b';
```

第 4 行输出两个字符 a 和 b。"%c"是输出字符时使用的格式符。程序第 5 行输出两个整数 97 和 98。

可以看到:字符型数据和整型数据在一定条件下是可以通用的。它们既可以用字符形式输出(用%c),也可以用整数形式输出(用%d),见图 2.6。

也可以把字符数据当作整型数据进行算术运算,此时相当于对它们的 ASCII 码(是一个整数)进行算术运算。利用这一特点,可以巧妙地实现大小写字母间的转换。

例 2.6 将小写字母 a 和 b 转换为大写字母 A 和 B。

解题思路:

乍一看来,本题难以着手。其实很简单。分析一下大小写字母间有什么联系? 有什么规律? 从字母本身来看,看不出什么联系,分别是独立的字符。但是分析它们的 ASCII 代码,就看到它们之间的联系了。'a'的 ASCII 码为 97,而'A'的 ASCII 码为 65;'b'的 ASCII 码为

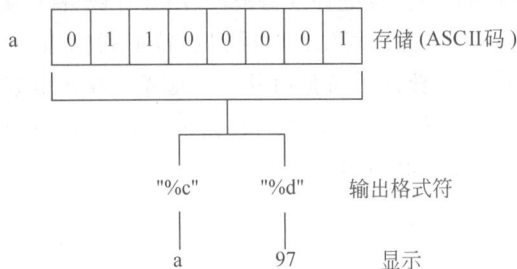

图 2.6

98,'B'的 ASCII 码为 66。从附录 A 可以看到每一个小写字母的 ASCII 代码比它的大写字母的 ASCII 代码大 32。

找到这个规律,就可轻而易举地把小写字母转换为大写字母了,方法是将小写字母的 ASCII 码减去 32,就得到大写字母的 ASCII 码。

编写程序:

```
#include <stdio.h>
int main()
  {char c1='a',c2='b';
  c1=c1-32;                    //将 c1 的 ASCII 码减 32
  c2=c2-32;                    //将 c2 的 ASCII 码减 32
  printf("%c,%c\n",c1,c2);
  return 0;
  }
```

运行结果:

```
A,B
```

程序分析:

程序的依据是 C 语言允许对字符数据与整数直接进行算术运算。c1＝c1－32 的执行过程是:①调出 c1 在存储单元中的数据 97;②将 97－32,得到 65;③再将 65 存入变量 c1 的存储单元。在输出时,由于指定 c1 和 c2 按%c 格式输出字符,所以将存储单元中的 65 和 66 转换成它们对应的字符'A'和'B'。然后输出。

C 语言把字符数据当作整数来处理,使字符数据与整型数据可以互相赋值,互相比较。这使程序设计时增加了灵活性。

有的读者可能会提出:那么,字符数据和整型数据有什么区别呢? 既要看到它们有一致的地方,也要看到它们的区别。字符数据只占 1 字节,而整型数据占 2 或 4 字节,显然不能把一个大数(如 12345)存到字符变量中。因此决不能不问情况地用字符变量代替整型变量去使用。

字符变量还是用来存放字符的,只是在处理字符数据时利用以上特性更加方便而已。

可能还有一个疑问:一个字符数据怎么有时以字符形式输出,有时按整数形式输出呢?有什么规律吗?应该明确,一个数据的值是由其在存储单元中的状况决定的,而输出的形式是由 printf 函数中的格式声明(如%d,%c 等)决定的。如在内存中的 97,用%d 格式输出,得到整数 97,而用%c 格式输出,得到字符 a。

2.4.3　字符串常量

C 语言除了允许使用字符常量外,还允许使用字符串常量。字符串常量是一对双撇号括起来的字符序列。如: "How do you do.", "CHINA","a"都是合法的字符串。在前面的程序例子中已多次见到了在 printf 函数中的字符串了。如:

```
printf("How do you do.");          //原样输出一个字符串
```

和

```
printf("a=%d,b=%c\n",a,b);          //双撇号内是格式控制字符串
```

在上面的格式控制字符串中,包括:

(1) 格式声明(如%d,%c),在上一行中用下画线标出,在输出数据(a,b)时,按此格式声明指定的格式输出。

(2) 控制字符,如'\n'。

(3) 其他可显示的字符,按原样输出。

请区分字符常量与字符串常量。'a'是字符常量,"a"是字符串常量,二者的含义是不同的。假设 c 被指定为字符变量:

```
char c;                              //c 被指定为字符变量
c='a';                               //将字符'a'赋给字符变量 c
```

以上是正确的。而

```
c="CHINA";                           //试图将字符串常量"CHINA" 赋给字符变量 c
```

是错误的。一个字符变量只能存放一个字符,不能存放多个字符。即使改写成

```
c="a";
```

也是错误的。不能把一个字符串常量赋给一个字符变量。读者可以上机试验一下。

有人不能理解:'a'和"a"究竟有什么区别? C 语言编译系统在处理字符串时,在每一个字符串常量的结尾加一个字符'\0',作为字符串结束的标志。'\0'是一个 ASCII 码为 0 的字

符,从附录 A 中可以看到 ASCII 码为 0 的字符是"空操作字符",即它不引起任何控制动作,也不是一个可显示的字符。如果有一个字符串常量"CHINA",实际上在存储单元中的情况是(以字符形式表示):

C	H	I	N	A	\0

不要把其中的'\0'误写为 0,两者的含义是不同的。'\0'的 ASCII 代码为 0,而数字字符 0 的 ASCII 代码为 48。上面的存储单元如果用 ASCII 代码表示,情况是:

67	72	73	78	65	0

在输出字符串常量时并不输出'\0'。例如 printf("how do you do."),从第一个字符开始逐个输出字符,直到遇到最后附加的'\0'字符,就知道字符串结束,停止输出。

> **注意**:在写字符串时不必加'\0',否则会画蛇添足。'\0'字符是系统自动加上的。字符串"a"实际上包含 2 个字符:'a'和'\0',因此,想把它赋给只能容纳一个字符的字符变量 c 显然是不行的。所以
>
> 　　c="a";
> 是错误的。

在 C 语言中没有专门的字符串变量,不能将一个字符串存放在一个变量中。如果想将一个字符串存放在内存中,必须使用**字符数组**,即用一个字符型数组来存放一个字符串,数组中每一个元素存放一个字符。这将在第 6 章中介绍。

2.5　符号常量

以上介绍了整型常量(如 12)、实型常量(如 123.78)、字符常量(如'a')、字符串常量(如"CHINA"),可以直接从其字面形式判定它们是常量和哪一类常量。这种常量称为**字面常量**或**直接常量**。此外,为了使用方便,可以用一个符号名来代表一个常量。这称为**符号常量**。

2.5.1　为什么要用符号常量

先看一个程序:

例 2.7　已知圆的半径 r 为 3.67,求圆周长 c、面积 s 和圆球体积 v。

解题思路:
从中学几何知识已知以下计算公式:

$$圆周长\ c = 2\pi r$$

$$圆面积\ s = \pi r^2$$

$$圆球体积\ v = \frac{4}{3}\pi r^3$$

有了以上公式就可以进行计算了。

编写程序:

```
#include <stdio.h>
int main()
  {double r=3.67,c,s,v;
   c=2 * 3.1415926 * r;
   s=3.1415926 * r * r;
   v=4/3 * 3.1415926 * r * r * r;
   printf("c=%f\ns=%f\nv=%f\n",c,s,v);
   return 0;
  }
```

运行结果:

```
c=23.059290
s=42.313797
v=155.291633
```

有的人认为任务完成了。其实,即使在运行程序得到结果后,任务并未结束,要分析结果是否正确,考虑程序有无缺陷,能否更完善。

程序分析和改进:

(1) 在求体积 v 时,依据的公式是正确的,但是在 C 语言中,数据属于不同类型,不同类型的数据在内存中按不同方式存储。C 语言规定,两个整型数据相除结果是整型。因此,4/3 的值是整数 1,而没有小数部分。显然计算结果就有误差了。可以改用实数,写成 4.0/3.0, 程序第 6 行改为

```
v=4.0/3.0 * 3.1415926 * r * r * r;
```

再编译和运行,得到结果如下:

```
c=23.059290
s=42.313797
v=207.055511
```

请看 v 的值改变了。这个结果是正确的。

但是程序还有值得改进的地方。

(2) 在求 s 和 v 时，要求 r 的乘方 r^2 和 r^3。在程序中是用连乘 r * r 和 r * r * r 来表示的。虽然能得出结果，但这样的方法，显然不是最优的，尤其当指数大的时候（如 r^{10}），程序就显得烦琐。应该能找到求乘方的数学函数。经过查本书附录 E，找到求乘方的 pow 函数，求 r^3 的函数形式是 pow(r,3)，函数值是 double 型。程序修改如下：

```
#include <stdio.h>
#include <math.h>                   //调用 pow 函数必须包含 math.h 头文件
int main()
  {double r=3.67,c,s,v;
  c=2 * 3.1415926 * r;
  s=3.1415926 * pow(r,2);          //调用 pow 函数求 r²
  v=4.0/3.0 * 3.1415926 * pow(r,3);  //调用 pow 函数求 r³
  printf("c=%f\ns=%f\nv=%f\n",c,s,v);
  return 0;
  }
```

运行结果与前完全相同。

(3) 可以看到程序中多次出现常数 3.1415926，不仅增加输入工作量，而且容易出错，若程序中出现大量的常数，会降低程序的可读性。如果一个程序中包含多种常数，看程序的人往往搞不清哪一个常数代表什么含义。

可以用一个符号来代表一个常量，如可以用一个符号名 PI 来代表圆周率 3.1415926。这样就不必在每处都重复写 3.1415926，而用 PI 来代表，这个 PI 就叫**符号常量**。程序可改为

```
#define PI 3.1415926              //定义符号常量 PI 代表 3.1415926
#include <stdio.h>
#include <math.h>
int main()
  {double r=3.67,c,s,v;
  c=2 * PI * r;                    //符号常量 PI 代表 3.1415926
  s=PI * pow(r,2);
  v=4.0/3.0 * PI * pow(r,3);
  printf("c=%f\ns=%f\nv=%f\n",c,s,v);
  return 0;
  }
```

程序第 1 行是用 #define 指令定义符号常量 PI，在本作用域中使 PI 代表 3.1415926。运行结果与前相同。

2.5.2 符号常量的性质和使用方法

(1) #define 不是 C 语句,该行的末尾没有分号。它是一个"预编译指令"。

在程序编译时,分成两个步骤:

① 进行一次"预编译",对所有预编译指令进行处理。例如它根据 #define PI 3.1415926 指令中的规定,对程序中出现的所有的 PI 都用 3.1415926 取代。这样程序就如上面(2)中的程序完全一样。在进行预编译时,同样也要对 #include <stdio.h> 和 #include <math.h> 指令进行处理。把 stdio.h 和 math.h 头文件的内容调出来放在 #include 命令的位置(取代 #include 指令)。

② 然后进行正式的编译工作,得到目标文件(后缀为.obj)。有关 #define 指令行的详细用法可参考本书的参考文献[1]。

(2) 不要把符号常量与变量混淆,符号常量只是一个**符号**,不占存储单元。它只是简单地进行字符置换(如把字符 PI 置换为字符 3.1415926)。不论置换的字符是否有含义都进行置换。如果错写成

```
#define PI 3#1415926
```

在预编译时照样把 3#1415926 取代 PI,取代后如果不符合 C 语言的语法规定,则在正式编译时报错。

符号常量只是符号,不是变量,不能被赋值。如果再用赋值语句给 PI 是错误的。

```
PI=3.14;                        //错误,不能给符号常量赋值
```

不能对符号常量指定类型,如:

```
double PI;                      //错误,PI 不是变量,不能指定类型
```

(3) 习惯上,符号常量名用大写,变量名用小写,以示区别。

(4) 使用符号常量的好处有:

① 含义清楚。如例 2.7 程序中,看程序时从字面上就可知道 PI 代表 π。因此定义符号常量名时应考虑"见名知意"。如用 PRICE 代表价格,以 COUNT 代表计数器,以 PAY 代表工资等。

在一个规范的程序中不提倡使用很多常数,如:"sum = 15 * 30 * 23.5 * 43;"在阅读程序时搞不清每个常数究竟代表什么。应尽量使用"见名知意"的变量名和符号常量。

② 在需要改变一个常量时能做到"一改全改"。如果在一个程序中,多处用到物品的价格,若价格用常数表示,则在价格调整时,就需要在程序中的多处做修改,很不方便,且易出错。若用符号常量 PRICE 代表价格,只须改动一处即可。如将

```
#define PRICE 30                        //原来单价为 30 元
```

改为

```
#define PRICE 35                        //改变为单价为 35 元
```

则在程序中所有以 PRICE 代表的价格就会一律自动改为 35。

（5）有人认为不用符号变量而用变量不是能起同样作用吗？如：

```
double pi=3.1415926;                    //定义变量 pi,赋以初值
```

应该说是可以的,也能得到正确结果。但是如果在写程序时不小心错误地对 pi 再赋值,如

```
pi=9.8;
```

程序运行时就会得到错误的结果。而符号常量是不能被赋值的,如果在程序中出现对符号常量赋值:

```
PI=9.8;
```

编译时会报错,这就防止出错。用符号常量能保护所代表的数据不被破坏。

注意:尽量少用数值常量,多用符号常量,以增加程序的可读性和可维护性。

2.6　算术运算符和算术表达式

几乎每一个程序都需要进行运算,否则编程序就没有意义了。C 语言中的运算包括算术运算(如 a+3)、关系运算(如 a>b)、逻辑运算(如 a&&b)和赋值运算(如 pi=3.14159)。本章只讨论算术运算。

要进行算术运算就要有算术表达式(如 a+b),在算术表达式中要有算术运算符。我们已在前面的程序中多次见到运算符和表达式了。如(f-2 * h)/2 就是一个算术表达式。其中的-、* 和/就是算术运算符。这是和数学上的表达式相类似的。但是 C 语言中的表达式的概念与数学上的表达式不完全相同,它包括的范围很广,除了算术表达式外,还有其他类型的表达式,如关系表达式、逻辑表达式和赋值表达式。这些会在本书后面的章节中讨论。

2.6.1 算术运算符

1. 基本的算术运算符

(1) ＋ **加法运算符**,或正值运算符,如 3＋5、＋3。

(2) － **减法运算符**,或负值运算符,如 5－2、－3。

(3) ＊ **乘法运算符**,如 3＊5。由于键盘上无"×"键,以"＊"代替。

(4) / **除法运算符**,如 5/3。由于键盘上无"÷"键,以"/"代替。

(5) ％ **模运算符**,或称**求余运算符**,求两个整数相除后的余数,％两侧均应为整型数据,如 19％4 的值为 3。

运算符的优先级与数学上规定的相同,**先乘除后加减**,即乘和除的级别比加减高,同级别的一般情况下按自左而右的顺序进行。

需要说明,两个整数相除的结果为整数,如 5/3 的结果值为 1,舍去小数部分。这在例 2.7 的分析中已做了说明。如果除数或被除数中有一个为负值,则舍入的方向是不固定的。例如,－5/3 在有的系统中得到的结果为－1,在有的系统中则得到结果为－2。多数 C 编译系统(如 Turbo C,Visual C＋＋)采取"向零取整"的方法,即 5/3＝1,－5/3＝－1,取整后向零的方向靠拢。

如果参加＋、－、＊、/运算的两个数中有一个数为 float 或 double 型,则结果都是 double 型,因为系统将所有 float 型数据都先转换为 double 型,然后进行运算。这是为了提高运算精度。

2. 自增、自减运算符

作用是使变量的值增 1 或减 1,例如:

```
++i,--i          (在使用 i 之前,先使 i 的值加/减 1)
i++,i--          (在使用 i 之后,使 i 的值加/减 1)
```

粗略地看,＋＋i 和 i＋＋的作用相当于 i＝i＋1。但＋＋i 和 i＋＋的不同之处在于＋＋i 是先执行 i＝i＋1 后,再使用 i 的值;而 i＋＋是先使用 i 的值后,再执行 i＝i＋1。如果 i 的原值等于 3,请分析下面的赋值语句:

```
① j=++i;         (先使 i 的值变成 4,再赋给 j,j 的值为 4)
② j=i++;         (先将 i 的值 3 赋给 j,j 的值为 3,然后 i 再变为 4)
```

又如:

```
i=3;
printf("%d",++i);
```

输出 4。若改为

```
printf("%d",i++);
```

则输出 3。

> **注意**：自增运算符(＋＋)和自减运算符(－－)只能用于变量,而不能用于常量或表达式,如 5＋＋或(a＋b)＋＋都是不合法的。因为 5 是常量,常量的值不能改变。(a＋b)＋＋也不可能实现,假如 a＋b 的值为 5,那么自增后得到的 6 放在什么地方呢? 无变量可供存放。

自增(减)运算符常用于循环语句中,使循环变量自动加 1;也用于指针变量,使指针指向下一个地址。这些将在以后的章节中介绍。

使用运算符＋＋和－－的技巧和细节不做深入介绍。

使用＋＋和－－时,常会出现一些人们"想不到"的副作用,如 i＋＋＋j,是理解为(i＋＋)＋j 呢? 还是 i＋(＋＋j)呢? 为避免二义性,应采取大家都能理解的写法,可以加一些"不必要"的括号,如(i＋＋)＋j。

初学时尽量使用简单明了的形式,即单独使用＋＋或－－(如 i＋＋),避免和其他运算符连用(如 i＋＋＋j),以避免出错。

2.6.2　算术表达式

用算术运算符和括号将运算对象(也称为操作数)连接起来的、符合 C 语法规则的式子,称为 **C 算术表达式**。运算对象包括常量、变量、函数等。例如下面是一个合法的 C 算术表达式(假设 i,j 是整型变量,c 是 float 型变量,x 是 double 型变量,sin(x)是求 x 的正弦值的库函数):

```
i * j/c-1.5 * sin(x)+'m'
```

在表达式求值过程中有以下几个问题要注意:

1. 各类数值型数据间的混合运算

在上面的表达式中包含整型、单精度实型、双精度实型和字符型数据,能否在它们之间进行运算? C 语言允许整型(包括 int,short,long)和实型数据(包括 float,double,long double)进行混合运算。由于字符型数据可以与整型通用,因此,整型、实型、字符型数据间可以混合运算。

在进行运算时,不同类型的数据要先转换成同一类型,然后进行运算。转换的规则为:

(1) char 和 short 型转换为 int 型。

(2) float 型一律转换为 double 型。

（3）整型（包括 int, short, long）数据与 double 型数据进行运算，先将整型转换为 double 型。

其实不必死记，规律很简单，只要记住：**字节少的数据转换成字节多的类型**。

假设有下面的算术表达式（设 i 为整型变量，f 为 float 变量，d 为 double 型变量，e 为 long 型）：

```
10+'a'+i*f-d/e
```

在计算机执行时从左至右扫描，运算次序为：

① 进行 10+'a'的运算，先将'a'转换成整数 97，运算结果为 107。

② 由于"*"比"+"优先，先进行 i*f 的运算。先将 i 与 f 都转成 double 型，运算结果为 double 型。

③ 整数 107 与 i*f 的积相加。先将整数 107 转换成双精度数（占 8 字节，在小数点后加若干个 0，即 107.000…00），相加的结果为 double 型。

④ 将变量 e 化成 double 型，d/e 结果为 double 型。

⑤ 将 10+'a'+i*f 的结果与 d/e 的商相减，结果为 double 型。

上述的类型转换是由系统自动进行的，我们只要知道运算的规律就可以了。

2. 强制类型转换

在表达式中也可以利用"强制类型转换"运算符将数据转换成所需的类型。例如：

```
(double)a           (将 a 转换成 double 类型)
(int)(x+y)          (将 x+y 的值转换成整型)
(float)(5%3)        (将 5%3 的值转换成 float 型)
```

强制类型转换的一般形式为

(类型名)(表达式)

注意：表达式应该用括号括起来。

如果写成

```
(int)x+y
```

则只将 x 转换成整型，然后与 y 相加。

需要说明的是，在强制类型转换时，得到一个所需类型的中间变量，原来变量的类型未发生变化。例如：

```
(int)x
```

如果已定义 x 为 float 型,进行强制类型运算后得到一个 int 型的中间变量,它的值等于 x 的整数部分,而 x 的类型不变(仍为 float 型),见例 2.8。

例 2.8 用强制类型转换进行不同类型数据的运算。

编写程序:

```
#include <stdio.h>
int main( )
  {float f=3.6;
   int i;
   i=(int)f;
   printf("f=%f,i=%d\n",f,i);
   return 0;
}
```

运行结果:

```
f=3.600000,i=3
```

f 类型仍为 float 型,值仍等于 3.6。

综上可知,有两种类型转换,第一种是在运算时不必用户指定,系统自动进行的类型转换,如 3+6.5。第二种是强制类型转换。当自动类型转换不能实现目的时,可以用强制类型转换。如"%"运算符要求其两侧均为整型量,若 x 为 float 型,则"x%3"不合法,必须用"(int)x % 3"。从附录 C 可以查到,强制类型转换运算优先于%运算,因此先进行(int)x 的运算,得到一个整型的中间变量,然后再对 3 求模。此外,在函数调用时,有时为了使实参与形参类型一致,可以用强制类型转换运算符得到一个所需类型的参数。

2.7 C 运算符和 C 表达式

2.6 节介绍了 C 语言的算术运算符和算术表达式。C 语言功能丰富,除了有算术运算符外,还有其他运算符。同样除了有算术表达式外,还有其他表达式。在此只做简单的介绍,以使读者有初步的印象,在以后各章中会结合应用陆续介绍。

2.7.1 C 运算符

C 语言的运算符范围很宽,把除了控制语句和输入输出以外的几乎所有的基本操作都作为运算符处理,例如将赋值符"="作为赋值运算符、方括号作为下标运算符等。C 的运算符有以下几类：

算术运算符	＋ － ＊ ／ ％
关系运算符	＞ ＜ ＝＝ ＞＝ ＜＝ ！＝
逻辑运算符	！ ＆＆ ‖
位运算符	＜＜ ＞＞ ～ ｜ ∧ ＆
赋值运算符	＝及其扩展赋值运算符
条件运算符	？：
逗号运算符	，
指针运算符	＊和＆
求字节数运算符	sizeof
强制类型转换运算符	（类型）
成员运算符	.－＞
下标运算符	［ ］
其他	如函数调用运算符()

运算符和其优先级见本书附录C。

2.7.2 C表达式

C语言有以下几类表达式。

算术表达式：如 $2+6.7*3.5+\sin(0.5)$。

关系表达式：如 $x>0$，$y<z+6$。

逻辑表达式：$x>0$ && $y>0$（表示 $x>0$ 与 $y>0$ 同时成立，&& 是逻辑运算符，代表"与"）。

赋值表达式：如 $a=5.6$。

逗号表达式：如 $a=3,y=4,z=8$。用逗号连接若干个表达式，顺序执行这些表达式，整个逗号表达式的值是最后一个表达式的值（今为8），详见2.8节。

2.8 提高部分

2.8.1 求补码的方法

在计算机中存储整数（不论正数和负数），都是按"补码"形式存放到存储单元的。对于正数来说，补码就是该数的"原码"（该数的二进制形式）。负数的补码不是它的原码。求一个负数的补码的方法是：

(1) 取该数（不考虑数的符号）的二进制形式，它就是**原码**。假如有一个负数 -1，不考虑符号就是1，它的二进制形式是00000001，这就是 -1 的原码。

（2）对该原码逐位"取反"（逐位把 0 变 1，把 1 变 0），得到其**反码**，00000001 的反码是 11111110（为简单起见，以一字节表示）：

1	1	1	1	1	1	1	0

（3）将得到的反码加 1，11111110 加 1 就是 11111111，这就是−1 的**补码**。

如果用户输入−1，则−1 在计算机中的存储形式为其补码：

1	1	1	1	1	1	1	1

求−10 的补码步骤如下：

（1）−10 的原码是 00001010。

0	0	0	0	1	0	1	0

（2）其反码是 11110101。

1	1	1	1	0	1	0	1

（3）再加 1，得补码 11110110。

1	1	1	1	0	1	1	0

可以看到负数的补码形式的最高位都是 1，从第 1 位就可以判断该数的正负。

读者在开始时可能对补码不大习惯，没有关系，有一些初步的概念就可以了，以后用到时再进一步掌握。

2.8.2 整型常量的表示形式

在 C 语言中，整常数可用以下 3 种形式表示。

（1）十进制整数，如 123，−456，4。这是最常用的。

（2）八进制整数，八进制整数的特点是逢 8 进 1。在程序中凡以 0 开头的数都被认作八进制数。如 0123 表示八进制数 123，即 $(123)_8$，其值为 $1 \times 8^2 + 2 \times 8^1 + 3 \times 8^0$，等于十进制数 83，−011 表示八进制数−11，即十进制数−9。

（3）十六进制整数。十六进制整数的特点是逢 16 进 1。在十六进制数中可以用 0～15 这 16 个数，但应该只用一个字符代表其中一个数，C 语言规定用字母 a，b，c，d，e，f 分别代替 10，11，12，13，14，15。在程序中凡以 0x 开头的数都被认作十六进制数。如 0x123，代表十六进制数 123，即 $(123)_{16} = 1 \times 16^2 + 2 \times 16^1 + 3 \times 16^0 = 256 + 32 + 3 = 291$。0x2a 代表十进制数 $2 \times 16^1 + 10 \times 16^0 = 32 + 10 = 42$。−0x12 等于十进制数−18。

以上 3 种表示形式都是合法的、有效的。以下 3 个赋值语句是等效的（设 a 已定义为整型变量)。

```
a=83;                           //十进制数
a=0123;                         //八进制数
a=0x53;                         //十六进制数
```

对初学者来说,最常用的是十进制数,但对八进制数和十六进制数也要有所了解,以便在阅读别人写的程序时不致茫然。

2.8.3 整型变量的类型

在前面已说明了定义整型变量可以有 int,long int,short int 3 种。C 标准没有具体规定以上各类数据所占内存的字节数,只要求 long 型数据长度不短于 int 型,short 型不长于 int 型。具体如何实现,由各计算机系统自行决定。目前通常的做法是:把 long 定为 32 位,把 short 定为 16 位,而 int 可以是 16 位,也可以是 32 位。

Visual C++ 给 short 型数据分配 2 字节,16 位;int 和 long 型数据都是 4 字节,32 位。以 32 位存放一个整数,范围可达正负 21 亿,一般已够用了。C99 还增加了 long long 类型(双长整型),一般分配 8 字节,64 位,但在一般程序中用得不多,读者知道就可以了。

在定义整型变量时,都可以加上修饰符 unsigned,以指定为"无符号数"。如果加修饰符 signed,则表示指定的是"有符号数"。如果既不指定为 signed,也不指定为 unsigned,则隐含为有符号(signed)。实际上 signed 是可以省写的。如:

有符号基本整型　　　　　　[signed] int

无符号基本整型　　　　　　unsigned int

有符号短整型　　　　　　　[signed] short [int]

无符号短整型　　　　　　　unsigned short [int]

有符号长整型　　　　　　　[signed] long [int]

无符号长整型　　　　　　　unsigned long [int]

(上面的方括号表示其中的内容是可选的,既可以有,也可以没有,效果相同)

表 2.2 列出 Visual C++ 对整数类型分配的字节数和其取值范围。

表 2.2　整数类型分配的字节数和其取值的范围

类　　　型	字节数	取 值 范 围
int(基本整型)	2	$-32768 \sim 32767$,即 $-2^{15} \sim (2^{15}-1)$
	4	$-2147483648 \sim 2147483647$,即 $-2^{31} \sim (2^{31}-1)$
unsigned int(无符号基本整型)	2	$0 \sim 65535$,即 $0 \sim (2^{16}-1)$
	4	$0 \sim 4294967295$,即 $0 \sim (2^{32}-1)$
short(短整型)	2	$-32768 \sim 32767$,即 $-2^{15} \sim (2^{15}-1)$

续表

类　　型	字节数	取　值　范　围
unsigned short（无符号短整型）	2	$0 \sim 65535$，即 $0 \sim (2^{16}-1)$
long （长整型）	4	$-2147483648 \sim 2147483647$，即 $-2^{31} \sim (2^{31}-1)$
unsigned long（无符号长整型）	4	$0 \sim 4294967295$，即 $0 \sim (2^{32}-1)$
long long （双长型）	8	$-9223372036854775808 \sim 9223372036854775807$，即 $-2^{63} \sim (2^{63}-1)$
unsigned long long（无符号双长整型）	8	$0 \sim 18446744073709551615$，即 $0 \sim (2^{64}-1)$

如果不知道所用的 C 编译系统对变量分配的空间，可以用 C 语言提供的 sizeof 运算符查询，如：

```
printf("%d,%d,%d\n",sizeof(int), sizeof(short), sizeof(long));
```

可以查出基本整型、短整型和长整型数据的字节数。

2.8.4　整型常量的类型

在了解整型变量的类型后，再反回来讨论整型常量的类型。从前面的介绍已知：整型变量可以是 int，short int，long int 和 unsigned int，unsigned short，unsigned long 等类型，那么常量是否也有这些类型？有人以为常量就是常数，怎么会有类型呢？其实，在计算机语言中，常量是有类型的，这也是计算机的特点。因为数据是要存储的，不同类型的数据所分配的字节和存储方式是不同的。既然整型变量有类型，那么整型常量也应该有类型，才能在赋值时匹配。从整型常量的字面上就可以决定它是什么类型的。如果 short 型数据在内存中占 2 字节，int 和 long int 型变量占 4 字节，按下面的规则处理：

（1）如果整型常数的值在 $-32768 \sim 32767$ 范围内，认为它是 short 型，分配 2 字节。它可以赋值给 short、int 型和 long int 型变量。

（2）如果其值超过了上述范围，而在 $-2147483648 \sim 2147483647$ 范围内，则认为它是整型，分配 4 字节。可以将它赋值给一个 int 或 long int 型变量。

（3）在一个整型常量后面加一个字母 l 或 L，则认为是 long int 型常量，例如 123l、432L、0L 等，这往往用于函数调用中。如果函数的形参为 long int 型，则要求实参也为 long int 型。

（4）一个整型常量后面加一个字母 u 或 U，认为是 unsigned int 型，如 12345u 在内存中按 unsigned int 规定的方式存放（存储单元中最高位不作为符号位，而用来存储数据）。

2.8.5 C语言允许使用的数据类型

C语言允许使用的数据类型见图2.7。列出来使读者对数据类型有一整体了解,在本书的后续各章中会陆续介绍。

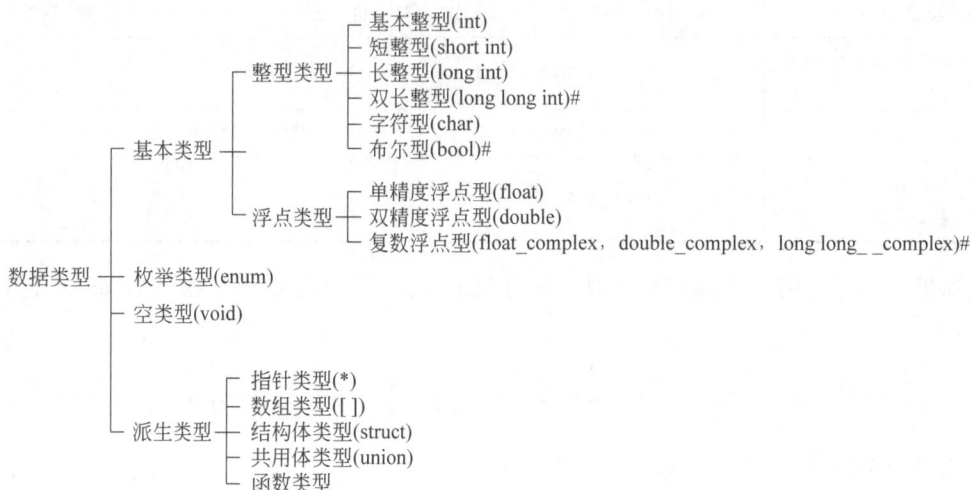

```
                                    ┌─ 基本整型(int)
                                    ├─ 短整型(short int)
                          ┌─ 整型类型 ├─ 长整型(long int)
                          │         ├─ 双长整型(long long int)#
                          │         ├─ 字符型(char)
                 ┌─ 基本类型 ┤         └─ 布尔型(bool)#
                 │         │
                 │         │         ┌─ 单精度浮点型(float)
                 │         └─ 浮点类型 ├─ 双精度浮点型(double)
                 │                   └─ 复数浮点型(float_complex,double_complex,long long__complex)#
     数据类型 ─────┤─ 枚举类型(enum)
                 ├─ 空类型(void)
                 │
                 │         ┌─ 指针类型(*)
                 │         ├─ 数组类型([ ])
                 └─ 派生类型 ┤─ 结构体类型(struct)
                           ├─ 共用体类型(union)
                           └─ 函数类型
```

注:有#号的为C99所增加的

图 2.7

其中基本类型(包括整型类型和浮点类型)和枚举类型变量的值都是数值(枚举类型是程序中用户定义的整数类型),统称为**算术类型**(arithmetic type)。算术类型和指针类型统称为**纯量类型**(scalar type),因为其变量的值是以数字来表示的。数组类型和结构体类型统称为**组合类型**(aggregate type),共用体类型不属于组合类型,因为在同一时间内只有一个成员具有值。函数类型用来定义函数,描述一个函数的接口,包括函数返回值的数据类型和参数的类型。不同类型的数据在内存中占用的存储单元长度是不同的。

2.8.6 运算符的优先级与结合性

C语言规定了运算符的优先级与结合性。在表达式求值时,先按运算符的优先级别高低次序执行,例如先乘除后加减。如表达式 a-b*c,b 的左侧为减号,右侧为乘号,而乘号优先于减号,因此,相当于 a-(b*c)。如果在一个运算对象两侧的运算符的优先级别相同,如 a-b+c,则按规定的"结合方向"处理。

C语言还规定了各种运算符的结合方向(结合性),众所周知,算术运算符的结合方向为"自左至右",即先左后右,因此 b 先与减号结合,执行 a-b 的运算,再执行加 c 的运算。"自左至右的结合方向"又称"**左结合性**",即运算对象先与左面的运算符结合。在 C 语言中有些运算符的结合方向是"自右至左",即"**右结合性**"。如赋值语句:

```
a=b=c=d;
```

其执行顺序是自右向左,先把 d 的值赋给 c,再把 c 的值赋给 b,然后把 b 的值赋给 a。假如 d 的值是 3,则最后 a,b,c,d 的值都是 3。显然这是右**结合性**,例如变量 **c** 的两侧都有赋值运算符,优先级相同,按右结合性,先和右侧的赋值运算符结合,执行 c＝d 的操作,其余类推。＋＋和－－运算符的结合方向也是"自右至左"的。如有 a＝－i＋＋,变量 i 的两侧的运算符－和＋＋的优先级相同,那么,i 是先和左面的负号结合(即理解为(－i)＋＋)呢,还是和右面的＋＋结合(即－(i＋＋))呢?按右结合性,应该是后者。为了避免混淆,可加"不必要"的括号,即－(i＋＋)。初学时只需知道有此问题即可,不必死抠,以后随着学习深入自然会掌握的。

附录 C 列出了所有运算符以及它们的优先级别和结合性。关于"结合性"的概念在其他一些高级语言中是没有的,是 C 语言的特点也是难点之一。

本章小结

(1) 在 C 语言中,数据都是属于一定的类型的。不同类型的数据在计算机中所占的空间大小和存储方式是不同的。整数以其二进制数(补码)形式存储,字符型数据以其对应的 ASCII 代码形式存储,实数以指数形式存储。

(2) 要区别类型和变量,类型名和变量名。如:

```
int a=3;
```

int 是类型名,a 是变量名。类型相当于模板,它只是一种抽象的规定,不占存储空间,不能在其中存放数据,如写成"int＝3;"是错误的。变量是根据类型所规定的原则建立的实体,它占存储空间,可以在其中存放数据,写成"a＝3;"是正确的。

(3) 在程序中,数据的表现形式有常量和变量。常量有字面常量和符号常量两种形式,符号常量与变量不同,它不占存储空间,不能对它指定类型,不能被赋值,它只是一个字符串,用来代替一个已知的常量。

(4) 标识符用来标识一个对象(包括变量、符号常量、函数、数组、文件、类型等)。变量名必须符合 C 标识符的命名规则,不要使用系统已有定义的关键字(见附录 B)和系统预定义的标识符。变量名要尽量"见名知意"。

(5) ANSI C 标准没有具体规定各类数据在内存中所占的字节数,由各 C 编译系统自行决定。常见的有两种:

① Turbo C 等,short 占 2 字节,int 占 2 字节,long 占 4 字节。

② Visual C ++ 等,short 占 2 字节,int 占 4 字节,long 占 4 字节。

对字符型都是 1 字节。浮点数一般都是,float 占 4 字节,double 占 8 字节。

可以用运算符 sizeof(类型名)或 sizeof(变量名)测出所用 C 系统给各类数据分配的字节数。

(6) 要区别字符和字符串。'a'是一个字符,"a"是一个字符串,它包括'a'和'\0'两个字符。一个字符(char)型变量只能存放 1 个字符。

(7) 使用++(自加)和--(自减)是 C 语言的一个特色,可以使程序清晰、简练,但用得不适当,也会产生副作用。一般只使用最简单的形式,如 i++,p--。防止出现二义性,为便于理解和减少出错,需要时可以加括号。

(8) 在算术表达式中,允许不同类型的数值数据和字符数据进行混合运算。C 语言编译系统把 float 型数据都处理为 double 型。两个不同类型数据进行算术运算时,占字节少的数据先转换为字节多的数据类型,然后进行运算,得到的结果是字节多的数据类型。

习题

2.1 假如我国国民生产总值的年增长率为 10%,计算 10 年后我国国民生产总值与现在相比增长多少百分比。

计算公式为:

$$P = (1+r)^n$$

r 为年增长率,n 为年数,P 为与现在相比的百分比。

2.2 存款利息的计算。有 1000 元,想存 5 年,可按以下 5 种办法存:

(1) 一次存 5 年期。

(2) 先存 2 年期,到期后将本息再存 3 年期。

(3) 先存 3 年期,到期后将本息再存 2 年期。

(4) 存 1 年期,到期后将本息存再存 1 年期,连续存 5 次。

(5) 存活期存款。活期利息每一季度结算一次。

某年银行存款利息如下:

1 年期定期存款利息为 4.14%。

2 年期定期存款利息为 4.68%。

3 年期定期存款利息为 5.4%。

5 年期定期存款利息为 5.85%。

活期存款利息为 0.72%(活期存款每一季度结算一次利息)。

如果 r 为年利率,n 为存款年数,则计算本息和的公式为:

一年定期本息和:

$$P = 1000 * (1+r)$$

n 年定期本息和：

$$P = 1000 * (1 + n * r)$$

存 n 次一年期的本息和：

$$P = 1000 * (1 + r)^n$$

活期存款本息和：

$$P = 1000 * \left(1 + \frac{r}{4}\right)^{4n}$$

说明：$1000 * \left(1 + \dfrac{r}{4}\right)$ 是一个季度的本息和。

2.3　请编程序将 China 译成密码,密码规律是：用原来的字母后面第 4 个字母代替原来的字母。例如,字母 A 后面第 4 个字母是 E,用 E 代替 A。因此,China 应译为 Glmre。请编写程序,用赋初值的方法使 c1,c2,c3,c4,c5 这 5 个变量的值分别为'C'、'h'、'i'、'n'、'a',经过运算,使 c1,c2,c3,c4,c5 分别变为'G'、'l'、'm'、'r'、'e',并输出。

2.4　例 2.5 能否改成如下：

```
#include <stdio.h>
int main()
{   int c1,c2;                  //原为 char c1,c2,今把 c1,c2 改为 4 字节的整型变量
    c1=97;
    c2=98;
    printf("%c %c\n"c1,c2);
    printf("%d %d\n",c1,c2);
    return 0;
}
```

(1) 运行时会输出什么信息？为什么？

(2) 如果将程序第 4、5 行改为

```
c1=289;
c2=322;
```

运行时会输出什么信息？为什么？

第 3 章

最简单的 C 程序设计——顺序程序设计

有了前两章的基础,现在可以编写简单的 C 程序了。要编写出一个正确的 C 语言程序,需要两方面的知识:一是根据问题的要求,设计出解题的具体步骤,这一步骤称为设计算法。二是用 C 语言写出程序,以便计算机能正确地执行。这两方面的知识是缺一不可的。也就是说,既要懂得算法,能设计算法,同时需要掌握 C 语言的知识,能够灵活地运用它们写出可供计算机执行的 C 程序。

本章介绍有关算法的知识,同时也介绍最简单、最基本的 C 语句,并把这二者紧密结合起来,引导读者编写最简单的 C 语言程序,为以后逐步深入的学习、编写较复杂的 C 程序打下初步的基础。

3.1 算法是程序的灵魂

3.1.1 什么是算法

在前面两章中,读者已经清楚地看到:计算机所进行的一切操作都是由程序决定的,程序是由人们事先编写好并输入给计算机的。从前面的程序中可知,一个程序包括以下两个方面的内容:

(1) **对数据的描述**。在程序中要指定数据的类型和数据的组织形式,即**数据结构**(data structure)。

(2) **对操作的描述**。即操作步骤,也就是**算法**(algorithm)。

数据是操作的对象,操作的目的是对数据进行加工处理,以得到期望的结果。打个比方,厨师制作菜肴,需要有菜谱,菜谱上一般应包括:①配料,指出应使用哪些原料;②操作步骤,指出如何使用这些原料,按规定的步骤加工成所需的菜肴,没有原料是无法加工成所需菜肴的。面对同一些原料可以加工出不同风味的菜肴。作为程序设计人员,必须认真考虑和设计数据结构和操作步骤(即算法)。著名计算机科学家沃思(Niklaus Wirth)提出一个公式:

数据结构 + 算法 = 程序

这是对面向过程程序的概括。实际上,一个程序除了以上两个主要要素之外,还应当采用适当的程序设计方法(例如对结构化程序设计方法)进行程序设计,并且用某一种计算机语言表示。因此,算法、数据结构、程序设计方法和语言工具 4 个方面是一个程序设计人员所应具备的知识。在设计一个程序时要综合运用这几方面的知识。在这 4 个方面中,**算法是灵魂,数据结构是加工对象,语言是工具,编程需要采用合适的方法。**

算法是解决**"做什么"**和**"怎么做"**的问题。程序中的操作语句,实际上就是算法的体现。显然,不了解算法就谈不上程序设计。本书不是一本专门介绍算法的教材,也不是一本只介绍 C 语言语法规则的使用说明。本书的目的是使读者通过学习,能够知道怎样编写一个 C 程序,并且能够编写出不太复杂的 C 程序。通过一些实例把以上 4 个方面的知识结合起来,介绍如何编写一个 C 程序。

首先通俗地说明什么是算法。做任何事情都有一定的内容和步骤。例如,你想从北京去天津开会,首先要去买火车票,然后按时乘坐地铁到北京站,登上火车,到天津站后坐汽车到会场,参加会议;你要买电视机,先要选好货物,然后开票、付款、拿发票、取货,打车回家;要考大学,首先要填报名单,交报名费,拿到准考证,按时参加考试,得到录取通知书,到指定学校报到注册等。这些步骤都是按一定的顺序进行的,缺一不可,次序错了也不行。我们从事各种工作和活动,都必须事先想好进行的步骤,然后按部就班地进行,才能避免产生错乱。实际上,在日常生活中,由于已养成习惯,所以人们并没意识到每件事都需要事先设计出"行动步骤"。例如吃饭、上学、打球、做作业等,事实上都是按照一定的规律进行的,只是人们不必每次都重复考虑它而已。

不要认为只有"计算"的问题才有算法。广义地说,为解决一个问题而采取的方法和步骤,都称为"算法"。例如,描述太极拳动作的图解,就是"太极拳的算法"。一首歌曲的乐谱,也可以称为该歌曲的算法,因为它指定了演奏该歌曲的每一个步骤,按照它的规定就能演奏出预定的曲子。

对同一个问题,可以有不同的解题方法和步骤。例如,求 $1+2+3+\cdots+100$,即 $\sum_{n=1}^{100} n$。有人可能先进行 $1+2$,再加 3,再加 4,一直加到 100,而有的人采取这样的方法:$100+(1+99)+(2+98)+\cdots+(49+51)+50=100+49\times100+50=5050$。还可以有其他的方法。当然,方法有优劣之分。有的方法只需进行很少的步骤,而有些方法则需要较多的步骤。一般来说,希望采用方法简单、运算步骤少的方法。因此,为了有效地进行解题,不仅需要保证算法正确,还要考虑算法的质量,选择合适的算法。

本书所关心的当然只限于计算机算法,即计算机能执行的算法。例如,让计算机算 $1\times2\times3\times4\times5$,或将 100 个学生的成绩按高低分数的次序排列,是可以做到的,而让计算机去执行"替我理发"或"做一碗红烧肉",是做不到的(至少目前如此)。

计算机算法可分为两大类别:**数值运算算法**和**非数值运算算法**。数值运算的目的是求数值解,例如求圆的面积、求方程的根、求一个函数的定积分、判断某年是否闰年等,都属于数值运算范围。非数值运算包括的面十分广泛,最常见的是用于事务管理领域,例如图书检索、学生成绩管理、商品销售管理、对一个单位的成员按工资排序等。目前,计算机在非数值运算方面的应用远远超过了在数值运算方面的应用。由于数值运算有现成的模型,可以运用数值分析方法,因此对数值运算的算法的研究比较深入,算法比较成熟。对各种数值运算都有比较成熟的算法可供选用。人们常常把这些算法汇编成册(写成程序形式),或者将这些程序存放在磁盘上,供用户调用。例如有的计算机系统提供"数学程序库",使用起来十分方便。而非数值运算的种类繁多,要求各异,难以规范化,因此只对一些典型的非数值运算算法(例如排序算法)做比较深入的研究。其他的非数值运算问题,往往需要使用者参考已有的类似算法,重新设计解决特定问题的专门算法。本书不可能罗列所有算法,只是想通过一些典型算法的介绍,帮助读者了解如何设计一个算法,并引导读者举一反三。

在写程序之前,必须想清楚"做什么"和"怎么做"。"做什么"往往是从题目或任务中可以看出来或整理出来的(例如:求三角形的面积、求一元二次方程等),而"怎么做"则要由程序设计者去思考和设计的。"怎么做"包括两方面的内容:一是要做哪些事情才能达到解决问题的目的;二是决定做这些事情的先后次序。这就是"算法"所要解决的问题。

3.1.2 怎样表示算法

想好一个算法后,应该采用适当的方式表示出来,以便根据它编写程序。

1. 用自然语言表示算法

自然语言就是人们日常使用的语言,可以是汉语、英语或其他语言。用自然语言表示通俗易懂,但文字冗长,容易出现歧义性。自然语言表示的含义往往不大严格,要根据上下文才能判断其正确含义。假如有这样一句话:"张先生对李先生说他的孩子考上了大学"。请问是张先生的孩子考上大学还是李先生的孩子考上大学呢?光从这句话本身难以判断。此外,用自然语言来描述包含条件判断和循环的算法,不很方便。因此,除了那些很简单的问题以外,一般不用自然语言描述算法。

2. 用流程图表示算法

流程图是用一些图框来表示各种操作。美国国家标准化协会(American National Standard Institute,ANSI)规定了一些常用的流程图符号(见图3.1),已为世界各国程序工作者普遍采用。

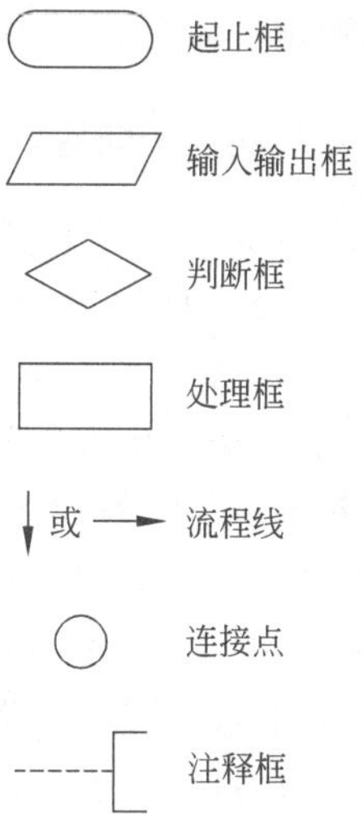

如判断一个数是否偶数的算法,用流程图表示如图3.2。图中的菱形框用来判断"m能否被2整除",如果能,就输出该数"是偶数",否则,就输出该数"不是偶数"。

输出1~10的算法,用流程图表示如图3.3所示。

起止框

输入输出框

判断框

处理框

或 → 流程线

连接点

注释框

图　3.1

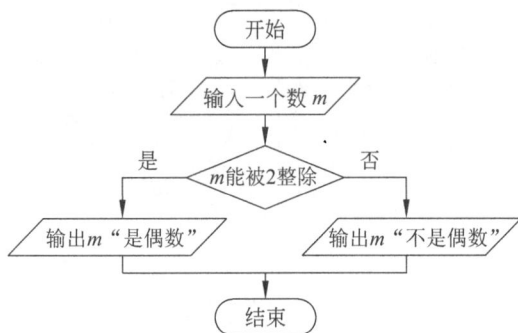

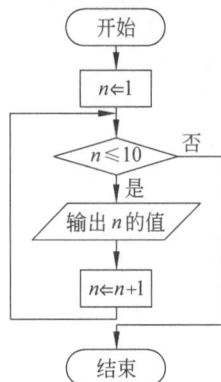

图　3.2　　　　　　　　　　　　　　图　3.3

先把 1 赋给变量 n,即置 n 的初值为 1,然后判别 n 的值是否小于或等于 10,今 n 的值小于 10,故应执行"输出 n 的值",输出数值 1。然后执行 n＝n＋1,即将 n 的值加 1 后再赋给 n,故 n 变成 2 了,再返回去判断 n 是否小于或等于 10,今 n 的值小于 10,再输出 n 的值(今为 2),再使 n 变成 3,再判断 n 是否小于或等于 10……如此反复循环,直到第 10 次,输出完 n 的当前值 10 后,n 变成 11 了,再判断时,n 已大于 10 了,所以不再执此"输出 n 的值"和"使 n 增值 1"的操作,算法结束。

用这种流程图表示算法,直观形象,易于理解。但画图比较麻烦,需要占用较大的纸面面积,而且修改比较困难,现在使用不多了。

3. 用 N-S 流程图表示算法

1973 年,美国学者 I.Nassi 和 B.Shneiderman 提出了一种新的流程图形式。在这种流程图中,完全去掉了带箭头的流程线。全部算法写在一个矩形框内,在该框内还可以包含其他的从属于它的框,或者说,由一些基本的框组成一个大的框。这种流程图又称 **N-S 结构化流程图**(N 和 S 是两位美国学者的英文姓氏的首字母)。这种流程图适于结构化程序设计,而且作图简单,占面积小,一目了然,因而很受欢迎。

N-S 流程图用以下流程图符号。

(1) 顺序结构。顺序结构用图 3.4 形式表示。表示执行完 A 操作后,接着执行 B 操作。

(2) 选择结构。选择结构用图 3.5 表示。当 p 条件成立时执行 A 操作,p 不成立则执行 B 操作。

图 3.2 可以改用 N-S 流程图表示,如图 3.6 所示。

(3) 循环结构。循环结构可用图 3.7 形式表示。图 3.7 表示当 p_1 条件成立时反复执行 A 操作,直到 p_1 条件不成立为止。

输出 1 到 10 的算法,用 N-S 流程图表示如图 3.8 所示。它的流程与图 3.3 相同。

在本章和后续各章中,读者将会看到在程序设计中怎样使用流程图。

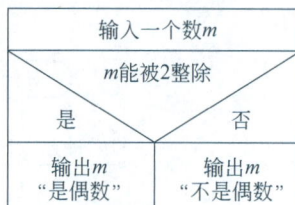

图 3.4   图 3.5   图 3.6

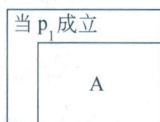

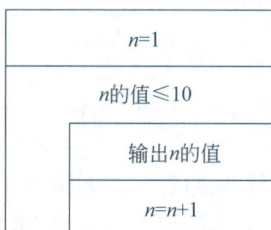

图 3.7   图 3.8

4. 用伪代码表示算法

用传统的流程图和 N-S 图表示算法直观易懂,但画起来比较费事,在设计一个算法时,可能要反复修改,而修改流程图是比较麻烦的。因此,流程图适宜于表示一个算法,但在设计算法过程中使用不是很理想(尤其是当算法比较复杂、需要反复修改时)。为了设计算法时方便,常用一种称为**伪代码**(pseudo code)的工具。

伪代码是用介于自然语言和计算机语言之间的文字和符号来描述算法。它如同一篇文章一样,自上而下地写下来。每一行(或几行)表示一个基本操作。它不用图形符号,因此书写方便,格式紧凑,也比较好懂,也便于向计算机语言算法(即程序)过渡。

例如,"输出 x 的绝对值"的算法可以用伪代码表示如下:

```
if x is positive then
    print x
else
    print -x
```

它好像一个英语句子一样好懂,在西方国家用得比较普遍,也可以用汉字伪代码。例如:

```
若 x 为正
    输出 x
否则
    输出 -x
```

也可以中英文混用,例如:

```
if x 为正
    print x
else
    print -x
```

将计算机语言中的关键字用英文表示,其他的可用汉字。总之,以便于书写和阅读为原则。用伪代码写算法并无固定的、严格的语法规则,只要把意思表达清楚,并且书写的格式要写成清晰易读的形式。

在以上几种表示算法的方法中,具有熟练编程经验的专业人士喜欢用伪代码,初学者喜欢用流程图或 N-S 图,比较形象,易于理解。本书主要使用 N-S 图表示算法。

3.2 程序的三种基本结构

在 3.1 节介绍 N-S 流程图时已提到了程序中用到的三种结构:顺序结构、选择结构和循环结构。在本节中再进一步介绍。

一个程序包含一系列的执行语句,每一个语句使计算机完成一种操作。在写程序时,要仔细考虑各语句的排列顺序,程序中语句的顺序不是任意书写而无规律的。假如一个程序的流程如同图 3.9 那样无规律地跳转,虽然它也能执行并得到正确的结果,但是在阅读这样的程序时,很难清晰地理解其算法。这样的程序是难阅读、难修改、难维护的。写程序应当遵循一定的规律,尽量避免不必要的跳转,最好是使各语句按照从上到下的顺序排列,在执行时也是按从上到下的顺序执行。1966 年,Bohra 和 Jacopini 提出了以下 3 种基本结构,如果用这 3 种基本结构作为算法的基本单元来编写程序,就能实现上面的目的。

(1) **顺序结构**。各操作步骤是顺序执行的,如图 3.10 所示,虚线框内是一个顺序结构。其中 A 和 B 两个框是顺序执行的,即在执行完 A 框所指定的操作后,必然接着执行 B 框所指定的操作。顺序结构是最简单的一种基本结构。

(2) **选择结构**。选择结构又称为**判断结构**或**分支结构**,根据是否满足给定的条件而从两组操作中选择一种操作,如图 3.11 所示。虚线框内是一个选择结构。此结构中必包含一个判断条件 p(以菱形框表示),根据给定的条件 p 是否成立而选择执行 A 组操作或 B 组操作。p 所代表的条件可以是 $x<0$ 或 $x>y$,$a+b<c+d$ 等,详见第 4 章。

第 1 章例 1.3 中的 if 语句

```
if(x>y) z=x;              //如果满足 x>y 条件,执行 z=x
else z=y;                 //如果不满足 x>y 条件,执行 z=y
```

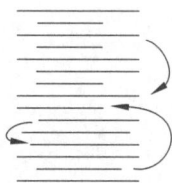

图 3.9

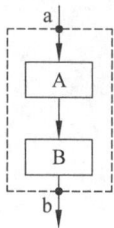

图 3.10

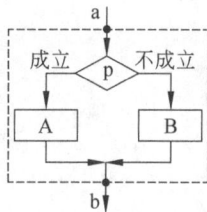

图 3.11

就是一个选择结构。

> **注意**：无论 p 条件是否成立，只能执行 A 操作或 B 操作之一，不可能既执行 A 操作又执行 B 操作。无论走哪一条路径，在执行完 A 或 B 之后，就结束了。A 或 B 两个操作中可以有一个是空操作，即不执行任何操作，如图 3.12 所示。

（3）**循环结构**。它又称为重复结构，即在一定条件下反复执行某一部分的操作。图 3.13 所示的就是一种循环结构。执行过程是：当给定的条件 p 成立时，执行 A 操作，执行完 A 后，再判断条件 p 是否成立，如果仍然成立，再执行 A，如此反复执行 A，直到某一次 p 条件不成立为止，此时不执行 A，而脱离循环结构。

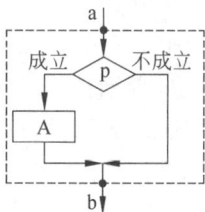

图 3.12

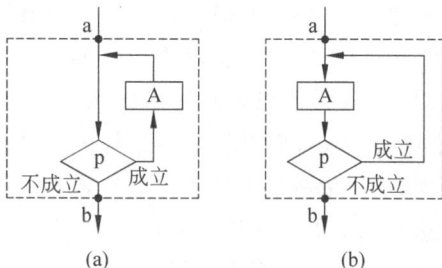

(a)　　　　　(b)

图 3.13

一个良好的程序，无论多么复杂，都可以由这三种基本结构组成。用这三种基本结构构造算法和编写程序，就如同用一些预构件盖房子一样方便，程序结构清晰。有人形容这三种基本结构像项链中的珍珠一样排列整齐、清晰可见。用这三种基本结构构成的程序称为"**结构化程序**"。

C 语言提供了实现三种基本结构的语句，如用 if 语句可以实现选择结构，用循环语句（for 语句，while 语句）可以实现循环结构。凡是能提供实现三种基本结构的语句的语言，称为结构化语言。显然，C 语言属于结构化语言。

本章只介绍能实现顺序结构的语句，它们只执行最简单的操作。

3.3 C语句综述

和其他高级语言一样,C语言的语句用来向计算机系统发出操作指令。一个语句经编译后产生若干条机器指令。一个实际的程序应当包含若干语句。从第1章已知,一个程序是一个或多个函数组成的,在一个函数的函数体中一般包括两个部分:**声明部分**和**执行部分**(有的简单的程序可以不包含声明部分,而只有执行语句,如第1章中的例1.1)。执行部分是由若干个语句组成的。C语句都是用来完成一定操作任务的。声明部分的内容不称为语句。如"int a;"不是一条C语句,它不产生机器操作,而只是对变量的定义。

C程序结构可以用图3.14表示,即一个C程序可以由若干个源程序文件(分别进行编译的文件模块)组成,一个源文件可以由若干个函数和预处理指令以及全局变量声明部分组成(关于"全局变量"见第7章)。一个函数一般都是由数据声明部分和执行语句组成。

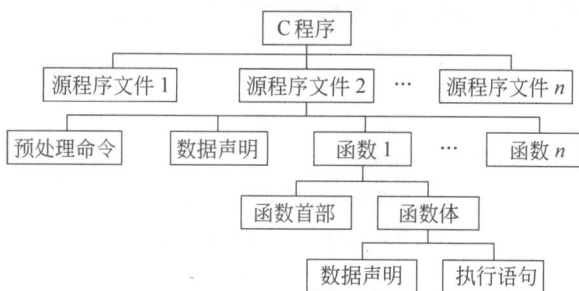

图 3.14

C语句分为以下5类。

(1) **控制语句**。控制语句用于完成一定的控制功能。C只有9种控制语句,它们是:

① if()…else…　　　　　(条件语句,用来实现选择结构)

② switch　　　　　　　(多分支选择语句)

③ for()…　　　　　　　(循环语句,用来实现循环结构)

④ while()…　　　　　　(循环语句,用来实现循环结构)

⑤ do…while()　　　　　(循环语句,用来实现循环结构)

⑥ continue　　　　　　(结束本次循环语句)

⑦ break　　　　　　　(中止执行switch或循环语句)

⑧ return　　　　　　　(从函数返回的语句)

⑨ goto　　　　　　　　(转向语句,现已基本不用了)

上面9种语句表示形式中的括号"()"表示括号中是一个"判别条件","…"表示内嵌的语句。例如:"if()…else…"的具体语句可以写成:

```
if(x>y) z=x;else z=y;
```

其中 x>y 是一个"判别条件","z=x;"和"z=y;"是语句,这两个语句是内嵌在 if…else 语句中的。这个 if…else 语句的作用是:先判别条件 x>y 是否成立,如果 x>y 成立,就执行内嵌语句"z=x;";否则就执行内嵌语句"z=y;"。

(2) **函数调用语句**。函数调用语句由一个函数调用加一个分号构成,例如:

```
printf("This is a C statement.");
```

printf 是一个函数,上面的语句是调用 printf 函数,后面加一个分号。此外没有其他的内容。

(3) **表达式语句**。表达式语句由一个表达式加一个分号构成,最典型的是,由赋值表达式构成一个赋值语句。例如:

```
a=3
```

是一个赋值表达式,而

```
a=3;
```

是一个赋值语句。可以看到一个表达式的最后加一个分号就成了一个语句。一个语句必须在最后出现分号,分号是语句中不可缺少的组成部分,而不是两个语句间的分隔符号。例如:

```
i=i+1                              (是表达式,不是语句)
i=i+1;                             (是语句)
```

任何表达式都可以加上分号而成为语句,例如:

```
i++;
```

是一个语句,作用是使 i 的值加 1。又例如:

```
x+y;
```

也是一个语句,作用是完成 x+y 的操作,它是合法的,但是并不把 x+y 的和赋给另一变量,所以它并无实际意义。

表达式能构成语句是 C 语言的一个重要特色。其实"函数调用语句"也是属于表达式语句,因为函数调用(如 sin(x))也属于表达式的一种。只是为了便于理解和使用,才把"函数调用语句"和"表达式语句"分开来说明。由于 C 程序中大多数语句是表达式语句(包括函数调用语句),所以有人把 C 语言称作"表达式语言"。

（4）**空语句**。下面是一个空语句：

```
;
```

即只有一个分号的语句,它什么也不做。有时用来作为流程的转向点(流程从程序其他地方转到此语句处),也可用来作为循环语句中的循环体(循环体是空语句,表示循环体什么也不做)。

（5）**复合语句**。可以用 { } 把一些语句括起来成为复合语句。例如下面是一个复合语句：

```
{z=x+y;
 t=z/100;
 printf("%f",t);
}
```

注意：复合语句中最后一个语句中最后的分号不能忽略不写。

C 语言允许一行写几个语句,也允许一个语句拆开写在几行上,书写格式无固定要求。

本章介绍几种顺序执行的语句,在执行这些语句的过程中不会发生流程的控制转移(即不按顺序执行的跳转)。

3.4 赋值表达式和赋值语句

3.4.1 赋值表达式

1. 赋值运算符

赋值符号"＝"就是赋值运算符,它的作用是将一个数据赋给一个变量。如 a＝3 的作用是执行一次赋值操作(或称赋值运算)。把常量 3 赋给变量 a。也可以将一个表达式的值赋给一个变量。

2. 复合的赋值运算符

在赋值符"＝"之前加上其他运算符,可以构成复合的运算符。如果在"＝"前加一个"＋"运算符就成了复合运算符"＋＝"。例如,可以有：

a＋＝3　　　　　　　等价于　a＝a＋3

x＊＝y＋8　　　　　　等价于　x＝x＊(y＋8)

x％＝3　　　　　　　　等价于　　x＝x％3

以"a＋＝3"为例来说明,它相当于使 a 进行一次自加 3 的操作,即先使 a 加 3,再赋给 a。同样,"x＊＝y＋8"的作用是使 x 乘以(y＋8),再赋给 x。

为便于记忆,可以这样理解:

① a＋＝b　　　　　　　(其中 a 为变量,b 为表达式)

② a＋＝b　　　　　　　(将有下画线的"a＋"移到"＝"右侧)

③ a＝a＋b　　　　　　(在"＝"左侧补上变量名 a)

注意,如果 b 是包含若干项的表达式,则相当于它有括号。例如,以下 3 种写法是等价的:

① x％＝y＋3

② x％＝(y＋3)

③ x＝x％(y＋3)　　　(不要错写成 x＝x ％ y＋3)

凡是二元(二目)运算符,都可以与赋值符一起组合成复合赋值符。有关算术运算的复合赋值运算符有:

$$＋＝,－＝,＊＝,/＝,％＝$$

C 语言采用这种复合运算符,一是为了简化程序,使程序精练;二是为了提高编译效率,能产生质量较高的目标代码。专业人员喜欢使用复合运算符,程序显得专业一点。对初学者来说,不必多用,首要的是保持程序清晰易懂。我们在此做简单的介绍,是为了便于阅读别人编写的程序。

说明:复合的赋值运算符可以不必详细讲授,由学生自己阅读,有一定了解即可。

3. 赋值表达式

由赋值运算符将一个变量和一个表达式连接起来的式子称为"赋值表达式"。它的一般形式为:

变量 赋值运算符 表达式

如 a＝5 是一个赋值表达式。对赋值表达式求解的过程是:先求赋值运算符右侧的"表达式"的值,然后赋给赋值运算符左侧的变量。一个表达式应该有一个值,例如,赋值表达式"a＝3＊5"的值为 15,执行表达式后,变量 a 的值也是 15。赋值运算符左侧的标识符称为**"左值"**(left value,简写为 lvalue)。意思是位置在赋值运算符的左侧。并不是任何对象都可以作为左值的,变量可以作为左值,而表达式 a＋b 就不能作为左值,常变量也不能作为左值,因为常变量不能被赋值。可以出现在赋值运算符右侧的表达式称为**"右值"**(right value,简写为 rvalue)。显然左值也可以出现在赋值运算符右侧,因而凡是左值都可以作为右值。

例如：

```
b=a;                              //b是左值
c=b;                              //b也是右值
```

赋值表达式中的"表达式"，又可以是一个赋值表达式。例如：

```
a=(b=5)
```

括号内的"b=5"是一个赋值表达式，它的值等于 5。执行表达式"a=(b=5)"相当于执行"b =5"和"a=b"两个赋值表达式。因此 a 的值等于 5，整个赋值表达式的值也等于 5。从附录 C 可以知道赋值运算符按照"自右而左"的结合顺序，因此，"(b=5)"外面的括号可以不要，即"a=(b=5)"和"a=b=5"等价，都是先求"b=5"的值(得 5)，然后再赋给 a，下面是赋值表达式的例子：

```
a=b=c=5                    (赋值表达式值为5,赋值后a、b、c的值均为5)
a=5+(c=6)                  (表达式值为11,a值为11,c值为6)
a=(b=4)+(c=6)             (表达式值为10,a值为10,b等于4,c等于6)
a=(b=10)/(c=2)            (表达式值为5,a等于5,b等于10,c等于2)
```

请分析下面的赋值表达式：

```
(a=3*5)=4*3
```

先执行括号内的运算，将 15 赋给 a，然后执行 4*3 的运算，得 12，再把 12 赋给 a。最后 a 的值为 12，整个表达式的值为 12。读者可以看到：(a=3*5)出现在赋值运算符的左侧，因此赋值表达式(a=3*5)是左值。请注意，在对赋值表达式(a=3*5)求解后，变量 a 得到值 15，此时赋值表达式(a=3*5)=4*3 相当于(a)=4*3，在执行(a=3*5)=4*3 时，实际上是将 4*3 的积 12 赋给变量 a，而不是赋给 3*5。正因为这样，赋值表达式才能够作为左值。

赋值表达式作为左值时应加括号，如果写成下面这样就出现语法错误：

```
a=3*5=4*3
```

因为 3*5 不是左值，不能出现在赋值运算符的左侧。

将赋值表达式作为表达式的一种，使赋值操作不仅可以出现在赋值语句中，而且可以以表达式形式出现在其他语句(如输出语句、循环语句等)中，例如：

```
printf("%d",a=b);
```

如果 b 的值为 3，则输出 a 的值（也是表达式 a＝b 的值）为 3。在一个语句中完成了赋值和输出双重功能。这是 C 语言灵活性的一种表现。

3.4.2 赋值过程中的类型转换

如果赋值运算符两侧的类型一致，则直接进行赋值。如：

```
i=6                              （假设 i 已定义为 int 型）
```

如果赋值运算符两侧的类型不一致，但都是数值型或字符型时，在赋值时要进行类型转换。类型转换是由系统自动进行的。转换的规则是：

（1）将实型数据（包括单、双精度）赋给整型变量时，先对实数取整（即舍去小数部分），然后赋予整型变量。如 i 为整型变量，执行"i＝3.56"的结果是使 i 的值为 3，以整数形式存储在整型变量中。

（2）将整型数据赋给单精度或双精度型变量时，数值不变，但以实数形式存储到变量中，如将 23 赋给 float 变量 f，先将 23 转换成实数 23.00000，再按指数形式存储在 f 中。如果将 23 赋给 double 型变量 d，即执行 d＝23，则将 23 转换成双精度形式即补足有效位数字为 23.00000000000000，然后以双精度数形式存储到变量 d 中。

（3）将一个 double 型数据赋给 float 变量时，截取其前面 7 位有效数字，存放到 float 变量的存储单元（4 字节）中。但应注意数值范围不能溢出。例如：

```
double d=123.456789e100;
f=d;
```

f 无法容纳如此大的数，出现溢出错误。

将一个 float 型数据赋给 double 变量时，数值不变，有效位数扩展到 16 位，在内存中以 8 字节存储。

（4）字符型数据赋给整型变量时，将字符的 ASCII 码赋给整型变量。如：

```
i='a';                           //已定义 i 为整型变量
```

由于字符'a'的 ASCII 码为 97，因此，赋值后 i 的值为 97。

（5）将一个占字节多的整型数据赋给一个占字节少的整型变量或字符变量（例如把一个 4 字节的 long 型数据赋给一个 2 字节的 short 型变量，或将一个 2 字节的 int 型数据赋给 1 字节的 char 型变量），只将其低字节原封不动地送到该变量（即发生截断）。例如：

```
i=289;                           //假设已定义 i 为整型变量
c='a';                           //假设已定义 c 为字符变量
c=i;                             //假设将一个占 2 字节的 int 型数据赋给 char 型变量
```

赋值情况见图 3.15。c 的值为 33,如果用"%c"输出 c,将得到字符"!"(其 ASCII 码为 33)。

要避免进行这种赋值,因为赋值后数值可能发生失真。如果一定要进行这种赋值,应当保证赋值后数值不会发生变化,即所赋的值在变量的数值范围内。如将上面的 i 值改为 123,就不会发生失真。

如果将一个**有符号整数**赋给**无符号整型变量**,或将一个**无符号整数**赋给**有符号整型变量**,是按照存储单元字节中原样传送的。请参阅 3.9 节提高部分。

3.4.3 赋值语句

赋值语句是由赋值表达式加上一个分号构成。从前面的例子中已知道,赋值表达式的作用是将一个表达式的值赋给一个变量,因此赋值表达式具有计算和赋值双重功能。程序中的计算功能主要是由赋值语句来完成的。在 C 程序中,赋值语句是用得最多的语句。如:

```
s=2*3.14159*r;                    //计算圆周长,赋值给变量 s
```

在前面的叙述中已知:在一个表达式中可以包含另一个表达式。既然赋值表达式是一种表达式,因此它就可以出现在其他表达式之中,例如:

```
if((a=b)>0) t=a;
```

按语法规定 if 后面的括号内是一个"条件",例如可以是:"if(x>0)…"。现在在 x 的位置上换上一个赋值表达式"a=b",其作用是:先进行赋值运算(将 b 的值赋给 a),然后判断 a 是否大于 0,如大于 0,执行 t=a。注意,在 if 语句中的"a=b"不是赋值语句而是赋值表达式,以上的写法是合法的。如果写成:

```
if((a=b;)>0)t=a;                  //"a=b;"是赋值语句
```

就错了。在 if 的条件中可以包含赋值表达式,但不能包含赋值语句。由此可以看到,C 语言把赋值语句和赋值表达式区别开来,增加了表达式的种类,使表达式的应用几乎"无孔不入",能实现其他语言中难以实现的功能。

> **注意**:要区分赋值表达式和赋值语句。
> 赋值表达式的末尾没有分号,赋值语句的末尾必须有分号。
> 在一个表达式中可以包含一个或多个赋值表达式,但决不能包含赋值语句。

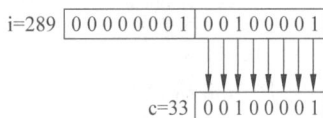

3.4.4　变量赋初值

程序中常需要对一些变量预先设置一个初值。设置初值既可以用赋值语句去实现,也可以在定义变量的同时使变量初始化,后者更为方便。例如:

```
int a=3;                    //指定 a 为整型变量,初值为 3
double f=3.56;              //指定 f 为双精度型变量,初值为 3.56
char c='a';                 //指定 c 为字符变量,初值为 'a'
```

也可以对被定义的变量中的一部分变量赋初值。其余的变量不赋初值。例如:

```
int a,b,c=5;
```

指定 a、b、c 为整型变量,但只对 c 初始化,c 的初值为 5,a 和 b 未被赋初值。

如果对几个变量赋予同一个初值,应写成

```
int a=3,b=3,c=3;
```

表示 a、b、c 的初值都是 3。不能写成

```
int a=b=c=3;
```

一般变量的初始化不是在编译阶段完成的(只有静态存储变量和外部变量的初始化是在编译阶段完成的),而是在程序运行时执行本函数时赋予初值的,相当于有一个赋值语句。例如:

```
int a=3;
```

相当于

```
int a;                      //定义 a 为整型变量
a=3;                        //赋值语句,将 3 赋给 a
```

又如:

```
int a,b,c=5;
```

相当于

```
int a,b,c;                  //指定 a、b、c 为整型变量
c=5;                        //将 5 赋给 c
```

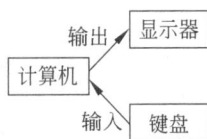

3.5 数据输入输出的概念

输入输出是程序中最基本的一种操作,几乎每一个 C 程序都包含输入输出。因为要进行运算,就必须给出数据,而运算的结果当然需要输出,以便人们应用。没有输出的程序是没有意义的。

在讨论程序的输入输出时要注意以下几点。

(1) 所谓**输入输出是以计算机主机为主体而言的**。从计算机向输出设备(如显示器、打印机等)输出数据称为**输出**,从输入设备(如键盘、鼠标、磁盘、光盘、扫描仪等)向计算机输入数据称为**输入**,见图 3.16。

(2) **C 语言本身不提供输入输出语句**,输入和输出操作是由 C 函数库中的函数来实现的。在 C 标准函数库中提供了一些输入输出函数,例如,printf 函数和 scanf 函数。读者在使用它们时,千万不要误认为它们是 C 语言提供的"输入输出语句"。printf 和 scanf 不是 C 语言的关键字,而只是库函数的名字。实际上人们可以不用 printf 和 scanf 这两个名字,而另外编写一个输入函数和一个输出函数,用来实现输入输出的功能,采用其他的名字作为函数名。

图 3.16

C 提供的函数以库的形式存放在 C 的编译系统中,它们不是 C 语言文本中的组成部分。在第 1 章中曾介绍,不把输入输出作为 C 语句的目的是使 C 语言编译系统简单,因为将语句翻译成二进制的指令是在编译阶段完成的,没有输入输出语句就可以避免在编译阶段处理与硬件有关的问题,可以使编译系统简化,而且通用性强,可移植性好,在各种型号的计算机和不同的编译环境下都能适用,便于在各种计算机上实现。各种 C 编译系统提供的系统函数库是各软件公司根据用户的需要编写的,并且已编译成目标文件(.obj 文件)。它们在程序连接阶段与由源程序经编译而得到的目标文件(.obj 文件)相连接,生成一个可执行的目标程序(.exe 文件)。如果在源程序中有 printf 函数,在编译时并不把它翻译成目标指令,而是在连接阶段与系统函数库相连接后,在执行阶段中调用函数库中的 printf 函数。

在不同的编译系统所提供的函数库中,函数的数量、名字和功能是不完全相同的。不过,有些通用的函数(如 printf 和 scanf 等),各种编译系统都提供,成为各种系统的标准函数。

C 语言函数库中有一批"标准输入输出函数",它是以标准的输入输出设备(一般为终端设备)为输入输出对象的。其中有 putchar(输出字符)、getchar(输入字符)、printf(格式输出)、scanf(格式输入)、puts(输出字符串)、gets(输入字符串)。本章主要介绍前面 4 个最基本的输入输出函数。

(3) **在使用系统库函数时,应当在程序中使用预编译指令"♯ include"**。如:♯ include

<stdio.h>。目的是将有关的"头文件"的内容包括到用户源文件中。在头文件中包含了调用函数时所需的有关信息。例如在使用标准输入输出库函数时，要用到"stdio.h"头文件中提供的信息。stdio 是 standard input & output（输入和输出）的缩写。文件后缀中"h"是 header 的缩写。♯include 指令都是放在程序的开头，因此这类文件被称为**头文件**。"stdio.h"头文件包含了与标准 I/O 库有关的变量定义和宏定义以及对函数的声明。在调用标准输入输出库函数时，文件开头应该有以下预编译指令：

```
#include <stdio.h>
```

或

```
#include "stdio.h"
```

其作用是在程序编译时，系统会将"stdio.h"头文件的内容调出来放在此位置，取代本♯include 行。这样在本程序模块中就可以使用这些内容了。

说明：以上两种♯include 指令形式的区别是：（1）用尖括号形式（如<stdio.h>）时，编译系统直接找到 C 编译系统所在的子目录（C 库函数头文件一般都是和 C 编译系统存放在同一个子目录中的）中去找所要包含的文件（如 stdio.h），这种方式称为**标准方式**。（2）用双撇号形式（如"stdio.h"），在编译时，系统先在用户当前目录中寻找要包含的文件，若找不到，再按标准方式查找。

一般情况下，用户用♯include 指令是为了使用系统库函数，因此要包含系统提供的相应头文件，所以用标准方式为宜，以提高效率。如果用户想包含的头文件不是系统提供的相应头文件，而是用户自己编写的文件（这种文件一般都存放在用户当前目录中），这时应当用双撇号形式，否则会找不到所需的文件。如果文件不在当前目录中，可以在双撇号中写出文件路径（如♯include "C:\temp\file1.h"），以便系统能从中找到所需的文件。

应养成这样的习惯：只要在本程序文件中使用标准输入输出库函数时，一律加上♯include <stdio.h>指令。

从 3.6 节起，将由浅入深地介绍怎样进行数据的输入和输出。

3.6　字符数据的输入输出

先介绍最简单的输入输出，即只向计算机输入一个字符或从计算机输出一个字符。3.5节已经介绍，在 C 程序中的输入输出是由函数实现的。C 函数库中提供输入一个字符的函数 putchar 和输出一个字符的函数 getchar。它们是最简单的，也是最容易理解的。在掌握了字符的输入输出后，3.7 节再介绍数值数据的输入输出。

3.6.1 用 putchar 函数输出一个字符

想从计算机向显示器输出一个字符,要调用系统函数库中的 putchar 函数(字符输出函数)。putchar 函数的一般形式为:

putchar(c)

putchar 是 put character(给字符)的缩写,很容易记忆。C 语言的函数名大多是可以见名知意的,不必死记。putchar(c)的作用是输出字符变量 c 的值,显然它是一个字符。

例 **3.1** 先后输出几个字符。

编写程序:

可以很容易写出程序,先后调用几次 putchar 函数,就能输出几个字符。

```
#include <stdio.h>
int main()
  {char a,b,c;                    //定义 3 个字符变量
  a='B';b='O';c='Y';             //给 3 个字符变量赋值
  putchar(a);                     //向显示器输出字符 B
  putchar(b);                     //向显示器输出字符 O
  putchar(c);                     //向显示器输出字符 Y
  putchar('\n');                  //向显示器输出一个换行符
  return 0;
  }
```

运行结果:

```
BOY
```

运行时连续输出以下 3 个字符,然后换行。

程序分析:

从此例可以看出,用 putchar 函数可以输出能在显示器屏幕上显示的字符,也可以输出屏幕控制字符,如 putchar('\n')的作用是输出一个换行符,使输出的当前位置移到下一行的开头。如果将最后 4 个语句改为以下一行:

```
putchar(a);putchar('\n');putchar(b); putchar('\n');putchar(c); putchar('\n');
```

则输出结果为:

```
B
O
Y
```

如果把上面的程序改为以下这样,请思考输出结果。

```
#include <stdio.h>
int main()
  {int a,b,c;               //定义 3 个整型变量
  a=66;b=79;c=89;           //给 3 个整型变量赋值
  putchar(a);               //向显示器输出变量 a 的值
  putchar(b);               //向显示器输出变量 b 的值
  putchar(c);               //向显示器输出变量 c 的值
  putchar('\n');            //向显示器输出一个换行符
  return 0;
  }
```

请读者上机运行此程序,可以看到运行时同样输出:

BOY

从前面的介绍已知:在程序中整型数据与字符数据是相通的(但应注意,整型数据的值应在字符的 ASCII 代码范围内),而 putchar 函数是输出字符的函数,它只能输出字符而不能输出整数,由于 66 是字符 B 的 ASCII 码,因此,putchar(66)输出字符 B。其他类似。

结论:putchar(c)中的 c 可以是字符变量或整型变量(其值在字符的 ASCII 码范围内),当然也可以是字符常量或整型常量,如 putchar('B')或 putchar(66)。

也可以用 putchar 函数输出其他转义字符,例如:

```
putchar('\101')        (输出字符 A)
putchar('\'')          (输出单撇号字符')
putchar('\015')        (八进制数 15 等于十进制数 13,从附录 A 查出 13 是"回
                        车"的 ASCII 代码,因此输回车,不换行,使输出的当前
                        位置移到本行开头)
```

3.6.2 用 getchar 函数输入一个字符

为了向计算机输入一个字符,要调用系统函数库中的 getchar 函数(字符输入函数)。getchar 函数的一般形式为:

getchar(c)

getchar 是 get character(取得字符)的缩写,getchar 函数的作用是从计算机终端(一般是显示器的键盘)输入一个字符,即计算机获得一个字符)。getchar 函数没有参数,其一般

形式为：

```
getchar()
```

getchar 函数的值就是从输入设备得到的字符。注意：getchar 函数只能接收一个字符。如果想输入多个字符就要用多个 getchar 函数。

例 3.2 用 getchar 函数输入字符。

编写程序：

```
#include <stdio.h>
int main( )
{ char a,b,c;               //定义字符变量 a,b,c
  a=getchar();              //从键盘输入一个字符,送给字符变量 a
  b=getchar();              //从键盘输入一个字符,送给字符变量 b
  c=getchar();              //从键盘输入一个字符,送给字符变量 c
  putchar(a);               //将变量 a 的值输出
  putchar(b);               //将变量 b 的值输出
  putchar(c);               //将变量 c 的值输出
  putchar('\n');            //换行
  return 0;
}
```

运行结果：

BOY ↙	(连续输入 BOY 后,按 Enter 键,字符才送到内存中的存储单元)
BOY	(输出变量 a,b,c 的值)

说明：在用键盘输入信息时,并不是在键盘上敲一个字符,该字符就立即送到计算机中的。这些字符先暂存在键盘的缓冲器中,只有按了 Enter 键才把这些字符一起输入到计算机中,按先后顺序分别赋给相应的变量。

如果在运行时,在输入一个字符后马上按 Enter 键,会得到什么结果？

运行结果为：

B ↙	(输入字符 B 后马上按 Enter 键)
O ↙	(输入字符 O 后马上按 Enter 键)
B	(输出 B 后换行)
O	(输出 O 后换行)

请思考是什么原因？

> 注意：第1行输入的不是一个字符B,而是两个字符：B和换行符,其中字符B赋给了变量a,换行符赋给了变量b。第2行接着输入两个字符：O和换行符,其中字符O赋给了变量c,换行符没有送入任何变量。在用 putchar 函数输出变量a,b,c的值时,就输出了字符B,然后输出换行,再输出字符O,然后执行 putchar('\n'),换行。

> 提示：执行 getchar 函数不仅可以从输入设备获得一个可显示的字符,而且可以获得在屏幕上无法显示的字符,如控制字符。

用 getchar 函数得到的字符可以赋给一个字符变量或整型变量,也可以不赋给任何变量,而作为表达式的一部分,在表达式中利用它的值。例如,例3.2可以改写如下：

```
#include <stdio.h>
int main()
{ putchar(getchar());            //将接收到的字符输出
  putchar(getchar());            //将接收到的字符输出
  putchar(getchar());            //将接收到的字符输出
  putchar('\n');
  return 0;
}
```

因为第1个 getchar 函数得到的值为'B',因此 putchar 函数输出'B',第2个 getchar 函数得到的值为'O',因此 putchar 函数输出'O',第3个情况相同。

也可以在 printf 函数中输出刚接收的字符：

```
printf("%c",getchar());          //%c 是输出字符的格式声明
```

在执行此语句时,先从键盘输入一个字符,然后用输出格式声明%c输出该字符。

3.7 简单的格式输入与输出

3.6节介绍了最简单的输入输出(只输入输出一个字符),而实际上在程序中往往需要输入输出各种类型的数据(如整型、单精度型、双精度型、字符型等),需要有一种函数,能处理各种类型数据的输入输出。

在C程序中,数据的输入输出主要用 printf 和 scanf 函数来实现的。这两个函数是**格式输入输出函数**,在进行输入输出时,程序设计人员必须指定输入输出数据的格式,即根据数据的不同类型指定不同的格式。

C语言提供的输入输出格式比较多,也比较烦琐,初学时不易掌握,更不易记住。用得

不对就得不到预期的结果,不少编程人员由于掌握不好这方面的知识而浪费了大量调试程序的时间。为了使读者便于掌握,我们分两步来介绍。在本节中,先介绍简单的格式输入输出,这是不难理解的。有了这些基本知识后,就可以顺利地进行后续内容的学习了,也可以进行一般的编程工作了。在本章的提高部分(3.9 节)将进一步介绍格式输入输出的各种规定,以便在进一步编程时有所遵循。

在初学时不必花许多精力去死抠每一个细节,重点掌握最常用的一些规则即可。其他部分可在需要时随时查阅。学习这部分的内容时最好边看书边上机练习,通过编写和调试程序的实践逐步深入而自然地掌握输入输出的应用。

3.7.1　用简单的 printf 函数输出数据

前面各章节中已用到了 printf 函数(格式输出函数),它的作用是向终端(或系统隐含指定的输出设备)输出若干个任意类型的数据(putchar 函数只能输出字符,而且只能是一个字符,而 printf 函数可以输出多个数据,且为任意类型)。

printf 函数的一般格式为:

printf(格式控制,输出表列)

例如:

```
printf("%d,%c\n",i,c)
```

括号内包括两部分:

(1)"**格式控制**"是用双撇号括起来的一个字符串,称"**转换控制字符串**",简称"**格式字符串**"。它包括两种信息。

① **格式声明**。格式声明由"％"和**格式字符**组成,如％d、％f 等。它的作用是将输出的数据转换为指定的格式输出。格式声明总是由"％"字符开始的。

② **普通字符**。普通字符即需要原样输出的字符。例如上面 printf 函数中双撇号内的逗号、空格和换行符。

(2)"**输出表列**"是需要输出的一些数据,可以是常量、变量或表达式。

下面是 printf 函数的例子:

```
printf("%d %d", a,b)
```
　　　　　　 └─┘　 │
　　　　 格式声明　输出表列


```
printf("a=%d b=%d",a,b)
```
　　　　　　 └─┘　 │
　　　　 格式声明　输出表列

在第二个 printf 函数中的双撇号内的字符,除了两个"%d"以外,还有非格式声明的普通字符(如 a=,b=),它们全部按原样输出。如果 a 和 b 的值分别为 3 和 4,则输出为:

a=3 b=4

其中有下画线的字符是 printf 函数中"格式控制字符串"中的普通字符按原样输出的结果。3 和 4 是 a 和 b 的值(注意 3 和 4 这两个数字前和后都没有外加空格),其数字位数由 a 和 b 的值而定。假如 a=12,b=123,则输出结果为:

a=12 b=123

由于 printf 是函数,因此,"格式控制字符串"和"输出表列"实际上都是函数的参数。printf 函数的一般形式可以表示为:

printf(参数 1,参数 2,参数 3,…,参数 n)

参数 1 是格式控制字符串,参数 2~参数 n 是需要输出的数据。执行 printf 函数时,将参数 2~参数 n 按参数 1 给定的格式输出。

基本的格式字符

前面已介绍,在输出时,对不同类型的数据要指定不同的格式声明,而格式声明的主要内容是格式字符。常用的有以下几种格式字符。

(1) **d 格式字符**。按**十进制整型数据**的实际长度输出。在前面的例子中已经对它有所了解了。

(2) **i 格式字符**。作用与 d 格式字符相同,按十进制整型数据的实际长度输出。一般习惯用%d 而少用%i。

(3) **c 格式字符**。用来输出一个**字符**。例如:

```
char ch='a';
printf("%c",ch);
```

运行时输出字符'a'。

一个整数,只要它的值在 0~255 范围内,可以用"%c"使之按字符形式输出,在输出前,系统会将该整数作为 ASCII 码转换成相应的字符;反之,一个字符数据也可以用整数形式输出。

例 3.3 用 printf 函数输出字符数据。

编写程序:

```
#include <stdio.h>
int main()
```

```
{char c='a';
 int i=97;
 printf("c=%c,c=%d\n",c,c);
 printf("i=%c, i=%d\n",i,i);
 return 0;
}
```

运行结果：

```
c=a,c=97
i=a,i=97
```

其中"c="和"i="是格式字符串中的普通字符，在其出现的位置上按原样输出。

（4）s格式字符，用来输出一个**字符串**。如：

```
printf("%s","CHINA");
```

执行此函数时在显示屏上输出字符串"CHINA"（不包括双引号）。

（5）**f格式字符**。用来输出**实数**（包括单、双精度），以小数形式输出，可以不指定输出数据的长度，由系统自动指定。系统处理的方法一般是：实数中的整数部分全部输出，小数部分输出6位。应当注意，单精度实数本身的有效位数一般为6～7位，双精度实数的有效位数一般为15～16位，而用f格式输出时，整数部分加小数部分的长度可能超过单精度实数本身的有效位数，因此在输出的数字中并非全部数字都是有效数字。

例3.4 分析输出实数时的有效位数。

编写程序：

```
#include <stdio.h>
int main()
{float a,b;
 a=111111.111;b=222222.222;
 printf("%f\n",a+b);
 return 0;
}
```

运行结果：

```
333333.328125
```

程序分析：

由于float型数据的存储单元只能容纳6～7位有效数字，因此实际上在a和b中并不能存入程序中给出的 9 位有效数字,a+b 也只能保证 6~7 位的精度。而输出的结果有 12 位数字(这是因为整数部分有 6 位,而输出的小数部分有 6 位)。显然,只有前 7 位数字是有效数字,后面的几位数字是有误差的,千万不要以为凡是计算机输出的数字都是准确的。

双精度数也可用%f 格式输出,它的有效位数一般为 16 位,给出小数 6 位。

例 3.5 输出双精度数时的有效位数。

编写程序:

```c
#include <stdio.h>
int main()
{double a,b;
 a=11111111.11111111;b=22222222.22222222;
 printf("%f\n", a+b);
 return 0;
}
```

运行结果:

```
33333333.333333
```

程序分析:

a 和 b 是双精度变量,能提供 16 位精度,但是由于用%f 格式输出,只能输出 6 位小数。可以看到有 2 位小数被忽略了。用 3.9 节介绍的指定输出数值的宽度和小数位数的方法能解决这个问题。

(6) **e 格式字符**,用格式声明 %e 指定以指数形式输出实数。可以不指定输出数据所占的宽度和数字部分的小数位数,许多 C 编译系统会自动指定给出数字部分的小数位数为 6 位,指数部分占 5 列(如 e+002),其中 e 占 1 列,指数符号占 1 列,指数占 3 列。数值按标准化指数形式输出(即小数点前必须有而且只有 1 位非零数字)。例如:

```c
printf("%e",123.456);
```

输出如下:

```
1.234560 e+ 002
```
  6列 5列

所输出的实数共占 13 列宽度(注:不同系统的规定略有不同)。

格式字符 e 也可以写成大写 E 形式,此时输出的数据中的指数不是以 e 表示而以 E 表示,如 1.23460 E+002。

3.7.2　用简单的 scanf 函数输入数据

1. scanf 函数的一般形式

scanf(格式控制,地址表列)

"格式控制"的含义同 printf 函数。"地址表列"是由若干个地址组成的表列,可以是变量的地址或字符串的首地址。先看一个例子。

例 **3.6**　用 scanf 函数输入数据。

编写程序:

```
#include <stdio.h>
int main()
  {int a,b,c;
   scanf("%d%d%d",&a,&b,&c);          //输入 a、b、c 的值
   printf("a=%d,b=%d,c=%d\n",a,b,c);
   return 0;
  }
```

运行结果:

```
3 4 5↙                              (输入 a、b、c 的值,数据间以空格分隔)
a=3,b=4,c=5                         (输出 a、b、c 的值)
```

程序分析:

scanf 函数中的 &a,&b 和 &c 中的"&"是"地址运算符",&a 指变量 a 在内存中的地址。上面 scanf 函数的作用是:读入 a,b,c 的值并存放到变量 a,b,c 的存储单元中(&a,&b,&c 指出变量 a,b,c 在内存中的地址),见图 3.17。变量 a,b,c 的具体地址是在程序编译连接阶段分配的,在运行时就根据 &a,&b,&c 找到 a,b,c 的存储单元。

"%d%d%d"表示要按十进制整数形式连续输入 3 个数据。输入数据时,在两个数据之间以一个或多个空格分隔,也可以按 Enter 键或 Tab 键来分隔输入的数据。下面输入均为合法:

	a	3
	c	5
	b	4

图　**3.17**

```
① 3    5↙                        (两个数据之间以多个空格分隔)
② 3↙                             (两个数据之间插入回车)
   45↙                           (两个数据之间以空格分隔)
③ 3(按 Tab 键)4↙                 (两个数据之间插入 Tab 键)
   5↙
```

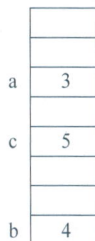

用上面的"%d%d%d"格式字符串输入数据时,不能用逗号作两个数据间的分隔符,如下面输入不合法:

```
3,4,5↙
```

2. scanf 函数中的格式声明

与 printf 函数中的格式声明相似,以%开始,以一个格式字符结束,中间可以插入附加的字符。如:

```
scanf("%d%d%d".&a,&b,&c);        //格式控制字符串中包含 3 个格式声明符%d
scanf("a=%db=%dc=%d".&a,&b,&c);  //格式控制字符串中包含格式声明符以外的字符
```

说明:

(1)**scanf** 函数中的"格式控制"后面应当是变量地址,而不是变量名。例如,若 a 和 b 为整型变量,如果写成

```
scanf("%d,%d",a,b);
```

是不对的。应将"a,b"改为"&a,&b"。许多初学者常犯此错误。

(2)如果在"格式控制字符串"中除了格式声明以外还有其他字符,则在输入数据时在对应位置应输入与这些字符相同的字符。例如:

```
scanf("%d,%d",&a,&b);                  //在两个%d 间插入一个逗号
```

输入时应当采用如下相应的形式:

```
3,4↙                       (在输入的两个数据间也应插入一个逗号)
```

注意:3 后面是逗号,它与 scanf 函数中的"格式控制"中的逗号相对应。如果输入时不用逗号而用空格或其他字符是不对的(与 scanf 函数中指定的输入格式不匹配)。如:

```
3 4↙                       (用空格分隔数据,与要求不符)
3:4↙                       (用冒号分隔数据,与要求不符)
```

如果改为:

```
scanf("%d  %d",&a,&b);
```

由于在两个%d 间有两个空格,因此在输入时,两个数据间应有两个或更多的空格字符。例如:

```
10  34↙
```

或

<u>10   34</u>↙

如果改为：

scanf("%d:%d:%d",&h,&m,&s);

输入时应该用以下形式：

<u>12:23:36</u>↙   (冒号是 scanf 函数中要求的)

如果改为：

scanf("a=&a,b=%d,c=%c",&a,&b);

输入应采用如下形式：

<u>a=12,b=24,c=36</u>↙

采用这种形式是为了使用户输入数据时添加必要的信息,使含义清楚,不易发生输入数据的错误。

（3）在用"％c"格式声明输入字符时,空格字符和"转义字符"都作为有效字符输入,例如：

scanf("%c%c%c",&c1,&c2,&c3);

在执行此函数时应该连续输入 3 个字符,中间不要有空格。如：

<u>abc</u>↙   (字符间没有空格)

若在两个字符间插入空格就不对了。如：

<u>a b c</u>↙

第 1 个字符'a'送给 c1,第 2 个字符是空格字符' ',送给 c2,第 3 个字符'b'送给 c3。而并不是把'a' 送给 c1,把'b' 送给 c2,把'c' 送给 c3。

提示：在连续输入**数值**时,在两个数值之间需要插入空格(或其他分隔符),以使系统能区分两个数值。在连续输入**字符**时,在两个字符之间不要插入空格或其他分隔符。系统能区分两个字符。

（4）在输入数值数据时,空格键、Enter 键、Tab 键或遇不合要求的输入,认为该数据结束。例如：

```
scanf("%d%c%f",&a,&b,&c);
```

若输入

```
1234a123o.26 ↙
  ↓ ↓ ↓
  a bc
```

第一个整数数据对应%d,在输入 1234 之后遇字符'a',因此认为数值 1234 后已没有数字了,第一个数据到此结束,把 1234 送给变量 a。字符'a'送给变量 b,由于%c 只要求输入一个字符,系统能判定该字符已输入结束,因此输入字符 a 之后不需要加空格。字符'a'后面的数值应送给变量 c。如果由于疏忽把本来应为 1230.26 错打成 123o.26,由于 123 后面出现字母'o',就认为该数值数据到此结束,将 123 送给 c。

(5) 对 unsigned 型变量所需的数据,可以用%u 或%d 格式输入。

本节介绍的是最常用、最基本的格式输入输出的方法,掌握了这些,就可以顺利地进行简单的程序设计并能得到正确的结果了。希望读者能熟练地掌握它。

3.8 顺序结构程序设计举例

有了上面的基础,就可以顺利地编写具有顺序结构的程序了。顺序程序结构是最简单的一种程序结构。程序中所有的语句都是按自上而下的顺序执行的,不发生流程的跳转。

例 3.7 输入三角形的三个边长,求三角形面积。

解题思路:

这个问题虽然简单,但也需要想好解题方法和步骤,也就是设计算法。

(1) 输入三角形的三个边长 a,b,c。为简单起见,假设这三个边能构成三角形(如果不能确定这三边能否构成一个三角形,应先检查此条件是否成立。在学习了第 4 章"选择结构程序设计"后,就可以进行检查了)。

(2) 确定从三个边长求三角形面积的方法。从中学数学知识可以知道求三角形面积的公式为:

$$area = \sqrt{s(s-a)(s-b)(s-c)}, \quad 其中 s = (a+b+c)/2。$$

(3) 输出计算出的三角形面积 area。

有了这个思路和步骤,又有了以上介绍的 C 语言知识,写出此简单程序是不困难的。

编写程序:

```
#include <stdio.h>
#include <math.h>                    //要调用数学函数 sqrt,必须包含 math.h 头文件
```

```
int main()
  {double a,b,c,s,area;
   scanf("%lf,%lf,%lf",&a, &b, &c);          //输入三角形的三个边值
   s=(a+b+c)/2.0;                            //计算 s
   area=sqrt(s * (s-a) * (s-b) * (s-c));     //计算三角形面积 area
   printf("a=%f\nb=%f\nc=%f\narea=%f\n",a, b,c,area);  //输出结果
   return 0;
  }
```

运行结果：

```
9.89,12.65,8.76↙              (输入三角形的三个边)
a=9.890000
b=12.65000
c=8.760000
area=43.165683
```

程序分析：

第 5 行定义了 5 个双精度变量。第 6 行用 scanf 函数输入三角形的三边，由于 a,b,c 是双精度变量，因此，在指定输入格式时，需要在格式字符 f 的前面加一个小写字母 l，即“%lf”。这个小写字母 l 是格式字符 f 的附加字符，lf 表示长实数，即双精度数据，如果不加这个附加字符 l，则不能用于输入双精度变量。

第 8 行中 sqrt 函数是求平方根的函数。由于要调用数学函数库中的函数，必须在程序的开头加一条 #include 指令，把头文件"math.h"包含到程序中来。注意，以后凡在程序中要用到数学函数库中的函数，都应当"包含"math.h 头文件。

以上的结果是正确的。但是，有时人们希望对输出的数值数据的格式有进一步的要求，例如希望指定输出数据的字段宽度和小数位数，或上下行的数据按小数点对齐，这时可以在格式声明中的格式字符前面附加一些附加字符，如在"%f"中的格式字符 f 前面加"7.2"，即"%7.2f"，表示指定输出数据的字段宽度为 7 列，其中小数点后的数字为 2 列。将上面程序中的 printf 语句改变如下（指定%7.2f）：

```
printf("a  =%7.2f\nb  =%7.2f\nc  =%7.2f\narea=%7.2f\n",a,b,c,area);
```

此时的运行结果如下：

```
9.89,12.65,8.76↙
a   =   9.89          (=前有 3 个空格,=后有 3 个空格)
b   =  12.65          (=前有 3 个空格,=后有 2 个空格)
c   =   8.76          (=前有 3 个空格,=后有 3 个空格)
area=  43.17          (=后有 2 个空格)
```

以上输出的 4 个数,都是占 7 列位置,其中小数点后的数字为 2 列,第 3 位小数四舍五入。如果数值的长度不足 7 列,则在数值的左侧输出空格,以补齐 7 列。例如输出 a 时,数值前有 3 个空格。输出 b 时,数值前有 2 个空格。这样可以使上下小数点对齐。

这种用来丰富格式字符功能的附加字符称为"**修饰符**"。上面用的小写字母 l 也是修饰符。可以根据需要在格式字符前面增加不同的修饰符,如%8.2f,%10.4f,%13.5f 等。一般表示为"%m.nf"。但应注意,m 必须大于 n,这是不言而喻的,不能写成"%4.6f"。

> **提示**:为了适应多样化的输出要求,可以在格式声明中使用附加字符(修饰符)。可参阅本章的提高部分。

例 3.8   从键盘输入一个大写字母,要求改用小写字母输出。

解题思路:

前面已介绍过大小写字母间转换的方法,即小写字母的 ASCII 码＝大写字母的 ASCII 码＋32。可以根据此思路编写出程序。

编写程序:

```
#include <stdio.h>
int  main()
{ char c1,c2;
  c1=getchar();              //从键盘输入一个大写字母
  printf("%c,%d\n",c1,c1);   //分别用字符形式和整数形式输出
  c2=c1+32;                  //把大写字母变为小写字母
  printf("%c,%d\n",c2,c2);   //分别用字符形式和整数形式输出
  return 0;
}
```

运行结果:

```
A↙                    (输入大写字母 A)
A,65                  (输出大写字母 A 及其 ASCII 码)
a,97                  (输出小写字母 a 及其 ASCII 码)
```

程序分析:

用 getchar 函数得到从键盘上输入的字母'A',赋给字符变量 c1。将 c1 分别用字符形式('A')和整数形式(65)输出。再经过运算得到字母'a',赋给字符变量 c2,将 c2 分别用字符形式('a')和整数形式(97)输出。

在此基础上,可以写一个程序,输入 3 个大写字母,输出相应的 3 个小写字母。

```
#include <stdio.h>
int  main()
```

```
{ printf("%c",getchar()+32);        //输入一个大写字母,输出相应的小写字母
  printf("%c",getchar()+32);        //输入一个大写字母,输出相应的小写字母
  printf("%c\n",getchar()+32);      //输入一个大写字母,输出相应的小写字母
  return 0;
  }
```

此程序没有定义字符变量,在执行 printf 函数过程中输入一个大写字母,不赋给变量。由于 getchar 函数的值就是刚输入的字符,因此加 32 就得到相应的小写字母的 ASCII 码,用格式声明"%c"进行输出,就输出了该小写字母,也可以用 putchar 函数输出:

```
#include <stdio.h>
int  main()
{ putchar(getchar()+32);
  putchar(getchar()+32);
  putchar(getchar()+32);
  putchar('\n');
  return 0;
  }
```

请读者自己分析。

例 3.9　求 $ax^2+bx+c=0$ 方程的根。a、b、c 由键盘输入,设 $b^2-4ac>0$。

解题思路:

必须首先找到求方程式的根的方法。

在学习中学数学已知:如果 $\sqrt{b^2-4ac}\geqslant0$,则一元二次方程有两个实根:

$$x_1=\frac{-b+\sqrt{b^2-4ac}}{2a},\quad x_2=\frac{-b-\sqrt{b^2-4ac}}{2a}$$

可以将上面的分式分为两项:

$$p=\frac{-b}{2a},\quad q=\frac{\sqrt{b^2-4ac}}{2a}$$

则

$$x_1=p+q,\quad x_2=p-q$$

有了这些式子,只要知道 a,b,c 的值,就能顺利地求出方程的两个根。

剩下的问题就是输入 a,b,c 的值和输出根的值了。有了本章的基础,写出程序是不困难的。

编写程序:

```
#include <stdio.h>
#include<math.h>                    //程序中要调用求平方根函数 sqrt
```

```
int main()
  {double a,b,c,disc,x1,x2,p,q;          //disc是判别式 sqrt(b*b-4ac)
   scanf("a=%lf,b=%lf,c=%lf",&a,&b,&c);  //输入双精度数要用格式声明"%lf"
   disc=b*b-4*a*c;
   p=-b/(2*a);
   q=sqrt(disc)/(2*a);
   x1=p+q;x2=p-q;                        //求出方程的两个根
   printf("x1=%5.2f\nx2=%5.2f\n",x1,x2); //输出方程的两个根
   return 0;
  }
```

运行结果：

```
a=1,b=3,c=2↙              (注意输入的方式)
x1=-1.00
x2=-2.00
```

程序分析：

（1）在 scanf 函数中的输入格式声明中加上了普通字符"a="，"b="，"c="，请注意在运行程序时输入数据的方式，即"a=1,b=3,c=2"，与 scanf 函数中的形式一致。

（2）在输入双精度数时不能用格式声明"%f"，而必须在 f 之前加一个修饰符——小写字母 l，l 表示 long，用作长整型和双精度数据的附加字符。

（3）在本例中假设给定的 a,b,c 的值满足 $\sqrt{b^2-4ac}>0$，所以程序不必对此进行判断。在实际上，用所输入的 a,b,c 并不一定能求出两个实根。因此为稳妥起见，应在程序的开头检查 $\sqrt{b^2-4ac}$ 是否大于或等于 0。只有确认它大于或等于 0，才能用上述方法求方程的根。在学习了第 4 章后，就可以用 if 语句来进行检查了。

3.9 提高部分

3.9.1 关于无符号数据与有符号数据之间的赋值

1. 将有符号整数赋值给长度相同的无符号整型变量

按字节原样赋值（连原有的符号位也作为数值一起传送）。

例 3.10 有符号整数赋值给无符号整型变量，数据会失真。
编写程序：

```
#include <stdio.h>
```

```
int main()
{ unsigned short a;              //定义 a 为无符号短整型变量
  short int b;                   //定义 b 为有符号短整型变量
  b=-1;
  a=b;
  printf("%u\n",a);
  return 0;
}
```

运行结果：

65535   (即 $2^{16} - 1$)

程序分析：

-1 的补码是二进制数 1111111111111111,存放在有符号短整型变量 b 中。把它赋给无符号短整型变量 a,赋值情况见图 3.18。

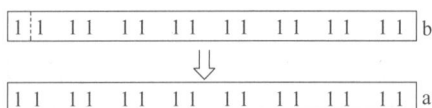

图 3.18

由于 a 是无符号整型变量,第一位不代表数值的符号,16 位都用来表示数值,它的值是 65535。无符号变量不能用%d 格式声明,而要用输出无符号数的"%u"格式声明。有关无符号整数的输出格式可参阅 3.8.2 节。

如果 b 为正值,且在 $0 \sim 32767$(即 $0 \sim 2^{15}$)之间,则赋值后数值不变。

2. 将无符号整数赋值给长度相同的有符号整型变量

应注意不要超出有符号整型变量的数值范围,否则会出错。如:

例 **3.11** 　无符号整数赋值给有符号整型变量,注意数值范围。

编写程序：

```
#include <stdio.h>
int main()
{unsigned short int a;
 short int b;
 a=65535;               //2字节16位全为1
 b=a;                   //b 的数值范围为-32768~32767
 printf("%d\n",b);
 return 0;
}
```

运行结果：

```
-1
```

程序分析：

在执行"b＝a"赋值时，将 a 的 2 字节(全 1)原样赋给 b，见图 3.19。

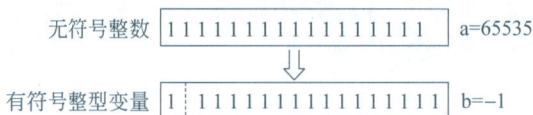

无符号整数　`1 1 1 1 1 1 1 1 1 1 1 1 1 1 1 1`　a=65535

⇩

有符号整型变量　`1 1 1 1 1 1 1 1 1 1 1 1 1 1 1 1`　b=-1

图　3.19

由于 b 的数值范围为 -32768～32767，显然不能正确表示 65535，对一个有符号的整型数据来说，第 1 个二进位是 1 表示此数是一个负数，16 位全 1 是 -1 的补码。

有些读者开始往往不能理解：明明给的是一个正数，怎么会输出一个负数呢？这需要了解存储单元中的存储情况，要学习必要的补码的知识。一个 short 型数据占 2 字节(16 个二进位)，当 16 位都是 1 时，其值是 -1。

以上的赋值规则看起来比较复杂，其实，不同类型的整型数据间的赋值归根到底就是一条：按存储单元中的存储形式直接传送。只要学过补码知识的，对以上规则是不难理解的。如果对补码知识不熟悉，暂时可不必深究，只要知道在什么情况下可能出现不想得到的结果，从而避免这种情况出现。在学习本书时不必死记，这部分内容可以通过学生自学和上机实践来掌握。

由于 C 语言使用灵活，在不同类型数据之间赋值时，常常会出现意想不到的结果，而编译系统并不提示出错，全靠程序员的经验来找出问题。这就要求编程人员对出现问题的原因有所了解，以便迅速排除故障。

3.9.2　较复杂的输入输出格式控制

上一节讨论了简单的格式输入输出，能满足最基本的要求，但是用户有时会对输出数据的格式有较高的要求，譬如指定输出数据的宽度、小数位数、上下行数据按小数点对齐、用八进制数或十六进制数输出等。这就需要用到较复杂的输入输出格式控制。本节介绍的内容都是一些具体的规定，学生可以通过自学，尤其是上机实践去掌握这些内容。

1. 输出数据时的格式控制

除了上节所介绍的基本的格式控制外，还可以用下面一些格式声明和附加字符。

(1) **%md**。用来指定输出数据的宽度，m 是指定的宽度，如果数据实际的位数小于 m，则左端补以空格，若大于 m，则按实际位数输出，例如：

```
printf("%4d,%4d",a,b);
```

若 a＝123,b＝12345,则输出结果为

```
123,12345
```

输出 a 时占 4 列,数值本身 3 列,左侧补一空格。指定 b 也是 4 列,但 b 的值为 5 位,故按实际列数(5 列)输出,这是为了保证数据的正确。

（2）**%ld**。在输出长整型数据时在格式字符 d 前面加一个英文小写字母 l,例如:

```
printf("%ld",a);
```

如果用的是 Visual C++ 6.0,由于 int 型和 long 型数据都分配 4 字节,因此用%d 可以输出 int 和 long 型数据,不必要用%ld。

（3）**%o**。以八进制整数形式输出。由于是将内存单元中的各位的值(0 或 1)按八进制形式输出,因此输出的数值不带符号,即将符号位也一起作为八进制数的一部分输出。例如:

```
short int a=-1;
printf("%d,%o",a,a);
```

－1 在内存单元中的存放形式(以补码形式存放)如下:

1	111111111111111

输出为:

```
－1,177777
```

用%d 输出时,得到－1;按%o 输出时,将内存单元中实际的二进制形式按三位一组构成八进制数形式,如上面的 16 个二进位可以从右至左每 3 位为一组:

1,111,111,111,111,111
| | | | | |
1 7   7   7   7   7

二进制数 111 就是八进制数 7。因此上面的数用八进制数表示为 17777。八进制整数是不会带负号的。

（4）**%x**。以十六进制数形式输出整数。同样不会出现负的十六进制数。例如:

```
short int a=-1;
printf("%x,%o,%d",a,a,a);
```

输出结果为:

```
ffff,177777,-1
```

同样可以用"%lx"输出长整型数,也可以指定输出字段的宽度,如"%12x"。

如果读者对二进制数、八进制数、十六进制数、补码等不熟悉,可以参阅有关书籍。这些不属于本课程范围。

(5) **%u**。用来输出无符号(unsigned)型数据,以十进制整数形式输出。

一个有符号整数(int型)也可以用%u格式输出;反之,一个 unsigned 型数据也可以用%d格式输出。按相互赋值的规则处理。unsigned 型数据也可用%o 或%x 格式输出。

例 3.12 无符号数据的输出。

编写程序:

```
#include <stdio.h>
int main()
{unsigned short a=65535;            //变量 a 最右边的 16 个二进位的值全是 1
 short int b=-2;
 printf("a=%d,%o,%x,%u\n",a,a,a,a);
 printf("b=%d,%o,%x,%u\n",b,b,b,b);
 return 0;
}
```

运行结果:

```
a=-1,177777,ffff,65535
b=-2,177776,fffe,65534
```

如果把 a 和 b 的类型改为 int 型(占 4 字节),则运行结果为:

```
a=65535,177777,ffff,65535
b=-2,37777777776,fffffffe,4294967294
```

请读者自己分析。

(6) **%mc**。用来指定输出字符数据的宽度 m,如果有

```
char c='a';
printf("%3c",c);
```

则输出" a",即 c 变量输出占 3 列,前 2 列补空格。

(7) **%ms**,指定输出的字符串占 m 列。如果字符串本身长度大于 m,则突破 m 的限制,

将字符串全部输出。若串长小于 m, 则左补空格。

%-ms, 如果串长小于 m, 则在 m 列范围内, 字符串向左靠, 右补空格。

%m.ns, 输出占 m 列, 但只取字符串中左端 n 个字符。这 n 个字符输出在 m 列的右侧, 左补空格。

%-m.ns, 其中 m、n 含义同上, n 个字符输出在 m 列范围的左侧, 右补空格。如果 n > m, 则 m 自动取 n 值, 即保证 n 个字符正常输出。

例 **3.13** 字符串的输出。

编写程序:

```
#include <stdio.h>
int main()
  { printf("%3s,%7.2s,%.4s,%-5.3s\n","CHINA","CHINA", "CHINA", "CHINA");
    return 0;
  }
```

运行结果:

```
CHINA,␣␣␣␣␣CH,CHIN,CHI␣␣
```

在上面的输出结果中, 用"␣"表示空格。Printf 函数中的第 3 个输出项, 格式声明为"%.4s", 即只指定了 n, 没指定 m, 自动使 m=n=4, 故占 4 列。

(8) **%m.nf**, 指定输出的实数共占 m 列, 其中有 n 位小数。如果数值长度小于 m, 则左端补空格。

%-m.nf 与 %m.nf 基本相同, 只是使输出的数值向左端靠, 右端补空格。

例 **3.14** 输出实数时指定输出两位小数。

编写程序:

```
#include <stdio.h>
int main()
  { float f=123.456;
    printf("%f␣␣%10f␣␣%10.2f␣␣%.2f␣␣%-10.2f\n",f,f,f,f,f);
    return 0;
  }
```

输出结果:

```
123.456001␣␣123.456001␣␣␣␣␣123.46␣␣123.46␣␣123.46␣␣␣␣␣
```

f 的值应为 123.456, 但输出为 123.456001, 这是由于实数在内存中的存储误差引起的。单精度变量只保证 7 位有效数字, 后面几位是无意义的。如果将变量 f 改为 double 型, 则输出变量 f 时显示 123.456000。

如果希望上下几行输出的数值按小数点对齐,可以用同一种格式声明即可。

例 3.15 求 3 个圆的周长,输出结果时上下按小数点对齐,取两位小数。

编写程序:

```
#include <stdio.h>
#define PI 3.1415926
int main()
  {double r1=1.53, r2=21.83, r3=123.71, s1, s2, s3;
   s1=2.0 * PI * r1;
   s2=2.0 * PI * r2;
   s3=2.0 * PI * r3;
   printf("r1=%10.2f\nr2=%10.2f\nr3=%10.2f\n", r1, r2, r3);
   return 0;
  }
```

运行结果:

```
r1=   1.53
r2=  21.83
r3=123.71
```

(9) **%m.ne** 和**%-m.ne**。m、n 和"—"字符的含义与前相同。此处 n 指拟输出的数据的小数部分(又称尾数)的小数位数。若 f=123.456,则:

```
printf("%e  %10e  %10.2e  %.2e  %-10.2e", f, f, f, f, f);
```

输出结果如下:

1.234560e+002 ⎵⎵ 1.234560e+002 ⎵⎵ 1.23e+002 ⎵⎵ 1.23e+002 ⎵⎵ 1.23e+002 ⎵
　　13 列　　　　　　13 列　　　　　　10 列　　　　9 列　　　　10 列

第 2 个输出项按%10e 输出,即只指定了 m=10,未指定 n,凡未指定 n,自动使 n=6,整个数据长 13 列,超过给定的 10 列,乃突破 10 列的限制,按实际长度输出。第 3 个数据共占 10 列,小数部分占 2 列。第 4 个数据按"%.2e"格式输出,只指定 n=2,未指定 m,自动使 m 等于数据应占的长度,现为 9 列。第 5 个数据应占 10 列,数值只有 9 列,由于是"%-10.2e",数值向左靠,右补一个空格。

注意: 有的 C 系统的输出格式与此略有不同。

(10) **%g**,用来输出实数,它根据数值的大小,自动选 f 格式或 e 格式(选择输出时占宽度较小的一种)，且不输出无意义的零。例如，若 f＝123.468，则：

```
print("%f  %e  %g",f,f,f);
```

输出结果如下：

123.468000 ⌴⌴ 1.234680e+002 ⌴⌴ 123.468 ⌴⌴⌴
　　10 列　　　　　　13 列　　　　　　10 列

用%f 格式输出占 10 列，用%e 格式输出占 13 列，用%g 格式时，自动从上面两种格式中选择短者(今以%f 格式为短)，故占 10 列，并按%f 格式用小数形式输出，最后 3 个小数位为无意义的 0，不输出，因此输出 123.468，然后右补 3 个空格。%g 格式用得较少。

以上介绍了各种格式声明，归纳如表 3.1 所示。

表 3.1　printf 函数中的格式字符

格式字符	说　　明
d, i	以带符号的十进制形式输出整数(正数不输出符号)
o	以八进制无符号形式输出整数(不输出前导符 0)
x, X	以十六进制无符号形式输出整数(不输出前导符 0x)，用 x 则输出十六进制数的 a～f 时以小写形式输出。用 X 时，则以大写字母输出
u	以无符号十进制形式输出整数
c	以字符形式输出，只输出一个字符
s	输出字符串
f	以小数形式输出单、双精度数，隐含输出 6 位小数
e, E	以指数形式输出实数，用 e 时指数以"e"表示(如 1.2e＋02)，用 E 时指数以"E"表示(如 1.2E＋02)
g, G	选用%f 或%e 格式中输出宽度较短的一种格式，不输出无意义的 0。用 G 时，若以指数形式输出，则指数以大写表示

在格式声明中，在%和上述格式字符间可以插入以下几种附加字符(修饰符)，见表 3.2。

表 3.2　printf 函数中的附加字符

字　　符	说　　明
l	用于长整型整数，可加在格式字符 d、o、x、u 前面
m(代表一个正整数)	数据最小宽度
n(代表一个正整数)	对实数，表示输出 n 位小数；对字符串，表示截取的字符个数
－	输出的数字或字符在域内向左靠

在用 printf 函数输出时,务必注意数据类型应与上述格式声明匹配,否则将会出现错误。

对使用 printf 函数还要说明以下几点。

(1) 除了 X、E、G 外,其他格式字符必须用小写字母,如%d 不能写成%D。

(2) 可以在 printf 函数中的"格式控制"字符串内包含"转义字符",如"\n""\t""\b""\r""\f""\377"等。

(3) d、o、x、u、c、s、f、e、g 等格式字符,如用在"%"后面就成为格式声明。一个格式声明以"%"开头,以上述 9 个格式字符之一为结束,中间可以插入附加格式字符(也称修饰符)。例如:

```
printf("c=%cf=%fs=%s",c,f,s);
```

格式声明

第一个格式声明为"%c"而不包括其后的 f;第二个格式声明为"%f",不包括其后的 s;第三个格式声明为%s。其他的字符为原样输出的普通字符。

(4) 如果想输出字符"%",则应该在"格式控制"字符串中用连续两个%表示,如:

```
printf("%f%%",1.0/3);
```

输出:

```
0.333333%
```

2. 输入数据格式控制

与 printf 函数中的格式声明相似,以%开始,以一个格式字符结束,中间可以插入附加的字符。表 3.3 列出 scanf 用到的格式字符。表 3.4 列出 scanf 可以用的附加说明字符(修饰符)。

表 3.3 scanf 函数中格式字符

格式字符	说　　　明
d,i	用来输入有符号的十进制整数
u	用来输入无符号的十进制整数
o	用来输入无符号的八进制整数
x, X	用来输入无符号的十六进制整数(大小写作用相同)
c	用来输入单个字符

格式字符	说　明
s	用来输入字符串,将字符串送到一个字符数组中,在输入时以非空白字符开始,以第一个空白字符结束。字符串以串结束标志'\0'作为其最后一个字符
f	用来输入实数,可以用小数形式或指数形式输入
e,E,g,G	与 f 作用相同,e 与 f、g 可以互相替换(大小写作用相同)

表 3.4　scanf 函数中的附加字符

字　符	说　明
l	用于输入长整型数据(可用%ld,%lo,%lx,%lu)以及 double 型数据(用%lf 或%le)
h	用于输入短整型数据(可用%hd,%ho,%hx)
域宽	指定输入数据所占宽度(列数),域宽应为正整数
*	表示本输入项在读入后不赋给相应的变量

说明:

(1) 对 unsigned 型变量所需的数据,可以用%u、%d 或%o、%x 格式输入。

(2) 可以指定输入数据所占的列数,系统自动按它截取所需数据。例如:

```
scanf("%3d%3d",&a,&b);
```

输入:

```
123456↙
```

系统自动将 123 赋给变量 a,456 赋给变量 b。此方法也可用于字符型:

```
scanf("%3c",&ch);
```

如果从键盘连续输入 3 个字符"abc",由于 ch 只能容纳一个字符,系统就把第一个字符'a'赋给字符变量 ch。

(3) 如果在%后有一个" * "附加说明符,表示跳过它指定的列数。例如:

```
scanf("%2d %* 3d %2d",&a,&b);
```

如果输入如下信息:

```
12 345 67↙
```

系统会将 12 赋给整型变量 a,% * 3d 表示读入 3 位整数但不赋给任何变量。然后再读入 2

位整数 67 赋给整型变量 b。也就是说第 2 个数据“345”被跳过。在利用现成的一批数据时，有时不需要其中某些数据，可用此法“跳过”它们。

（4）输入数据时不能规定精度，例如：

```
scanf("%7.2f",&a);
```

是不合法的，不能企图用这样的 scanf 函数输入以下数据而使 a 的值为 12345.67。

```
1234567↙
```

3.9.3　简单易用的C++ 的输入输出

C 的输入输出格式繁多，使用不便，尤其是初学者对之感到难以记忆。C++ 对此作了改进，用简单易用的 cin 进行输入，用 cout 进行输出。如有以下 C 输出语句：

```
printf("a=%f\n",a);
```

在C++ 中可用以下形式输出：

```
cout<<"a="<<a<<"\n";
```

cout 是输出流，由 c 和 out 两个单词组成。<<是输出运算符，与 cout 配合使用。其作用是将其后的输出数据插入到输出流中，然后输送到显示器（或其他外部设备）。每一个 <<只能用来插入一个输出项，如果有 n 个输出项，就需要用 n 个<<。可以看到，用简单的 cout 输出不需要指定输出格式（如%d,%f 等），程序设计者可以不考虑输出项的类型，无论变量 a 是什么类型，都可以用上面的形式输出。

再看输入。假如在 C 中有以下输入语句：

```
scanf("%d %f",&a,&b);                 //输入变量 a 和 b 的值
```

在C++ 中可以用 cin 实现输入，写成：

```
cin>>a>>b;
```

不必在变量前加地址符 &，也不必考虑 a 和 b 是什么类型，不必指定输入格式。cin 是输入流，是从键盘向内存流动的数据流，cin 由 c 和 out 两个单词组成。>>是输入运算符，与 cin 配合使用，其作用是从键盘取得数据送到输入流中，然后送到内存。

如果读者使用的是 Visual C++ 集成环境，则可以在程序中使用 cin 和 cout，这样写输入输出语句就比较方便了。但应说明：此时的程序已是一个C++ 程序了（C++ 对 C 是兼容的，C 的语句在C++ 中基本上都可以用，包括 printf 和 scanf）。

应当注意：如果在程序中用了 C++ 的 cin 和 cout 进行输入输出，应该在程序文件开头包括"iostream.h"（输入输出流头文件），如：

```
#include <iostream.h>
```

此时不必写 #include <stdio.h> 了。

本章小结

（1）为了编写程序，必须首先设想好解决问题的方法和步骤，这就是算法。处理任何问题都需要有算法。作为程序设计的初学者，应当了解什么是算法，知道构造算法的思路，会使用现成的算法，并且会设计相对简单的算法，为今后进一步学习和进行程序开发打下基础。

（2）构思好算法，还需要用合适的、规范的方式来表示。常用的表示算法的方法有：自然语言、传统流程图、结构化流程图（N-S 流程图）、PAD 图、伪代码等。各有优缺点。专业工作者习惯用伪代码，书写自由，修改方便。在教学中多用流程图，形象直观，容易掌握。本书主要采用 N-S 流程图。有了流程图，可以方便地转换成为程序，也便于阅读和检查程序。

（3）一个具有良好结构的程序由三种基本结构组成的。这三种基本结构是：顺序结构、选择结构、循环结构。由这三种基本结构组成的程序结构合理，思路清晰，容易理解，便于维护。这样的程序称为结构化程序。

（4）C 语言中的语句的作用是使计算机执行特定的操作，所以称为执行语句。程序中对变量的定义是为了对变量指定类型，并据此分配存储空间（以便存放数据），这是在程序编译时处理的，在程序运行时不产生相应的操作，它们不是 C 语句。

（5）表达式加一个分号就成为一个 C 语句。赋值表达式加一个分号就成为赋值语句。C 程序中的计算功能主要是由赋值语句来实现的。

（6）在赋值时要注意赋值号（=）两侧的数据类型是否一致。如果都是数值型数据可以进行赋值。这种情况称为赋值兼容。但若两侧的数据的具体的类型不一致，在赋值时要进行类型转换，将赋值号右侧的数据转换成赋值号左侧的变量的类型，然后再赋值。注意可能发生的数据失真。

（7）在 C 程序中，数据的输入输出主要是通过调用 scanf 函数和 printf 函数实现的。scanf 和 printf 不是 C 语言标准中规定的语句，而是 C 编译系统提供的函数库中提供的标准函数。要熟练掌握 scanf 函数和 printf 函数的应用。

（8）熟悉几个名词：

格式控制：scanf 函数和 printf 函数中双撇号中的部分。

格式声明：由％和格式字符(也可以有附加字符)组成，如％d，％c，％7.2f。

格式字符，用来指定各种输出格式，如d，c，f，e，g等。

附加格式字符(也称修饰符)：对格式字符的作用作补充说明，如％3d，％7.2f，％─10.3f中有下画线的字符。

(9) 赋值语句和输入输出语句是顺序程序结构中最基本的语句，它们不产生流程的跳转。

(10) 要学会编写简单的程序，并上机调试。

习题

3.1　怎样区分表达式和表达式语句？C语言为什么要设表达式语句？什么时候用表达式，什么时候用表达式语句？

3.2　C语言为什么要把输入输出的功能作为函数，而不作为语言的基本部分？

3.3　用下面的scanf函数输入数据，使a＝3，b＝7，x＝8.5，y＝71.82，c1＝'A'，c2＝'a'。问在键盘上如何输入？

```
#include <stdio.h>
int main()
 {int a,b;
  float x,y;
  char c1,c2;
  scanf("a=%d b=%d",&a,&b);
  scanf(" %f %e",&x,&y);
  scanf(" %c %c",&c1,&c2);
  return 0;
}
```

3.4　用下面的scanf函数输入数据，使a＝10，b＝20，c1＝'A'，c2＝'a'，x＝1.5，y＝─3.75，z＝67.8，请问在键盘上如何输入数据？

```
scanf("%5d%5d%c%c%f%f%*f,%f",&a,&b,&c1,&c2,&x,&y,&z);
```

3.5　设圆半径r＝1.5，圆柱高h＝3，求圆周长、圆面积、圆球表面积、圆球体积、圆柱体积。用scanf输入数据，输出计算结果，输出时要求有文字说明，取小数点后两位数字。请编程序。

3.6　输入一个华氏温度，要求输出摄氏温度。公式为：

$$c = \frac{5}{9}(F - 32)$$

输出要有文字说明,取两位小数。

3.7 编程序,用 getchar 函数读入两个字符给 c1 和 c2,然后分别用 putchar 函数和 printf 函数输出这两个字符。思考以下问题:

(1) 变量 c1 和 c2 应定义为字符型或整型?或二者皆可?

(2) 要求输出 c1 和 c2 值的 ASCII 码,应如何处理?用 putchar 函数还是 printf 函数?

(3) 整型变量与字符变量是否在任何情况下都可以互相代替?如:

```
char c1,c2;
```

与

```
int c1,c2;
```

是否无条件的等价?

第 ④ 章

选择结构程序设计

选择结构的作用是：检查人们指定的条件是否满足，决定在事先给定的几种操作中选定执行其中一种操作。要实现选择结构，关键是判定所给的条件是否满足。

4.1 条件判断

4.1.1 条件判断的含义

在顺序结构中，各语句是按排列的先后次序顺序执行的，执行完上一个语句就自动执行下一个语句，这是无条件的，不必作任何判断。但在实际中，常常有这样的情况：要根据某个条件是否成立来决定是否执行指定的任务。例如：

- 如果你在家，我去拜访你；　　　　　（需要判断你是否在家）
- 如果考试不及格，要补考；　　　　　（需要判断是否及格）
- 如果遇到红灯，要停车等待；　　　　（需要判断是否红灯）
- 周末我们去郊游；　　　　　　　　　（需要判断是否周末）
- 70 岁以上的老年人，入公园免票；　　（需要判断是否满 70 岁）
- 如果 a＞b，输出 a。　　　　　　　　（需要判断 a 是否大于 b）

无论在现实生活中还是在科学技术、经济管理领域中，这种情况是很多的，而简单的、不需要作判断的情况是很少的。由于程序需要处理的问题往往比较复杂，因此，在大多数程序中都会包含条件判断。学习程序设计，要善于分析条件，善于设计条件判断。

条件判断的结果是一个逻辑值："**是**"或"**否**"，例如，需要判断的条件是："考试是否合格"？答案只能有两个："**是**"或"**否**"，而不是数值 60,100 或 10000。在计算机语言中用"**真**"和"**假**"来表示"是"或"否"。例如，要判断一个人是否"70 岁以上"？ 如果有一个人年龄为 75 岁，对他而言，"70 岁以上"是"真的"，如果有一个人年龄为 15 岁，对他而言，"70 岁以上"是"假的"。又如：判断"a＞b"条件是否满足？ 当 a＞b 时，就称条件"a＞b"为"真"，如果 a≤b，则不满足"a＞b"条件，就称此时条件"a＞b"为假。

在程序中，用**选择结构**来检查所指定的条件是否满足，并根据判断的结果决定执行哪种操作(从给定的两组操作中选择其一)。如：

```
if (x > 0)
    printf("%d",x);
else
    printf("%d",-x);
```

这是一个输出一个变量的绝对值的选择结构。当 x 为正时,输出 x 的值,否则输出 $-x$。
为了能正确使用选择结构,需要了解和掌握以下一些基础知识。

4.1.2　关系运算符和关系表达式

上面说的"条件"在程序中是用一个表达式来表示的。例如：

```
x>0
age>=70
a+b>c
b*b-4*a*c>0
'a'<'v'
```

这种表达式显然不是数值表达式,它包括了"<"(小于)和">"(大于)这样的比较符号。
这些式子的值不是数值,而是一个逻辑值("真"或"假")。上面这些表达式称为**关系表达式**,
用来进行比较大小的符号称为**关系运算符**。

1. 关系运算符及其优先次序

C 语言提供 6 种关系运算符：

① <　　　　（小于）
② <=　　　（小于或等于）
③ >　　　　（大于）　　　优先级相同(高)
④ >=　　　（大于或等于）
⑤ ==　　　（等于）
⑥ !=　　　（不等于）　　　优先级相同(低)

关于优先次序的说明：

（1）前 4 种关系运算符(<,<=,>,>=)的优先级别相同,后两种
也相同。前 4 种高于后两种。例如,">"优先于"=="。而">"与"<"
优先级相同。

（2）关系运算符的优先级低于算术运算符。

（3）关系运算符的优先级高于赋值运算符。

以上关系见图 4.1。

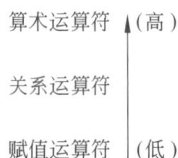

算术运算符 ↑(高)

关系运算符

赋值运算符 ↓(低)

图　4.1

例如：

c＞a+b	等效于	c＞(a+b)
a＞b==c	等效于	(a＞b)==c
a==b＜c	等效于	a==(b＜c)
a=b＞c	等效于	a=(b＞c)

2. 关系表达式

用关系运算符将两个表达式(可以是算术表达式或关系表达式、逻辑表达式、赋值表达式、字符表达式)连接起来的式子,称**关系表达式**。例如,下面都是合法的关系表达式:

```
a+b>b+c
(a=3)>(b=5)
'a'<'z'
(a>b)>(b<c)
```

前面已说明,条件判断的结果是一个逻辑值("真"或"假")。同理,关系表达式的值也是一个逻辑值。例如,关系表达式"5==3"的值为"假",因为 5 不等于 3。"5＞=0"的值为"真"因为 5 大于 0。

C 语言没有提供逻辑型数据供用户直接使用(C++ 有逻辑型变量和逻辑型常量,以 True 表示"真",以 False 表示"假")。为了表示逻辑量,C 语言规定:对关系运算的结果,用数值"1"代表"真",以"0"代表"假"。例如,当 a=3,b=2,c=1 时,则:

- 关系表达式"a＞b"的值为"真",此时表达式的值为 1。
- 关系表达式"(a＞b)==c"的值为"真"(因为 a＞b 的值为 1,等于 c 的值),此时表达式的值为 1。
- 关系表达式"b+c＜a"的值为"假",此时表达式的值为 0。

说明：从本质上来说,关系运算的结果(即关系表达式的值)不是数值,而是逻辑值,但是由于 C 语言追求精练灵活,没有提供逻辑型数据(C99 增加了逻辑型数据,用关键字 bool 定义逻辑型变量),为了处理关系运算和逻辑运算的结果,C 语言设定用 1 代表真,0 代表假。并在编译系统中按此实现,那么用 C 语言的人就要遵守这样的规定。由于用了 1 和 0 代表真和假,而 1 和 0 又是数值,所以在 C 程序中还允许把关系运算的结果(即 1 和 0)看作和其他数值型数据一样,可以参加数值运算,或把它赋值给数值型变量。例如,若 a,b,c 的值仍如上面所指定的那样。请分析下面的赋值表达式:

```
d=a>b        //d的值为1
f=a>b>c      //f的值为0(因为">"运算符的结合方向是自左至右,故先执行"a>b",得值为1,
             //再执行关系运算"1>c",得值0,赋给 f)
```

这是 C 的灵活性的一种表现,允许把关系表达式作为一般数值来处理,对有经验的人,可以利用它实现一些技巧,使程序精练,但是对初学者来说,感到不好理解,容易弄错。在学习阶段,还是应当强调程序的清晰易读,不要写出别人不懂的程序。

4.1.3 逻辑运算符和逻辑表达式

有时需要判断的条件不是一个简单的条件,而是一个复合的条件,如:

- 是中国公民,且在 18 岁以上才有选举权。这就要求同时满足两个条件:中国公民和大于 18 岁。
- 5 门课都及格,才能升级。这就要求同时满足 5 个条件。
- 70 岁以上的老人或 10 岁以下儿童,入公园免票。这就要对入园者检查两个条件,看是否满足其中之一。

以上问题仅用一个关系表达式是无法表示的,需要用两个(或多个)关系表达式和逻辑运算符来处理。如:a>b && a>c 表示 a>b 和 a>c 两个条件都满足。age>70 || age<10 表示年龄大于 70 或小于 10 这两个条件中至少有一个满足。逻辑运算符"&&"表示"**与**"。逻辑运算符"||"表示"**或**",即"二者必居其一"。

1. 逻辑运算符及其优先次序

C 语言提供 3 种逻辑运算符:

(1) **&& 逻辑与**   (相当于其他语言中的 **AND**)

(2) **|| 逻辑或**   (相当于其他语言中的 **OR**)

(3) **! 逻辑非**   (相当于其他语言中的 **NOT**)

"&&"和"||"是"双目(元)运算符",它要求在运算符的两侧各有一个运算对象(也称操作数),如(a>b)&&(x>y)和(a>b)||(x>y)。"!"是"一目(元)运算符",只要求在它的右侧有一个运算量,如!a,!(a>=b)。

逻辑运算举例如下(假设 a 和 b 都是逻辑量):

a&&b   读作"a 与 b"。若 a 和 b 为真,则表达式 a&&b 的值为真。

a||b   读作"a 或 b"。若 a 和 b 之一为真,则表达式 a||b 的值为真。

!a   读作"非 a"。若 a 为真,则表达式!a 的值为假。

表 4.1 为逻辑运算的"真值表"。用它表示当 a 和 b 的值为不同组合时,各种逻辑运算所得到的值。

表 4.1   逻辑运算的真值表

a	b	!a	!b	a&&b	a||b
真	真	假	假	真	真
真	假	假	真	假	真

续表

a	b	!a	!b	a&&b	a‖b
假	真	真	假	假	真
假	假	真	真	假	假

怎样看这个表呢？以表中第2行为例,当a为真,b为假时,!a为假,!b为真,a&&b为假,a‖b为真。这是很简单的,也是最基本的。

在一个逻辑表达式中如果包含多个逻辑运算符,例如:

$$!a\&\&b‖x>y\&\&c$$

按以下的优先次序:

(1) !(非)→&&(与)→‖(或)

即"!"为三者中最高的。

(2) 逻辑运算符中的"&&"和"‖"低于关系运算符,"!"高于算术运算符,见图4.2。

例如:

(a>b)&&(x>y)　　　　可写成 a>b&&x>y

(a==b)‖(x==y)　　　可写成 a==b‖x==y

(!a)‖(a>b)　　　　　可写成 !a‖a>b

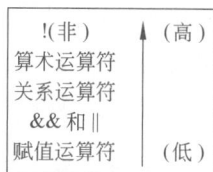

```
!(非)        (高)
算术运算符
关系运算符
&& 和 ‖
赋值运算符    (低)
```

图 4.2

2. 逻辑表达式

用逻辑运算符将关系表达式或逻辑量连接起来的式子就是**逻辑表达式**。如前所述,逻辑表达式的值应该是一个逻辑量"真"或"假"。C语言编译系统在表示逻辑运算结果时,以数值1代表"真",以0代表"假",但在判断一个量是否为"真"时,以0代表"假",以非0代表"真"。即将一个非零的数值认作为"真"。例如:

(1) 若a=4,则!a的值为0。因为a的值为非0,被认作"真",对它进行"非"运算,得"假","假"以0代表。

(2) 若a=4,b=5,则a&&b的值为1。因为a和b均为非0,被认为是"真",因此a&&b的值也为"真",值为1。

(3) a、b值分别为4、5,a‖b的值为1。

(4) a、b值分别为4、5,!a‖b的值为1。

(5) 4&&0‖2的值为1。

通过这几个例子可以看出,由系统给出的逻辑运算结果不是0就是1,不可能是其他数值。而在逻辑表达式中作为参加逻辑运算的运算对象可以是0(假)或任何非0的数值(按"真"对待)。如果在一个表达式中不同位置上出现数值,应区分哪些是作为数值运算或关系运算的对象,哪些作为逻辑运算的对象。例如:

$$5>3 \ \&\& \ 8<4-!0$$

表达式自左至右扫描求解。首先处理"5>3"(因为关系运算符优先于逻辑运算符"&&")。在关系运算符两侧的 5 和 3 作为数值参加关系运算,"5>3"的值为 1(代表真)。再进行"1&&8<4-!0"的运算,8 的左侧为"&&",右侧为"<"运算符,根据优先规则,应先进行"<"的运算,即先进行"8<4-!0"的运算。现在 4 的左侧为"<",右侧为"-"运算符,而"-"优先于"<",因此应先进行"4-!0"的运算,由于"!"的级别最高,因此先进行"!0"的运算,得到结果 1。然后进行"4-1"的运算,得到结果 3,再进行"8<3"的关系运算,得 0,最后进行"1&&0"的运算,得 0。

说明:实际上,逻辑运算符两侧的运算对象不但可以 0 和 1,或者是 0 和非 0 的整数,也可以是字符型、实型或指针型等。系统最终以 0 或非 0 来判定它们属于"假"或"真"。例如:

$$'c' \ \&\& \ 'd'$$

的值为 1(因为'c'和'd'的 ASCII 值都不为 0,按"真"处理),所以 1&&1 的值为 1。

可以将表 4.1 改写成表 4.2 形式。

表 4.2　逻辑运算的真值表

a	b	!a	!b	a&&b	a‖b
非 0	非 0	0	0	1	1
非 0	0	0	1	0	1
0	非 0	1	0	0	1
0	0	1	1	0	0

熟练掌握 C 语言的关系运算符和逻辑运算符后,可以巧妙地用一个逻辑表达式来表示一个复杂的条件。

例如,要判别用 year 表示的某一年是否闰年。闰年的条件应符合下面二者之一:

① 能被 4 整除,但不能被 100 整除,如 2016。

② 能被 4 整除,又能被 400 整除,如 2000(注意,能被 100 整除,不能被 400 整除的年份不是闰年,如 2100)。

可以用一个逻辑表达式来表示:

```
year % 400==0 || (year % 4==0 && year % 100 !=0)
```

当 year 为某一整数值时,如果上述表达式值为真(1),则 year 为闰年;否则 year 为非闰年。可以用 N-S 图表示其逻辑结构,见图 4.3。

可以加一个"!"用来判别非闰年:

```
!( year %400==0 || (year %4==0 && year %100 !=0))
```

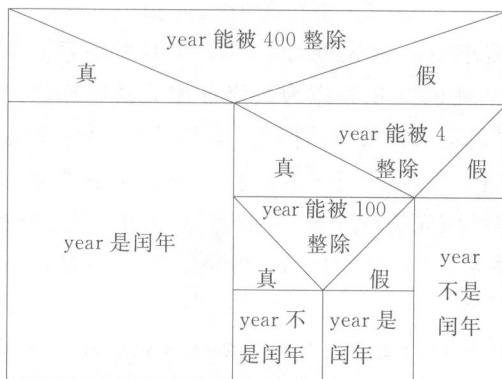

图 4.3

若此表达式值为真(1)，year 为非闰年。

也可以用下面逻辑表达式判别非闰年：

```
(year %4 !=0) || (year % 100==0 && year % 400 !=0)
```

若表达式值为真，year 为非闰年。请注意表达式中右边的一对括号内的不同运算符(%，!=，&&，==)的运算优先次序。

4.2 用 if 语句实现选择结构

有了以上的基础，就可以顺利地利用选择结构进行编程了。在 C 语言中，实现选择结构主要用 if 语句，在 if 语句中包含一个判断条件，用来判定所给定的条件是否满足。这个判断条件是以逻辑表达式表示的。根据判定的结果(真或假)决定执行在 if 语句中给出的两种操作之一。

4.2.1 用 if 语句实现选择结构举例

通过下面几个例子可以了解在程序中怎样用 if 语句实现选择结构。

例 4.1 输入两个学生 a 和 b 的成绩，输出其中高的成绩。

解题思路：

先想好处理此问题的思路：专门设定一个变量 max，将高的成绩放在其中。这就需要对输入的两个成绩做一次比较。如果 a 大于或等于 b，就把 a 的值赋给 max，如果 b 大于 a，就把 b 的值赋给 max，然后输出 max 即可。用 N-S 流程图表示算法，如图 4.4 所示。

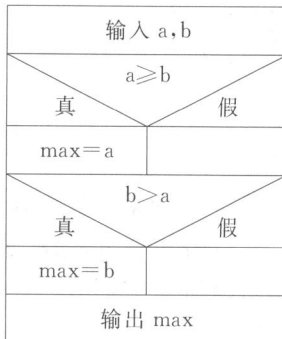

图 4.4

根据此思路，可以写出如下程序。

编写程序：

```c
#include <stdio.h>
int main()
  { float a,b,max;
    printf("please enter a and b:");
    scanf("%f,%f",&a,&b);              //输入两个成绩
    if(a>=b) max=a;                    //如果 a 大,把 a 赋给 max
    if(b>a) max=b;                     //如果 b 大,把 b 赋给 max
    printf("max=%6.2f\n",max);         //输出 max 的值
    return 0;
  }
```

运行结果：

```
please enter a and b: 67.5,95.5↙
max=95.50
```

程序分析：

程序中用了两个 if 语句，先后进行了两次判断。其实可以只用一个 if 语句，在这个语句中包含一个 else 分支。可对程序修改如下：

```c
#include <stdio.h>
int main()
  { float a,b,max;
    printf("please enter a and b:");
    scanf("%f,%f",&a,&b);
    if(a>=b) max=a;
    else max=b;
    printf("max=%6.2f\n",max);
    return 0;
  }
```

运行结果同上，其对应流程图如图 4.5 所示。

只用了一个 if 语句，进行一次判断。显然第二个程序更简捷清晰。

例 4.2 输入 3 个成绩 a,b,c,要求按由高到低的顺序输出。

解题思路：

解此题的算法比上一题稍复杂一些。可以先用伪代码写出

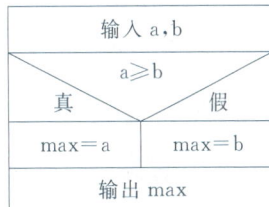

输入 a,b	
a≥b	
真	假
max=a	max=b
输出 max	

图 4.5

算法：

(1) if a<b　将 a 和 b 对换　(a 成为 a 和 b 中的大者)。

(2) if a<c　将 a 和 c 对换　(a 已经是 a 和 b 中的大者,此时 a 是三者中最大者)。

(3) if b<c　将 b 和 c 对换　(b 成为 b、c 中的大者,也是三者中次大者)。

(4) 输出 a,b,c 的值。

请读者自己画出 N-S 流程图。

编写程序：

```
#include <stdio.h>
int main()
{float a,b,c,t;
 printf("please enter a,b,c:");
 scanf("%f,%f,%f",&a,&b,&c);
 if(a<b)
   {t=a;a=b;b=t;}                //实现 a 和 b 的互换
 if(a<c)
   {t=a;a=c;c=t;}                //实现 a 和 c 的互换
 if(b<c)
   {t=b;b=c;c=t;}                //实现 b 和 c 的互换
 printf("%6.2f,%6.2f,%6.2f\n",a,b,c);
 return 0;
}
```

运行结果：

```
please enter a,b,c:73.5,82.5,99↙
99.00, 82.50, 73.50
```

请读者分析程序的执行过程。

4.2.2　if 语句的一般形式

从上面的例子可以看到两种形式的 if 语句：一种是不带 else 子句的；另一种是带 else 子句的。

1. if(表达式) 语句

例如：

```
if (x>y) printf("%d",x);
```

这个 if 语句的执行过程见图 4.6。

2. if(表达式)语句 1 else 语句 2

例如：

```
if (x>y)
    printf("%d",x);
else
    printf("%d",y);
```

其流程见图 4.7。

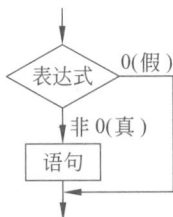
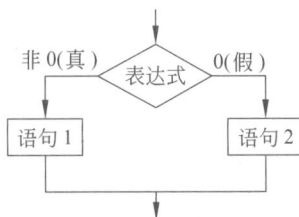

图 4.6 图 4.7

4.2.3 if 语句使用的说明

（1）if 语句中在关键字 if 后面都有一个表达式,一般为逻辑表达式或关系表达式。例如：

```
if(a==b && x==y) printf("a=b,x=y");
```

在执行 if 语句时先对括号中的表达式求解,若表式的值为 0,按"假"处理,若表达式的值为非 0,按"真"处理,执行所指定的 printf 语句。

假如有以下 if 语句：

```
if(3) printf("O.K.");
```

是合法的,执行结果输出"O.K.",因为表达式的值为 3,按"真"处理。由此可见,表达式的类型不限于逻辑表达式,可以是任意的数值类型(包括整型、实型、字符型、指针型数据)。

（2）if 语句中有内嵌语句,每个内嵌语句必须以分号结束。例如：

```
if (x>0)
    print("%f",x); ——————————┐
else                         各有一个分号;
    printf("%f",-x); ————————┘
```

分号是 C 语句中不可缺少的部分,即使是 if 语句中的内嵌语句也不能例外。如果无此分号,则出现语法错误。

(3) 不要误认为上面是两个语句(if 语句和 else 语句)。它们都属于同一个 if 语句。else 子句不能作为语句单独使用,它必须是 if 语句的一部分,与 if 配对使用。

(4) 在 if 和 else 的后面可以只含一个内嵌的操作语句(如上例),也可以有多个操作语句,此时用大括号"{}"将几个语句括起来成为一个复合语句。

例 **4.3** 给出三角形的三个边长,求三角形的面积。

解题思路:

从数学知识已知:构成三角形的必要条件是两边之和大于第三边,因此在计算三角形面积之前应当进行该条件的判断。

编写程序:

```c
#include <stdio.h>
#include <math.h>
int main()
{ double a,b,c,s,area;
  printf("please enter a,b,c:");
  scanf("%lf,%lf,%lf", &a, &b, &c);
  if (a+b>c && b+c>a && c+a>b)        //检查构成三角形的必要条件是否满足
    {s=0.5 * (a+b+c);
     area=sqrt(s * (s-a) * (s-b) * (s-c));
     printf("area=%6.2f\n",area);
    }                                //大括号内是一个复合语句
  else
     printf("It is not a trilateral.\n");
  return 0;
}
```

运行结果:

```
① please enter a,b,c:2,3,4↙
   area=2.90
② please enter a,b,c:2,3,6↙
   It is not a trilateral.
```

4.2.4 使用嵌套的 if 语句实现多层条件判断

有的选择结构中又包含一个或多个选择结构,这称为**选择结构的嵌套**。C语言提供的 if 语句中可以又包括另一个 if 语句,这就是 if 语句的嵌套,可以用它来实现嵌套的选择结构。嵌套的 if 语句一般形式如下:

```
if()
    if()  语句 1 ──────────────┐
    else  语句 2 ──────────────┴── 内嵌 if
else
    if()  语句 3 ──────────────┐
    else  语句 4 ──────────────┴── 内嵌 if
```

像下面的问题就需要使用嵌套的 if 语句。

例 4.4　为促销,对购买货物多的顾客有优惠:凡买 50 件以上(含 50 件)的优惠 5%,买 100 件以上(含 100 件)的优惠 7.5%,买 300 件以上(含 300 件)的优惠 10%,买 500 件以上(含 600 件)的优惠 15%。要求编程序,用户输入购买的数量和单价,程序输出应付货款。

解题思路:

解此题的关键是写出判断货物折扣的选择结构。按题意可以画出 N-S 图,见图 4.8。可以看到在一个选择结构中又包含另一个选择结构,一共内嵌了 3 层。连同最上面一层,共有 4 层选择结构。

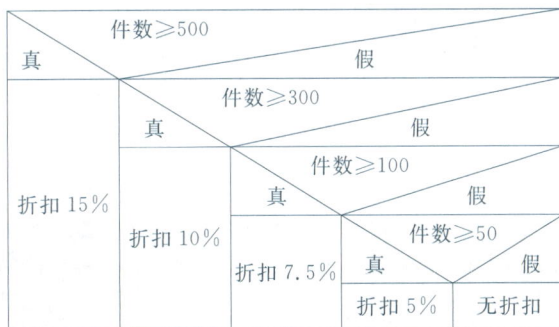

图　4.8

请认真分析图中表示的判断逻辑。首先检查所购货物是否大于或等于 500,如是,则确定折扣为 15%,如果不是(即少于 500 件),再检查是否大于或等于 300,如是,则表示在 300~499 范围内,折扣应为 10%,下同。

$$应付货款 = 件数 * 单价 * (1 - 优惠折扣)$$

编写程序:

```c
#include <stdio.h>
#include <math.h>
int main()
{ int number;
```

```
double cost,price,total;
printf("please enter number and price:");
scanf("%d,%lf",&number,&price);        //输入件数和单价
if (number>=500) cost=0.15;            //以下 6 行为嵌套的 if 语句
else
    if (number>=300) cost=0.10;
    else
        if (number>=100) cost=0.075;
        else
            if (number>=50)  cost=0.05;
            else cost=0;
total=number * price * (1-cost);
printf("Total=%10.2f\n",total);
return 0;
}
```

提示：为了使程序结构清晰，便于他人阅读，也便于日后自己维护，程序应尽量采取锯齿形式，内嵌语句向右缩进 2 列或多列，同一层次的成分(如同一层的 if 和 else)出现在同一列上。虽然是否写成锯齿形状并不影响运行结果，但这是写程序的良好风格。应该养成此习惯。

运行结果：

```
① please enter number and price:512,821.5✓
   Total=357516.80
② please enter number and price:350,821.5✓
   Total=258772.50
③ please enter number and price:150,821.5✓
   Total=113983.13
① please enter number and price:20,821.5✓
   Total=16430.00
```

程序分析：

从程序中可以看到，在一个 if 语句中包含了另外 3 个嵌套的 if 语句。请注意分析其嵌套关系。

不要把程序中的 if 语句看作是 4 个独立的 if 语句。怎样判断一个 if 语句的范围呢？第 8 行 if 语句开始了。第 8 行末尾有一分号，表示 if 语句中的内嵌语句结束，但还不能确定 if 语句是否结束。往下看，程序第 9 行是 else，else 不是一个独立的语句，它是从属于前面的 if 语句的。第 9 行最后没有分号，可知语句没有结束，再往下看，第 10 行开始的 if…else 语句

应该是第一个 if 语句中的 else 子句中的内嵌语句,相当于 4.2.2 节中第 2 种形式的 if 语句中的"语句 2"。同理,第 11 行的 else 后面也没有分号,可知语句没有结束。第 12 行开始的 if…else 语句显然是第二个 if 语句中的 else 子句中的语句。一直到第 15 行的 else 后面有一个内嵌语句,最后有一个分号,整个 if 语句的范围到此结束。

有人说:第 10 行最后不是也有一个分号吗? 为什么它不作为 if 语句结束的标志呢? 这是因为在 11 行紧跟着一个 else,前面已说明,else 不是一个独立的语句,它是从属于上面的 if 语句的,因此,整个 if 语句没有结束。

通过本例可以了解 if 与 else 的配对关系。

> 注意:else 总是与它上面的最近的未配对的 if 配对。

假如写成:

```
if()
    if()语句 1  ┐
else           ├ 内嵌 if
    if() 语句 2 │
else  语句 3    ┘
```

编程序者把第一个 else 写在与第一个 if(外层 if)同一列上,希望第一个 else 与第一个 if 对应,但实际上第一个 else 是与第二个 if 配对,因为它们相距最近。写成这样的锯齿形式并不能改变 if 语句的执行规则。实际的配对关系表示如下:

```
if()
    if()语句 1  ┐
    else        ├ 内嵌 if
      if() 语句 2│
      else  语句 3┘
```

因此最好使外层 if 和内嵌 if 都包含 else 部分(如 4.2.4 节最早列出的形式),即

```
if()
    if()语句 1
    else
        if() 语句 2
        else  语句 3
else语句 4
```

这样 if 的数目和 else 的数目相同,从内层到外层一一对应,不致出错。

如果 if 与 else 的数目不一样,为实现程序设计者的企图,可以加大括号来确定配对关系。例如:

```
if ()
   {
      if () 语句 1  内嵌 if
   }
else  语句 2
```

这时"{ }"限定了内嵌 if 语句的范围，{ }内是一个完整的 if 语句。因此 else 与第一个 if 配对。

对于像例 4.4 那样的 if 结构(在每一个 else 后面都有内嵌的 if 语句)，C 语言允许用以下形式的 if 语句来代替。

```
if        (表达式 1)    语句 1
else if   (表达式 2)    语句 2
else if   (表达式 3)    语句 3
   ⋮
else if   (表达式 m)    语句 m
else                   语句 n
```

流程图见图 4.9。

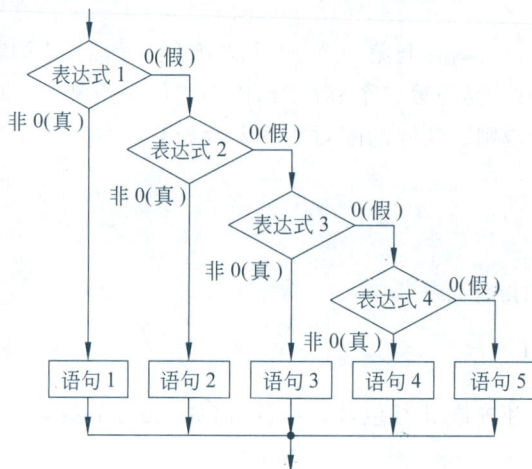

图   4.9

例 4.4 程序可以改写成以下形式：

```
#include <stdio.h>
#include <math.h>
int main()
  { int number;
```

```
double cost,price,total;
printf("please enter number and price:");
scanf("%d,%lf",&number,&price);
if (number>=500) cost=0.15;
else if (number>=300) cost=0.10;
else if (number>=100) cost=0.075;
else if (number>=50)   cost=0.05;
else cost=0;
total=number * price * (1-cost);
printf("Total=%10.2f\n",total);
return 0;
}
```

　　运行结果与前相同。可以看出,这种写法实际上是把 else 子句中内嵌的 if 语句连续写在同一行上,程序的逻辑没有改变。但是程序显得简洁易读。用这种形式的 if 语句时 else if 行不必向右缩进,因为逻辑关系很明确。

4.3　利用 switch 语句实现多分支选择结构

　　if 语句只有两个分支可供选择,而实际问题中常常需要用到多分支的选择。例如,学生成绩分类(85 分以上为'A'等,70～84 分为'B'等,60～69 分为'C'等……);人口统计分类(按年龄分为老、中、青、少、儿童);工资统计分类;银行存款分类等,当然这些都可以用嵌套的 if 语句来处理,但如果分支较多,则嵌套的 if 语句层数多,程序冗长而且可读性降低。C 语言提供了 switch 语句,可以方便他处理是多分支选择。它的一般形式如下:

```
switch(表达式)
  {
   case  常量表达式 1:  语句 1
   case  常量表达式 2:  语句 2
             ⋮
   case  常量表达式 n:  语句 n
   default        :  语句 n+1
  }
```

例如,要求按照考试成绩的等级输出百分制分数段,可以用 switch 语句实现:

```
switch(grade)
{ case  'A': printf("85~100\n");
```

```
    case  'B': printf("70~84\n");
    case  'C': printf("60~69\n");
    case  'D': printf("<60\n");
    default  : printf("error\n");
}
```

说明：

(1) switch 后面括号内的"表达式"，可以是数值型或字符型类型数据。

(2) 当表达式的值与某一个 case 后面的常量表达式的值相等时，就执行此 case 后面的语句，若所有的 case 中的常量表达式的值都没有与表达式的值匹配的，就执行 default 后面的语句。

(3) 每一个 case 的常量表达式的值必须互不相同；否则就会出现互相矛盾的现象(对表达式的同一个值，有两种或多种执行方案)。

(4) 各个 case 和 default 的出现次序不影响执行结果。例如，可以先出现"default：…"，再出现"case 'D'：…"，然后是"case 'A'：…"。

(5) 执行完一个 case 后面的语句后，流程控制转移到下一个 case 继续执行。"case 常量表达式"只是起语句标号作用，并不是在该处进行条件判断。在执行 switch 语句时，根据 switch 后面表达式的值找到匹配的入口标号，就从此标号开始执行下去，不再进行判断。例如，上面的例子中，若 grade 的值等于'A'，则将连续输出：

```
85~100
70~84
60~69
<60
error
```

因此，应该在执行一个 case 分支后，使流程跳出 switch 结构，即终止 switch 语句的执行。可以用一个 break 语句来达到此目的。将上面的 switch 结构改写如下：

```
switch(grade)
  { case  'A': printf("85~100\n");break;
    case  'B': printf("70~40\n");break;
    case  'C': printf("60~69\n");break;
    case  'D': printf("<60\n");break;
    default   : printf("error\n");
  }
```

由于加了 break 语句，若 grade 的值为'B'，则只输出"70～84"。最后一个分支(default)后面可以不加 break 语句。原因是显然的。

流程图见图 4.10。

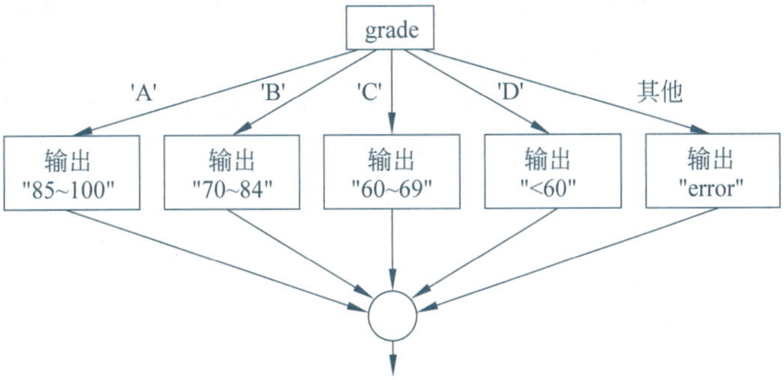

图　4.10

在 case 后面虽然包含了一个以上执行语句,但可以不必用大括号括起来,会自动顺序执行本 case 后面所有的执行语句。当然加上大括号也可以。

(6) 多个 case 可以共用一组执行语句,例如:

```
        ⋮
case  'A':
case  'B':
case  'C':  printf(">60\n");break;
        ⋮
```

当 grade 的值为'A'、'B'或'C'时,都执行同一组语句"printf(">60\n");break;"。

4.4　程序综合举例

例 4.5　写程序,判断某一年是否闰年。

解题思路:

前面已介绍过判别闰年的方法。现在用图 4.11 来表示判别闰年的算法。图 4.11 和

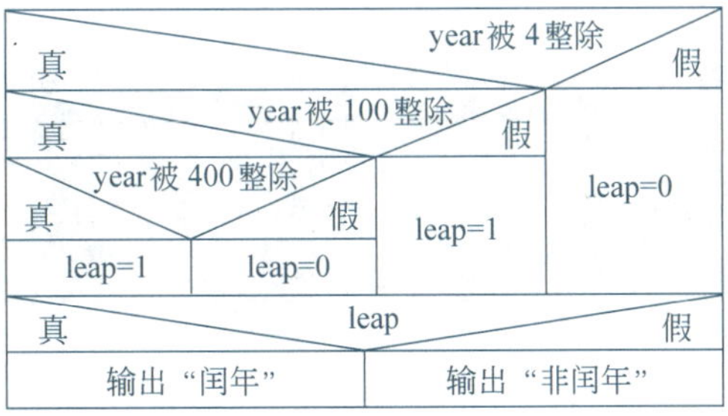

图　4.11

图 4.3 形式不同,但思路是相同的,其结果也是相同的,读者可以仔细分析比较。图 4.11 用 N-S 图表示算法。用 N-S 图表示多级选择结构,简单清晰,层次分明。以变量 leap 表示"是否闰年"的信息。根据闰年规则逐项进行判断,最后若判定 year 是闰年,就令 leap=1;若非闰年,令 leap=0。最终检查 leap 是否为 1(真),若是,则输出"闰年"信息。

编写程序:

```c
#include <stdio.h>
int main()
  {int year, leap;
   printf("please enter a year:");
   scanf("%d",&year);
   if (year%4==0)                    //用一个 if 语句来判定 year 是否闰年
    {if (year%100==0)
        {if (year%400==0)
            leap=1;                  //如果是闰年,使 leap 的值为 1
         else
            leap=0;                  //如果不是闰年,使 leap 的值为 0
        }
     else
        leap=1;
    }                                //第二层的 if 语句到此结束
   else
        leap=0;                      //最外层的 if 语句到此结束
   if (leap)                         //根据 leap 的值是 0 或 1,输出是否闰年的信息
     printf("%d is ",year);
   else
     printf("%d is not ",year);
   printf("a leap year.\n");
   return 0;
}
```

运行结果:

① please enter a year: 2008↙
　　2008 is a leap year.
② please enter a year: 2100↙
　2100 is not a leap year.

程序分析:

请注意分析程序中 if 与 else 的配对关系。

可以将程序中第 6～19 行改为用一个 if…else if…else 形式的语句(本章 4.2.4 节中介绍

的 if 语句)。程序改写如下:

```
#include <stdio.h>
int main()
  {int year, leap;
  printf("please enter a year:");
  scanf("%d",&year);
  if(year%4!=0) leap=0;              //用以下 4 行取代上面程序的第 6~17 行
  else if(year%100!=0) leap=1;
  else if(year%400!=0)   leap=0;
  else   leap=1;
  if (leap)
    printf("%d is ",year);
  else
    printf("%d is not ",year);
  printf("a leap year.\n");
  return 0;
}
```

显然这种写法更精练。也可以用一个逻辑表达式包含所有的闰年条件,将上述 if 语句用下面的 if 语句代替:

```
if((year % 4==0 && year % 100 !=0) || (year % 400==0))
  leap=1;
else
  leap=0;
```

请读者写出完整的程序,并上机运行。比较以上 3 个程序。

例 4.6 运输公司对用户计算运费。运输距离(以 s 表示,单位为千米)越远,单位运费(以每吨·千米为单位)越低。计算标准如下:

s<250	没有折扣
250≤s<500	2%折扣
500≤s <1000	5%折扣
1000≤s<2000	8%折扣
2000≤s<3000	10%折扣
3000≤s	15%折扣

设每吨千米货物的运费为 p(price 的缩写),货物重为 w(weight 的缩写),距离为 s,折扣为 d(discount 的缩写),则总运费 f(freight 的缩写)的计算公式为:

$$f=p×w×s×(1-d)$$

解题思路:

可以看到折扣的变化是有规律的:从图 4.12 可以看到,折扣的"变化点"都是 250 的倍数 (250,500,1000,2000,3000)。利用这一特点,可以在横轴上加一种坐标 c,c 的值为 s/250。c 代表 250 的倍数。当 c<1 时,表示 s<250,无折扣;1≤c<2 时,表示 250≤s<500,折扣 d=2%; 2≤c<4 时,d=5%;4≤c<8 时,d=8%;8≤c<12 时,d=10%;c≥12 时,d=15%。

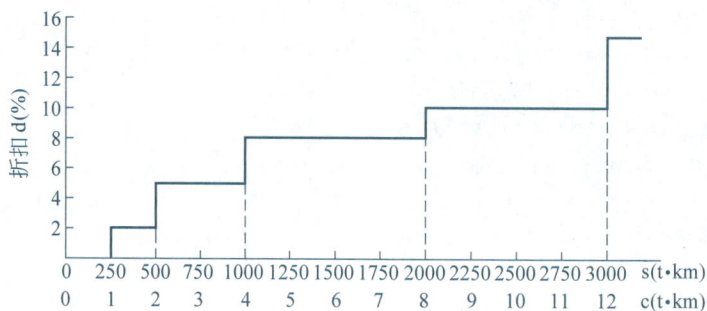

图　4.12

有此基础,编程就不难了。

编写程序:

```
#include <stdio.h>
int main()
{int c,s;
 double p,w,d,f;
 printf("请输入单价、重量和距离:");
 scanf("%lf,%lf,%d",&p,&w,&s);
 if(s>=3000) c=12;
 else c=s/250;
 switch(c)
 { case 0:d=0;break;
   case 1:d=2;break;
   case 2:
   case 3:d=5;break;
   case 4:
   case 5:
   case 6:
   case 7:d=8;break;
   case 8:
   case 9:
   case 10:
   case 11:d=10;break;
   case 12:d=15;break;
 }
```

```
f=p*w*s*(1-d/100.0);
printf("运费:%10.2f 元\n",f);
return 0;
}
```

运行结果:

```
请输入单价,重量和距离:15,145.6,346.9↙
运费:740550.72 元
```

程序分析:

(1) c 和 s 是整型变量,因此 c=s/250 为整数。当 s≥3000 时,令 c=12,而不使 c 随 s 增大,这是为了在 switch 语句中便于处理,用一个 case 可以处理所有 s≥3000 的情况。

(2) 由于 p 和 w 定义为 double 型变量,因此在用 scanf 函数输入 p 和 w 时,使用%lf(在格式符 f 前面加小写字母 l),表示输入的数据按双精度处理。

(3) 本程序在输出时用了汉字,这是在 Visual C++ 6.0 中文版环境下实现的,如果使用的不是中文版的软件,就无法用中文输出。注意:只能在字符串中使用汉字,例如可以在 printf 函数中的双撇号内包括汉字,但不能用汉字作变量名。读者如果使用的是中文版的 C 编译系统,在编程时可以像本例一样,在 printf 函数中的双撇号内使用汉字,在输出时,这些汉字会原样输出。

考虑到程序的通用性,本书中的大多数的程序例题中使用英文输出,用简短的英文对输出数据作简单的说明。

(4) 本例也可以不用 switch 语句,而用嵌套的 if 语句,请读者自己写出程序,并进行比较。

4.5 提高部分

4.5.1 用条件表达式实现简单的选择结构

若在 if 语句中,无论表达式的值为"真"或"假",都是执行一个赋值语句且向同一个变量赋值时,则可以用**条件表达式**来处理。例如有以下 if 语句:

```
if (a>b)
    max=a;
else
    max=b;
```

当 a＞b 时将 a 的值赋给 max，当 a≤b 时将 b 的值赋给 max。可以看到无论 a＞b 是否满足，都是向同一个变量赋值。这时可以用条件表达式来处理：

```
max=(a>b)? a:b;
```

其中"(a＞b)？a：b"是一个"条件表达式"。它是这样执行的：如果(a＞b)条件为真，则条件表达式取值 a；否则取值 b。

条件表达式的一般形式为

表达式 1? 表达式 2：表达式 3

其中"? :"是**条件运算符**。条件运算符要求有 3 个运算对象，称为三目(元)运算符。它是 C语言中唯一的一个三目运算符。它的执行过程见图 4.13。可以看出，条件表达式也是一个选择结构。它和 if 语句不同之处在于：它不能执行任意的内嵌语句（如输入输出），而是使条件表达式取不同的值。一般的用法是将条件表达式的值赋给一个变量（如上面的 max）。

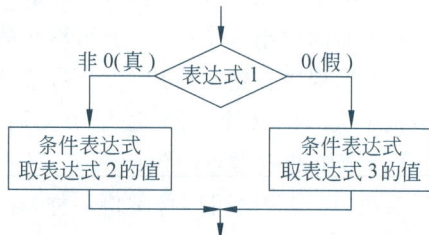

图 4.13

说明：

(1) 条件运算符的执行顺序：先求解表达式 1，若为非 0(真)则求解表达式 2，此时表达式 2 的值就作为整个条件表达式的值。若表达式 1 的值为 0(假)，则求解表达式 3，表达式 3 的值就是整个条件表达式的值。下面的赋值表达式

```
max=(a>b)? a: b
```

执行结果就是将条件表达式的值赋给 max，也就是将 a 和 b 二者中大者赋给 max。

(2) 条件运算符优先于赋值运算符，因此上面赋值表达式的求解过程是先求解条件表达式，再将它的值赋给 max。

条件运算符的优先级别比关系运算符和算术运算符都低。因此，

```
max=(a>b)? a: b
```

括号可以不要，可写成

```
max=a>b? a: b
```

如果有

```
a>b? a: b+1
```

相当于 a>b? a：(b+1),而不相当于(a>b? a：b)+1。

（3）条件运算符的结合方向为"自右至左"。如果有以下条件表达式：

```
a>b? a: c>d? c: d
```

相当于

```
a>b? a: (c>d? c: d)
```

如果 a＝1,b＝2,c＝3,d＝4,则条件表达式的值等于 4。

（4）条件表达式还可以写成以下形式：

```
a>b? (a=100):(b=100)
```

或

```
a>b? printf("%d",a): printf("%d", b)
```

即"表达式 2"和"表达式 3"不仅可以是数值表达式,还可以是赋值表达式或函数表达式。上面第二个条件表达式相当于以下 if…else 语句：

```
if (a>b)
    printf("%d", a);
else
    printf("%d",b);
```

（5）条件表达式中,表达式 1 的类型可以与表达式 2 和表达式 3 的类型不同。例如：

```
x? 'a': 'b'
```

整型变量 x 的值若等于 0,则条件表达式的值为'b'。表达式 2 和表达式 3 的类型也可以不同,此时条件表达式的值的类型为二者中较高的类型。例如：

```
x>y? 1: 1.5
```

如果 x≤y,则条件表达式的值为 1.5;若 x>y,值应为 1,由于 1.5 是实型,比整型高,因此,将 1 转换成实型值 1.0。

4.5.2　在程序中使用条件表达式

例 4.7　输入一个字符,判别它是否大写字母,如果是,将它转换成小写字母;如果不是,不转换。然后输出最后得到的字符。

解题思路：

关于大小写字母之间的转换方法，在前面已做了介绍，因此可直接编写程序。

编写程序：

```
#include <stdio.h>
int main()
  { char ch;
    scanf("%c",&ch);
    ch=(ch>='A'&& ch<='Z')?(ch+32):ch;
    printf("%c\n",ch);
    return 0;
  }
```

运行结果：

```
A↙
a
```

程序分析：

条件表达式"ch＝(ch>='A'&& ch<='Z')？(ch+32):ch"的作用是：如果字符变量 ch 的值为大写字母(即位于 A 和 Z 之间)，则条件表达式的值为(ch+32)，即相应的小写字母。32 是小写字母和大写字母 ASCII 码的差值。如果 ch 的值不是大写字母，则条件表达式的值为 CH，即不进行转换。

初学者往往不习惯用条件表达式，开始时可跳过不学。用条件表达式能处理的问题，都可以用 if 语句处理。但是，善于利用条件表达式，可以使程序写得精练、专业。应该对此有所了解，以便在看别人的程序时不致困惑。

本章小结

(1) 掌握算术运算符、关系运算符、逻辑运算符以及算术表达式、关系表达式、逻辑表达式的概念和用法。算术表达式的值是一个数值，关系表达式和逻辑表达式的值是一个逻辑量("真"或"假")。在 C99 之前，没有设逻辑型数据，约定在**表示**一个逻辑值(如关系表达式、逻辑表达式的值)时，以 **1 代表真**，以 **0 代表假**。在**判别**一个逻辑量的值时，以非 **0 作为真，0 作为假**。在 C 程序中，逻辑量(包括关系表达式和逻辑表达式)可以作为数值参加数值运算。

(2) 在 C 语言中，主要用 **if** 语句实现选择结构，用 **switch** 语句实现多分支选择结构。要掌握 if 语句的各种使用形式。注意 if 与 else 的配对规则(else 总是和在它前面最近的未配

对的 if 相配对)。为使程序清晰,减少错误,可采取以下方法:

① 内嵌 if 也应包括 else 部分;

② 把内嵌的 if 放在外层的 else 子句中;

③ 加大括号,限定范围;

④ 程序写成锯齿形,同一层次的 if 和 else 在同一列上。

(3) 在用 switch 语句实现多分支选择结构时,"case 常量表达式"只起语句标号作用,如果"switch"后面的表达式的值与"case"后面的常量表达式的值相等,就执行 case 后面的语句。但特别注意:执行完这些语句后不会自动结束,会继续执行下一个 case 子句中的语句。因此,应在每个 case 子句最后加一个 **break 语句**,才能正确实现多分支选择结构。

(4) 条件运算符(? :)是 C 语言中唯一的三目(元)运算符。条件表达式是一种特殊的选择结构。

(5) 学会编写选择结构的程序。对同一个问题,可以编写出不同的程序,要善于比较。学习程序设计,不要满足于能编写出程序,得到正确的结果,而应当力求编写出高质量的程序,也就是算法良好,程序结构清晰,易于理解,简练,执行效率高。

习题

4.1　什么是算术运算? 什么是关系运算? 什么是逻辑运算?

4.2　C 语言中如何表示"真"和"假"? 系统如何判断一个量的"真"和"假"?

4.3　写出下面各逻辑表达式的值。设 $a=3,b=4,c=5$。

(1) $a+b>c\&\&b==c$

(2) $a||b+c\&\&b-c$

(3) $!(a>b)\&\&!c||1$

(4) $!(x=a)\&\&(y=b)\&\&0$

(5) $!(a+b)+c-1\&\&b+c/2$

4.4　编写一个程序,当给 x 输入任意的正数时,y 都输出 1;当给 x 输入任意的负数时,y 都输出 -1,当给 x 输入 0 时,y 输出 0。如果用数学式子表示,就是下面的函数。

$$y=\begin{cases} -1 & (x<0) \\ 0 & (x=0) \\ 1 & (x>0) \end{cases}$$

有以下几个程序,请判断哪个(可能不止一个)是正确的? 分别画出它们的 N-S 图。

程序 1:

```
#include <stdio.h>
int main()
  {int   x,y;
   printf("enter x:");
   scanf("%d",&x);
   if(x<0)
     y=-1;
   else
     if(x==0) y=0;
       else y=1;
   printf("x=%d,y=%d\n",x,y);
   return 0;
  }
```

程序 2：将上面程序的 if 语句(第 6~10 行)改为：

```
if(x>=0)
  if(x>0)   y=1;
  else   y=0;
else y=-1;
```

程序 3：将上述 if 语句改为：

```
y=1;
if(x!=0)
  if(x>0) y=1;
else y=0;
```

程序 4：将上述 if 语句改为：

```
y=0;
if(x>=0)
  if(x>0)   y=1;
else y=-1;
```

4.5　由键盘输入 3 个整数 a、b、c，要求输出其中最大的数，请编写程序。

4.6　给出一个百分制的成绩，要求输出成绩等级'A' 'B' 'C' 'D' 'E'。90 分以上为 A，80~89 分为 B，70~79 分为 C，60~69 分为 D，60 分以下为 E。

4.7　给一个不多于 5 位的正整数，要求：

① 求出它是几位数；

② 分别输出每一位数字；

③ 按逆序输出各位数字,例如原数为 321,应输出 123。

4.8　企业发放的奖金根据企业的当年利润决定。当利润(以 I 表示)低于或等于 100000 元时,奖金可提 10%;利润大于 100000 元,小于 200000 元(100000<I≤200000)时,低于 100000 元的部分按 10% 提成,高于 100000 元的部分,可提成 7.5%;利润大于 200000 元,小于或等于 400000 元(200000<I≤400000)时,低于 200000 元的部分仍按上述办法提成(下同)。高于 200000 元的部分按 5% 提成。利润大于 400000 元,小于或等于 600000 元时,高于 400000 元的部分按 3% 提成。利润大于 600000 元,小于或等于 1000000 元时,高于 600000 元的部分按 1.5% 提成;利润大于 1000000 时,超过 1000000 元的部分按 1% 提成。从键盘输入当年利润 I,求应发奖金总数。要求:

(1) 用 if 语句编写程序;

(2) 用 switch 语句编写程序。

4.9　有 4 个圆塔,圆心分别为(2,2)、(−2,2)、(−2,−2)、(2,−2),圆半径为 1,见图 4.14。这 4 个塔的高度为 10m,塔以外无建筑物。现输入任一点的坐标,求该点的建筑高度(塔外的高度为零)。

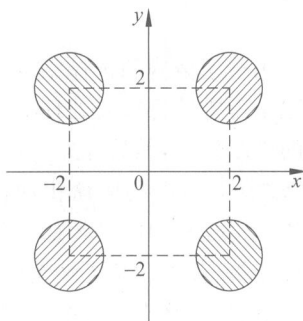

4.10　求 $ax^2+bx+c=0$ 方程的解。

根据代数知识,应该有以下几种可能:

① $a=0$,不是二次方程,而是一次方程。

② $b^2-4ac=0$,有两个相等的实根。

③ $b^2-4ac>0$,有两个不等的实根。

④ $b^2-4ac<0$,有两个共轭复根。

请画出 N-S 流程图,并据此编写程序,程序应当能处理上面 4 种情况。运行程序时,分别给出不同的 a,b,c 值,相应于上面 4 种情况,分析输出结果。

图　4.14

第 ⑤ 章

循环结构程序设计

5.1 程序中需要用循环结构

用顺序结构和选择结构可以解决简单的、不出现重复的问题。但是在现实生活中许多问题是需要进行重复处理的。例如,计算一个学生5门课的平均成绩很简单,只需要把5门课的成绩相加,然后除以5即可。如果需要得到一个班50个学生每人的平均成绩,就要做50次"把5门课的成绩相加,然后除以5"的工作,如果在程序中重复写50次相同的程序段显然是不胜其烦。类似的问题是很多的,如工厂各车间的生产日报表、全国各省市的人口统计分析、各大学招生情况统计、全校教职工工资报表等。

事实上,绝大多数的应用程序都包含重复处理。**循环结构就是用来处理需要重复处理的问题的**,所以。**循环结构又称为重复结构**。

有两种循环:一种是无休止的循环,如地球围绕太阳旋转,永不终止;每一天24小时,周而复始。另一种是有终止的循环,达到一定条件循环就结束了,如统计完第50名学生成绩后就不再继续了。计算机程序只处理有条件的循环,算法的特性是有效性、确定性和有穷性,如果程序永远不结束,是不正常的。

要构成一个有效的循环,应当指定两个条件:(1)需要重复执行的操作,这称为**循环体**;(2)**循环结束的条件**,即在什么情况下停止重复的操作。

循环结构是结构化程序设计的基本结构之一,它和顺序结构、选择结构共同作为各种复杂程序的基本构造单元。因此熟练掌握选择结构和循环结构的概念及使用是程序设计的最基本的要求。

C语言提供了几种能直接实现循环结构的语句,主要有while语句、do…while语句和for语句,用起来很方便。下面分别介绍。

5.2 用 while 语句和 do…while 语句实现循环

5.2.1 用 while 语句实现循环

先看一下利用循环的例子。

例 5.1 求 $1+2+3+\cdots+100$，即 $\sum\limits_{n=1}^{100} n$。

解题思路：

对此问题可以有不同的求解方法，有的人用心算，把它化成 50 组头尾两数之和：$(1+100)+(2+99)+(3+98)+\cdots+(49+52)+(50+51)$，每个括号内的值都是 101，一共有 50 对括号，所以总和是 50×101，很容易得出 5050。这是适宜于心算的算法。

用计算机算题，计算机是不会按上面的方法自动分组的，而必须事先由人们设计计算的方法。对于这样简单的问题去设计巧妙的算法是没有必要的。计算机的最大特点是快，所以适宜用最"笨"的办法去处理一些简单的问题，就是采取一个一个数累加的方法，从 1 加到 100。对于人来说，这是"笨"办法，对于计算机来说却是"好"办法。

用传统流程图和 N-S 结构流程图表示从 1 加到 100 的算法，见图 5.1(a)和图 5.1(b)。其思路是：变量 sum 是用来存放累加值的，sum 的初值设为 0，i 是准备加到 sum 的数值，让 i 从 1 变到 100，先后累加到 sum 中。具体步骤如下：

(1) 开始时使 sum 的值为 0，被加数 i 第一次取值为 1。开始进入循环结构。

(2) 判别"$i\leqslant100$"条件是否满足，由于 i 小于 100，因此"$i\leqslant100$"的值为真。所以应当执行其下面矩形框中的操作。

(3) 执行 sum＝sum＋i，此时 sum 的值变为 1 了，然后使 i 的值加 1，i 的值变为 2 了，这是为下一次加 2 作准备。流程返回菱形框。

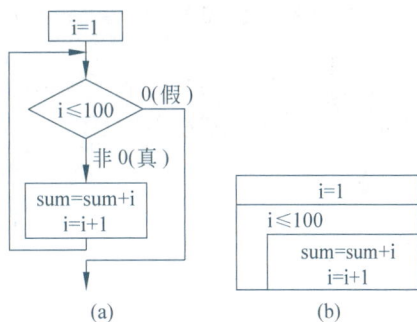

图 **5.1**

(4) 再次检查"$i\leqslant100$"条件是否满足，由于 i 的值为 2，小于 100，因此"$i\leqslant100$"的值仍为真，所以应执行其下面矩形框中的操作。

(5) 执行 sum＝sum＋i，由于 sum 的值已变为 1，i 的值已变为 2，因此执行 sum＝sum＋i 后 sum 的值变为 3。再使 i 的值加 1，i 的值变为 3。流程再返回菱形框。

(6) 再次检查"$i\leqslant100$"条件是否满足……如此反复执行矩形框中的操作，直到 i 的值变成了 100，把 i 加到 sum 中，然后 i 又加 1 变成 101 了。当再次返回菱形框检查"$i\leqslant100$"条件时，由于 i 已是 101，大于 100，"$i\leqslant100$"的值为假，不再执行矩形框中的操作，循环结构结束。

编写程序：

```
#include <stdio.h>
int main()
  {int i,sum=0;              //sum是用来存放累加和的变量,初值为0
   i=1;
   while (i<=100)            //当i小于或等于100时,执行下面大括号中的复合语句
```

131

```
    { sum=sum+i;                    //将 i 的当前值累加到变量 sum 中
      i++;                          //使 i 的值加 1
    }
    printf("%d\n",sum);
    return 0;
  }
```

运行结果：

> 5050

从上面的程序可以看到怎样用 while 语句去实现循环。while 语句的一般形式如下：

while (表达式) 语句

当表达式为非 0 值（代表逻辑值"真"）时，执行 while 语句中的内嵌语句（如程序中大括号中的复合语句），其流程图见图 5.2。

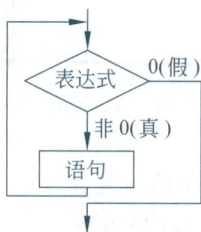

图　5.2

while 循环的特点是：**先判断表达式，后执行循环体（即内嵌语句）。**

注意：

(1) 循环体如果包含一个以上的语句，应该用大括号括起来，以复合语句形式出现。如果不加大括号，则 while 语句的范围只到 while 后面第一个分号处。例如，本例中 while 语句中如无大括号，则 while 语句范围只到"sum＝sum＋i;"。

(2) 在循环体中应有使循环趋向于结束的语句。例如，在本例中循环结束的条件是"i＞100"，因此在循环体中应该有使 i 增值以最终导致 i＞100 的语句，现用"i＋＋;"语句来达到此目的。如果无此语句，则 i 的值始终不改变，循环永不结束。

请读者考虑：如果 while 语句中的条件改为"i＜100"，情况会怎样？输出结果是什么？

5.2.2 用 do…while 语句实现循环

do…while 语句的特点是**先执行循环体,然后判断循环条件是否成立**。其一般形式为:

```
do
    循环体语句
while (表达式);
```

它是这样执行的:先执行一次循环体语句,然后判别"表达式",当表达式的值为非 0(真)时,返回重新执行循环体语句,如此反复,直到表达式的值等于 0(假)为止,此时循环结束。可以用图 5.3 表示其流程。请注意 do…while 循环用 N-S 流程图的表示形式(见图 5.3(b))。

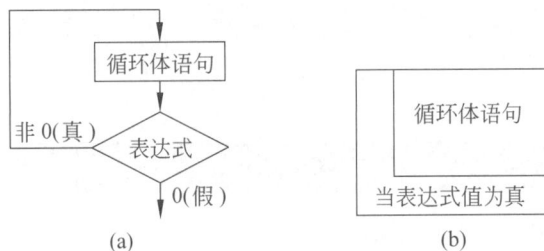

图　5.3

同一个问题既可以用 while 循环处理,也可以用 do…while 循环来处理。二者是可以互相转换的。

例 5.2　用 do…while 循环求 $1+2+3+\cdots+100$,即 $\sum_{n=1}^{100} n$。

解题思路:

画出流程图,见图 5.4。

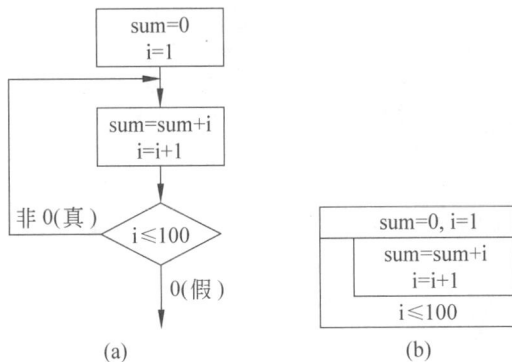

图　5.4

编写程序:

```
#include <stdio.h>
int main()
  { int i,sum=0;
    i=1;
    do                              //在循环开始时不检查条件,先执行一次循环体
      {sum=sum+i;
       i++;
      }while(i<=100);
    printf("%d\n",sum);
    return 0;
  }
```

运行结果:

```
5050
```

可以看到,结果和例 5.1 完全相同。

例 5.3　若要募集慈善基金 10000 元,有若干人捐款,每输入一个人的捐款数后,计算机就输出当时的捐款总和。当某一次输入捐款数后,总和达到或超过 10000 元时,即宣告结束,输出最后的累加值。

解题思路:

解此题的思路是设计一个循环结构,在其中输入捐款数,求出累加值,然后检查此时的累加值是否达到或超过预定值,如果达到了,就结束循环操作。

编写程序:

```
#include <stdio.h>
int main()
  {float amount,sum=0;           //变量 sum 用来存放累加和
    do
      {scanf("%f",&amount);       //输入一个捐款金额
       sum=sum+amount;            //求出当前的累加和
      }while(sum<10000);          //如未达 10000 元继续循环
    printf("sum=%9.2f\n",sum);
    return 0;
  }
```

运行结果：

```
1000↙                        (输入捐款额)
1850↙
1500↙
2600↙
2500↙
1200↙
sum=10650.00
```

程序分析：

此题与前面的不同，事先不知道要执行多少次循环，只给出循环的条件(sum<10000)，每次循环结束时检查此条件是否满足，当某一次 sum 已超过 10000 元时，不再继续执行循环体。

> **提示：** 设计循环结构，要考虑两个问题：一是循环体，二是循环结束条件。注意 while 循环中判断的条件是循环继续的条件，而不是结束条件。在上例中循环继续的条件是 sum<10000，也就是结束循环的条件是 sum>=10000。千万不要错写成 while(sum> 10000)。

5.3 用 for 语句实现循环

用 while 语句可以实现循环结构，但是它必须明确地给出继续执行循环的条件(如 sum <10000)，而在许多情况下，人们给出的往往是执行循环的次数，如统计 100 人的平均工资，求一个学生 5 门课的总成绩等。用 C 语言中的 for 语句更为灵活方便，不仅可以用于循环次数已经确定的情况，而且可以用于循环次数不确定而只给出循环结束条件的情况，它完全可以代替 while 语句。

5.3.1 for 语句的一般形式和执行过程

for 语句的一般形式为

for(表达式 1；表达式 2；表达式 3) 语句

它的执行过程如下：

(1) 先求解表达式 1。

(2) 求解表达式 2，若其值为真(值为非 0)，则执行 for 语句中指定的内嵌语句，然后执行下面第(3)步。若为假(值为 0)，则结束循环，转到第(5)步。

(3) 求解表达式 3。

（4）转回第（2）步继续执行。

（5）循环结束，执行 for 语句下面的一个语句。

可以用图 5.5 来表示 for 语句的执行过程。

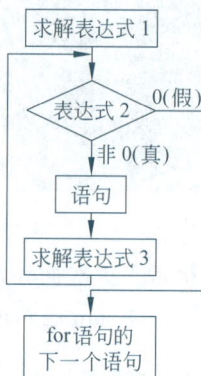

图　5.5

for 语句最简单的应用形式也就是最易理解的如下形式：

for(循环变量赋初值**;**循环条件**;**循环变量增值**)** 语句

例如：

```
for(i=1;i<=100;i++) sum=sum+i;
```

的执行过程与图 5.1 完全一样。它相当于以下语句：

```
i=1;
while(i<=100)
{
    sum=sum+i;
    i++;
}
```

显然，用 for 语句简单、方便。

for 循环语句功能丰富，使用灵活，方法多变，使用上有许多技巧，可以参阅本章的提高部分。

5.3.2　for 循环程序举例

学习了循环以后，可以实现一些有趣的算法。

例 **5.4**　国王的小麦。相传古代印度国王舍罕要褒赏聪明能干的宰相达依尔（国际象棋的发明者),国王问他要什么?达依尔回答说:"国王只要在国际象棋的棋盘第 1 个格子中放 1 粒麦子,第 2 个格子中放 2 粒麦子,第 3 个格子中放 4 粒麦子,以后按此比例每一格加一倍,一直放到第 64 格(国际象棋的棋盘是 $8×8=64$ 格),我感恩不尽,其他什么都不要了。"国王想:这有多少! 还不容易! 让人扛来一袋小麦,但不到一会儿全用没了,再来一袋很快又用完了。结果全印度的粮食全部用完还不够。国王纳闷,怎样也算不清这笔账。现在用计算机来计算一下。

解题思路:

每个格子中的麦子粒数见图 5.6。

							2^{63}
1	2	4	8	16	32	64	128

图 5.6

麦子的总粒数是:

$$1+2+2^2+2^3+\cdots+2^{63}$$

分别计算出每一格的麦子粒数,把它们加起来,就得到总粒数。据估算,1 立方米的小麦约有 $1.42×10^8$ 粒,由此可以大致计算出小麦的体积。

可以用 for 语句实现循环。画出流程图(见图 5.7),其中图 5.7(a)是 N-S 流程图,图 5.7(b)是传统流程图。

编写程序:

```c
#include <stdio.h>
int main()
  {double p=1, t=1, v;
   int i;
   for(i=1; i<64; i++)              //执行 63 次循环
     { p=p * 2;                     //p 是当前一个格子中的麦子粒数
       t=t+p;                       //t 是当前麦子总粒数
     }
   v=t/1.42e8;                      //v 是总体积,单位为立方米
```

```
    printf("total=%e\n",t);          //用指数形式输出麦子总粒数
    printf("volume=%e\n",v);         //用指数形式输出麦子总体积
    return 0;
}
```

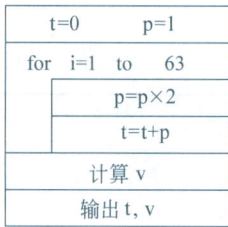

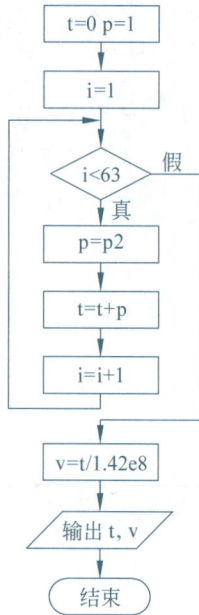

(a)   (b)

图 5.7

运行结果：

```
total=1.844674e+019
volume=1.299066e+011
```

计算结果为：共有小麦约 1.844674×10^{19} 粒，体积约 1.3×10^{11} m³。相当于全中国 960 万平方千米的土地上，全铺满 1.3cm 厚的小麦，相当我国几百年的产量。

程序分析：

变量 p 用来存放一个格子中的麦子粒数，变量 t 用来存放某一时刻的麦子总粒数，变量 v 用来存放麦子的体积。变量 i 用来控制循环的次数，开始时 i=1，开始第 1 次循环，得到的 p 值是第 2 格的麦子粒数（请思考为什么），t 是前 2 格的麦子总粒数。在完成第 1 次循环后，i 的值加 1 变为 2，由于 2<64，所以执行第 2 次循环，此时得到的 p 值是第 3 格的麦子粒数，t 是前 3 格的麦子总粒数。依此类推，当 i 变到 63 时，执行最后一次循环，此时得到的 p 值是第 64 格的麦子粒数，t 是 64 格的麦子总粒数。i 再变为 64，由于 i 不再小于 64 了，不再

执行循环。接着计算体积，输出结果。

请读者分析：

（1）程序执行了 63 次循环，那么怎样实现累加了 64 个格子的小麦呢？

（2）如果把第 5 行改为：for(i=1;i<=64;i++)，结果会怎样？

（3）如果把第 5 行改为：for(i=0;i<64;i++)，结果会怎样？

不妨上机试验一下。

例 5.5　人口增长预测。根据 2020 年末全国人口普查，我国人口为 141178 万人。如果人口的年增长率为 1%，请计算到哪一年中国总人口达到或超过 20 亿人。

解题思路：

计算人口增长和计算存款利息的公式是相同的。假设原来人口为 p_0，一年后的人口为 p：

$$p = p_0 \times (1+r)$$

其中 r 是年增长率。用此公式依次计算出每年的人口，每算出一年的人口后就检查一下是否达到或超过 15 亿人。如果未达到或超过 15 亿人，就再计算下一年的人口，直到某一年的人口达到或超过 15 亿人为止。

编写程序：

```
#include <stdio.h>
int main()
 {double p=141178e4,r=0.01;
  int year;
  for(year=2020; p<2e9; year++)
    {
      p=p*(1+r);
    }
  printf("year=%d,p=%e\n",year-1,p);
  return 0;
 }
```

运行结果：

```
year=2056,p=2.019931e+009
```

即到 2056 年，中国人口超过 20 亿人。如果 r 变量（表示增长率）改为 0.005，则结果为：

```
year=2090,p=2.00165e+009
```

即到 2090 年，中国人口超过 20 亿人。

程序分析：

程序中没有用两个变量 p0 和 p 来代表原来人口和一年后的人口，而用一个变量 p 代表不同年份的人口。开始时 p 的值是原有人口数，把 p 代入 p*(1+r) 公式，求出一年后的人口,然后把它赋给变量p,此时p的值已不是原有人口了,而是一年后的人口了。在第二次循环中,再以这个p的新值为基础,计算出下一年的人口,如此不断由p的上一个值推算出p的新值,直到p≥20亿为止。

> 提示:注意区分变量p在不同阶段中的不同含义。可以看到,一个变量开始时有一初值,通过一定的运算,可以推算出一个新的值,再从这个新值又推出下一个新值,即不断用计算出的新值去取代原有的值,这种方法称为迭代(iterate)。上面的计算公式p*(1+r)称为迭代公式。迭代算法一般是用循环来实现的。迭代是一种常用的算法,用人工实现很麻烦,而用计算机实现却十分方便。

year代表年份。循环体中只有一个语句,用来计算从2021年开始的各年的人口数。在for语句中设定的循环条件是p<20亿,当某一年的p达到或超过20亿,就停止循环,输出年份和当年的人口数。

思考:

(1) 在printf函数中,输出项为什么是"year-1",而不是year?

请仔细分析上面程序中循环体的执行过程。在执行第一次循环时,变量year的值是2020,由于此时p<2e9,就执行循环体语句,计算出来的p的新值是下一年(即2021年)的人口。同理,在year的值是2055时,计算出来的p的新值是下一年(即2056年)的人口。在执行完循环体后。year加1变为2056,此时p的新值已超20亿,循环结束。在for循环外输出的year值为2056,p为2056年的人口。

(2) 如果要求输出每一年的人口数,应怎样修改程序?

(3) 如果人口年增长率 $r=1\%$,要求计算1000年后的人口,程序怎样修改?

经过计算,结果如下:

```
year=   3020   ,p=2.958972e+013
```

即1000年后的3020年,我国将有2958972亿人口(约29.589万亿人口)。全国面积为960万平方公里,每公里平均有3082262人,平均每平方米要居住3.08人。如果年增长率为1.5%(有的不发达国家还高于此值),则我国在1000年后有41.286万亿人口,包括大山、河流,沙漠在内,平均每平方米将要居住430人。要盖多少的摩天大楼,才能在一平方米的地面上住上400多人啊。

5.4 循环的嵌套

一个循环体内又包含另一个完整的循环结构,称为**循环的嵌套**。内嵌的循环中还可以嵌套循环,这就是**多层循环**。

三种循环(while 循环、do…while 循环和 for 循环)可以互相嵌套。例如,下面几种都是合法的形式:

```
(1) while()                      (2) do
    { ⋮                             { ⋮
       while()                         do
        {…}                            {…}while()
       ⋮                             ⋮
    }                               } while()

(3) for(;;)                      (4) while()
    {                               { ⋮
       for(;;)                         do
        {…}                            {…} while();
    }                               ⋮
                                    }

(5) for(;;)                      (6) do
    { ⋮                             {
       while()                         ⋮
        {…}                            for(;;)
       ⋮                               {…}
    }                               }while();
```

5.5 提前结束循环

5.5.1 用 break 语句提前退出循环

在执行循环语句时,在正常情况下只要满足给定的循环条件,就应当一次一次地重复执行循环体,直到不满足给定的循环条件为止。但是有些情况下,需要提前结束循环。

例 5.6 统计各班级的学生的平均成绩。已知各班人数不等,但都不超过 30 人。编一个程序能处理人数不等的各班学生的平均成绩。

解题思路:

如果各班人数相同,问题比较简单,只需用一个 for 语句控制即可:

```
for(i=1;i<31;i++) {…}
```

但是现在有的班不足 30 人,应当设法告诉计算机本班的人数,使程序也能统计出该班的平均成绩。可以约定,当输入的成绩是负数时,就表示本班数据已结束(一般情况下成绩不会是负数)。在程序接收到一个负的分数时就提前结束循环,计算出本班平均成绩。

break 语句可以用来实现提前结束循环。

编写程序：

```
#include <stdio.h>
int main()
  {float score,sum=0,average;
   int i,n;
   for(i=1; i<31; i++)
     { scanf("%f",&score);                    //输入一个学生的成绩
       if(score<0) break;                      //如果输入负值,则跳出循环
       sum=sum+score;                          //把该成绩累加到 sum
     }
   n=i-1;                                      //学生数应是 i-1
   average=sum/n;                              //计算平均成绩
   printf("n=%d,average=%7.2f\n",n,average);   //输出学生数和平均成绩
   return 0;
  }
```

运行结果：

```
100↙                                (输入一个学生成绩)
80↙                                 (输入一个学生成绩)
90↙                                 (输入一个学生成绩)
-1↙                                 (输入负数,表示本班数据结束)
n=3,average=90.00
```

程序分析：

如果一个班有 30 人，则输入完 30 人的成绩并累计总分后自动结束循环，不必再输入负数作为结束标志。在结束循环后 i 的值等于 31(因为执行完 30 次循环后,i 再加 1,变成 31,此时才终止循环)，因此学生数 n 应该等于 i-1。

如果一个班人数少于 30 人，则在输入完全班学生的成绩后，输入一个负数，此时程序就跳过循环体其余的语句，也不再继续执行其余的几次循环。直接跳到循环下面的语句(n=i-1;)继续执行。刚刚输入的数不进行累加(不执行 sum=sum+score;)。注意此时 i 的值，假如已输入了 25 个有效分数,在第 26 次循环时输入一个负数,此时 i 的值是 26,而学生数 n 应是 i-1。

在第 4 章中已经介绍过用 break 语句可以使流程跳出 switch 结构,继续执行 switch 语句下面的一个语句。从前面的叙述可知 break 语句还可以用来从循环体内跳出循环体,提前结束循环。

break 语句的一般形式为：

```
break;
```

break 语句不能用于循环语句和 switch 语句之外的任何其他语句中。

5.5.2 用 continue 语句提前结束本次循环

continue 语句的一般形式为：

```
continue;
```

其作用为结束**本次**循环，即跳过循环体中下面尚未执行的语句，接着进行下一次是否执行循环的判断。

> 注意：continue 语句和 break 语句的区别是：continue 语句只结束本次循环，而不是终止整个循环的执行。而 break 语句则是结束整个循环过程，不再判断执行循环的条件是否成立。

如果有以下两个循环结构：

```
(1) while(表达式 1)
    {
        ⋮
        if(表达式 2) break;
        ⋮
    }
(2) while(表达式 1)
    {
        ⋮
        if(表达式 2) continue;
        ⋮
    }
```

程序段(1)的流程图如图 5.8 所示，而程序段(2)的流程如图 5.9 所示。请注意图 5.8 和图 5.9 中当"表达式 2"为真时流程的转向。

例 **5.7** 输入一个班全体学生的成绩，把不及格的学生成绩输出，并求及格学生的平均成绩。

解题思路：

在进行循环中，检查学生的成绩，把其中不及格的成绩输出，然后跳过后面总成绩的累加和求平均成绩的语句。用 continue 语句即可处理此问题。

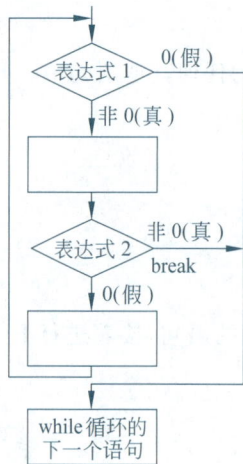

图　5.8

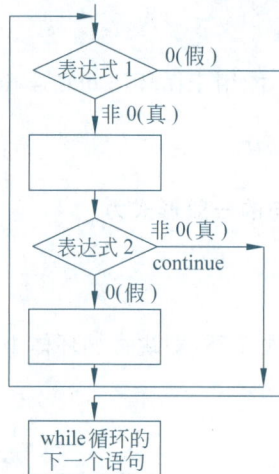

图　5.9

编写程序：

```
#include <stdio.h>
int main()
  {float score, sum=0, average;
   int i, n=0;
   for(i=1; i<6; i++)                    //假设有 5 个学生
     { printf("please enter score:");
       scanf("%f", &score);             //输入学生成绩
       if(score<60)                     //如果不及格
           {printf("Fail:%7.2f\n", score);  //输出不及格的成绩
            continue;}                  //跳过下面的语句,结束本次循环
       sum=sum+score;
       n=n+1;                           //n 用来统计及格学生人数
     }
   average=sum/n;                       //及格学生平均分数
   printf("\nn=%d, average=%7.2f\n", n, average);  //输出及格学生人数和平均分数
   return 0;
  }
```

运行结果：

```
please enter score:89↙
please enter score:56↙
Fail:56
```

```
please enter score:76↙
please enter score:58↙
Fail:58
please enter score:98↙

n=3,average=87.67
```

程序分析：

为减少输入量,本程序只按 5 个学生处理。在输入不及格学生成绩后,输出该成绩,然后跳过循环体中未执行的语句,即不参加累计总分 sum,也不累计合格学生数 n。但是,继续执行后面的几次循环。

通过以上两个例子,可以了解 break 和 continue 的应用和区别。

5.6 几种循环的比较

（1）三种循环都可以用来处理同一问题,一般情况下它们可以互相代替。

（2）在 while 循环和 do…while 循环中,只在 while 后面的括号内指定循环条件,因此为了使循环能正常结束,应在循环体中包含使循环趋于结束的语句（如 i++,或 i=i+1 等）。

for 循环可以在"表达式 3"中包含使循环趋于结束的操作,甚至可以将循环体中的操作全部放到表达式 3 中。因此 for 语句的功能更强,凡用 while 循环能完成的,用 for 循环都能实现。

（3）用 while 和 do…while 循环时,循环变量初始化的操作应在 while 和 do…while 语句之前完成。而 for 语句可以在表达式 1 中实现循环变量的初始化。

（4）while 循环、do…while 循环和 for 循环,都可以用 break 语句跳出循环,用 continue 语句结束本次循环。

5.7 循环程序综合举例

在本章前几节中已介绍了几个用到循环的程序,通过这些程序掌握了如何利用 C 语言中的有关语句来实现循环结构。下面再举几个综合的稍复杂一些的例子,以帮助读者进一步掌握循环算法和它的应用。

例 5.8 有一对兔子,出生后第 3 个月起每个月都生一对兔子。小兔子长到第 3 个月后每个月又生一对兔子。假设所有兔子都不死,问 40 个月的兔子总数为多少?

解题思路：

这是一个有趣的古典数学问题。可以从表 5.1 看出兔子繁殖的规律。

表 5.1　兔子繁殖的规律

第几个月	小兔子对数	中兔子对数	老兔子对数	兔子总数
1	1	0	0	1
2	0	1	0	1
3	1	0	1	2
4	1	1	1	3
5	2	1	2	5
6	3	2	3	8
7	5	3	5	13
⋮	⋮	⋮	⋮	⋮

注：不满 1 个月的为小兔子，满 1 个月不满 2 个月的为中兔子，满 3 个月以上的为老兔子。

可以看到每个月的兔子总数依次为 $1,1,2,3,5,8,13\cdots$，这就是有名的斐波那契
(Fibonacci)数列。

这个数列有如下特点：第 1、2 两个数为 1、1。从第 3 个数开始，该数是其前面两个数之
和。即

$$F_1 = 1 \quad (n=1)$$
$$F_2 = 1 \quad (n=2)$$
$$F_n = F_{n-1} + F_{n-2} \quad (n \geqslant 3)$$

解此题的算法如图 5.10 所示。

现在要求 Fibonacci 数列的前 40 个数，根据流程图可以
写出程序。

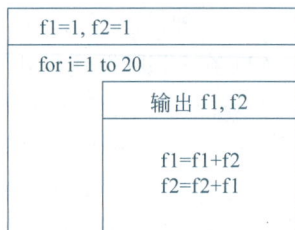

图　5.10

编写程序：

```c
#include <stdio.h>
int main()
  {long int f1,f2;
  int i;
  f1=1;f2=1;
  for(i=1; i<=20; i++)
    { printf("%12ld %12ld ",f1,f2);
      if(i%2==0) printf("\n");
      f1=f1+f2;
      f2=f2+f1;
    }
  return 0;
}
```

运行结果：

```
       1          1          2          3
       5          8         13         21
      34         55         89        144
     233        377        610        987
    1597       2584       4181       6765
   10946      17711      28657      46368
   75025     121393     196418     317811
  514229     832040    1346269    2178309
 3524578   57022887    9227465   14930352
24157817   39088169   63245986  102334155
```

程序分析：

（1）程序中变量 f1 和 f2 用了长整型,在 printf 函数中输出格式符用"％12ld",而不是用"％12d"。在 Turbo C 中 int 型变量被分配 2 字节,能存储的最大整数是 32767,在输出第 23 个数之后,输出的整数已超过 32767。因此只有用长整型变量才能容纳。但用 Visual C ++ 时不存在此问题,变量 f1 和 f2 可以定义为 int 型。

（2）if 语句的作用是使输出 4 个数后换行。i 是循环变量,当 i 为偶数时换行,而 i 每增值 1,就要计算和输出 2 个数(f1,f2),因此 i 每隔 2 换一次行相当于每输出 4 个数后换行输出。

例 5.9 给一个整数 m,判断它是否素数。

解题思路：

所谓素数(prime number,也称质数)是指除了 1 和它本身以外,不能被任何整数整除的数, 例如 17 是素数,因为它不能被 2 到 16 间任一整数整除。因此判断一个整数 m 是否素数,只需 把 m 被 2 到 m-1 之间的每一个整数去除,如果都不能被整除,那么 m 就是一个素数。

其实可以简化。m 不必被 2 到 m-1 之间的每一个整数去除,只需被 2 到 $\sqrt{m}$ 之间的每一个整数去除就可以了。如果 m 不能被 2 到 $\sqrt{m}$ 间任一整数整除,m 必定是素数。例如判别 17 是否素数,只需使 17 被 2 到 4 之间的每一个整数去除,由于都不能整除,可以判定 17 是素数。为什么可以做此简化呢? 因为如果 m 能被 2 到 m-1 之间任一整数整除,其两个因子必定有一个小于或等于 $\sqrt{m}$,另一个大于或等于 $\sqrt{m}$。例如 16 能被 2、4、8 整除,16= 2×8,2 小于 4,8 大于 4。16=4×4,4 等于 $\sqrt{16}$。因此只需判定在 2 到 4 之间有无因子即可。

根据以上结论,判断整数 m 是否素数的算法如下：让 m 被 i(i 由 2 变到 k= $\sqrt{m}$)除,如果 m 能被某一个 i(2~k 的任何一个整数)整除,则 m 必然不是素数,不必再进行下去。此时的 i 必然小于或等于 k; 如果 m 不能被 2~k 之间的任一整数整除,则 m 应是素数。在完成最后一次循环后,使 i 再加 1,因此 i 的值就等于 k+1,这时才终止循环。在循环结束之后判别 i 的值是否大于或等于 k+1,若是,则表明未曾被 2~k 的任一整数整除过,因此输出"是素数",算法如图 5.11 所示。

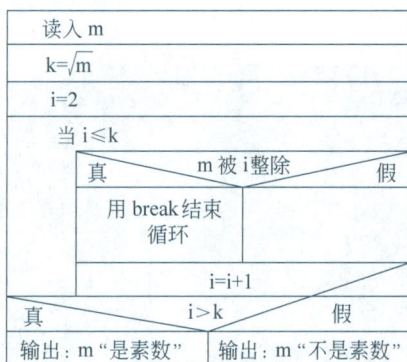

图　5.11

编写程序:

```
#include <stdio.h>
#include <math.h>
int main()
  {int m,i,k;
  printf("please enter a integer number:");
  scanf("%d",&m);                    //输入一个整数 m
  k=(int)sqrt(m);                    //对 m 求平方根,再取整
  for (i=2;i<=k;i++)                 //i 作为除数
    if(m%i==0) break;               //如果 m 被 i 整除,m 肯定不是素数
  if(i>k) printf("%d is a prime number.\n",m);
  else printf("%d is not a prime number.\n",m);
  return 0;
}
```

运行结果:

```
please enter a integer number: 17↙
17 is a prime number.
```

程序分析:

注意 for 语句是怎样执行的。如果输入 m 的值为 16,sqrt(m)是 16 的平方根,即 4。k 的值也为 4。从 for 语句括号中的内容可以看出,本来应执行 3 次循环体(当循环变量 i 的值为 2,3,4 时都满足执行循环的条件)。但在执行第一次循环时,m%i 的值等于 0(%是求余运算符,m%i 是 m 被 i 除的余数,显然 16/2 的余数为 0)。因此执行 if 语句中内嵌的 break 语句,提前终止循环,不再执行第二、第三次循环。for 语句的下一个 if 语句用来判定在 for 语句过程中是否执行过 break 语句而提前终止循环。如果因执行了 break 语句而提前终止,循环变量 i 最后的值必小于或等于 k(例如当 m 为 16 时,在执行第一次循环体过程中因 m%i 等于 0 而执行 break 语句,此时 i 的值为 2,显然 i<k)。

如果 m 的值为 17,当循环变量 i 的值先后为 2,3,4 时,m%i 的值都不等于 0,在执行完 3 次循环体后 i 的值又加 1,i 最后的值为 5,此时 i>k,所以用 if(i>k)……即可判定 m 是否曾被 i 整除过。如果 i>k,就输出:m 是素数,若 i≤k 则输出:m 不是素数。

例 5.10　译密码。为使电文保密,往往按一定规律将其转换成密码,收报人再按约定的规律将其译回原文。例如,可以按以下规律将电文变成密码:将字母 A 变成字母 E,a 变成 e,即变成其后的第 4 个字母,W 变成 A,X 变成 B,Y 变成 C,Z 变成 D,见图 5.12。

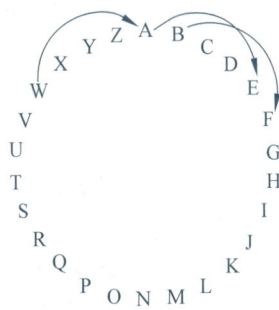

图　5.12

字母按上述规律转换,非字母字符不变。例如"China!"转换为"Glmre!"。

输入一行字符,要求输出其相应的密码。

解题思路:

分析图 5.12,可以发现有两种情况:

(1) 从字母 A 到 V,把它们变成后面第 4 个字母,这个问题比较简单,只需将字母的 ASCII 代码加上 4 就行了。例如,'A'+4 就是'E'。

(2) 从字母 W 到 Z,就不能简单地将字母加 4,例如'W'+4,并不是'A'。'W'的 ASCII 码是 87,加 4 等于 91,从附录 A 中可以查出它代表字符'['。可以看出,应当再减去 26 才得到'A'。即'W'+4−26,也就是'W'−22=87−22=65,它是'A'的 ASCII 代码。

怎样区分以上两种情况呢?先使字母加 4,如果其值在 65～90(即'A'～'Z')或 97～122(即'a'～'z'),就表示原来的字母肯定在'A'～'W'或'a'～'z',加 4 之后没有超出字母的范围。如果加 4 后其值大于'Z'或'z',就表示原来的字母在'W'或'w'。应减去 26 才对。

编写程序:

```c
#include <stdio.h>
int main()
  {char c;
   while((c=getchar())!='\n')
     {if((c>='a' && c<='z') || (c>='A' && c<='Z'))    //判定 c 是否字母
        { c=c+4;                                       //是字母就加 4
          if(c>'Z' && c<='Z'+4 || c>'z') c=c-26;       //如在字母范围外就减 26
        }
     printf("%c",c);
     }
  printf("\n");
  return 0;
}
```

运行结果:

China!↙
Glmre!

程序分析：

程序中对输入的字符处理办法是：先判定 c 是否大写字母或小写字母，若是，则将其值加 4（变成其后的第 4 个字母）。如果加 4 以后字符值大于'Z'或'z'，则表示原来的字母在 W（或 w）之后，应按前面说的，使 c 的值减 26，它转换为 A～D（或 a～d）的一个字母。

有一点请读者注意：内嵌的 if 语句不能写成：

```
if( c>'Z'||c>'z')                              //请和程序第 7 行比较
c=c-26;
```

因为所有小写字母都满足"c>'Z'"的条件，如果都执行"c＝c－26;"语句，就会出错。因此必须限制其范围为"c>'Z' && c<='Z'+4"，即原字母为 W 到 Z。只有符合此条件才减 26，否则，不应按此规律转换。请再考虑：为什么对小写字母不按此处理，即没有写成"c>'z' && c<='z'+4"，而只写成"c>'z'"。答案是：由于此前已判定 c 是字母，加 4 之后肯定小于或等于'z'+4，因此不必画蛇添足。

5.8 提高部分

5.8.1 while 和 do…while 循环的比较

凡是能用 while 循环处理，都能用 do…while 循环处理。do…while 循环结构可以转换成 while 循环结构。图 5.3 可以改画成图 5.13 形式，二者完全等价。而图 5.13 中虚线框部分就是一个 while 结构。可见，do…while 结构是由一个语句加一个 while 结构构成的。若图 5.2 中表达式值为真，则图 5.2 也与图 5.13 等价（因为都要先执行一次语句）。

在一般情况下，用 while 语句和用 do…while 语句处理同一问题时，若二者的循环体部分是一样的，它们的结果也一样。如例 5.1 和例 5.2 程序中的循环体是相同的，得到结果也相同。但是如果 while 后面的表达式一开始就为假（0 值）时，两种循环的结果是不同的。

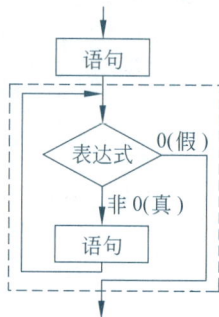

图 5.13

例 5.11 while 和 do…while 循环的比较。

以下两个程序，循环体是相同的，程序（1）用 while 循环，程序（2）用 do…while 循环。运行时，在有的情况下结果相同，而另一些情况下结果不同，请仔细分析。

程序（1）

编写程序：

```
#include <stdio.h>
int main()
```

```
{ int sum=0,i
  scanf("%d",&i);
  while (i<=10)
    {sum=sum+i;
     i++;
    }
    printf("sum=%d\n",sum);
  return 0;
}
```

运行结果：

```
1↙
sum=55
```

再运行一次：

```
11↙
sum=0
```

程序(2)

编写程序：

```
#include <stdio.h>
int main()
{int sum=0,i;
 scanf("%d",&i);
 do
   {sum=sum+i;
    i++;
   }while (i<=10);
 printf("sum=%d\n",sum);
 return 0;
}
```

运行结果：

```
1↙
sum=55
```

再运行一次：

```
11↙
sum=11
```

可以看到，当输入 i 的值小于或等于 10 时，二者得到的结果相同。而当 i＞10 时，二者结果就不同了。这是因为此时对 while 循环来说，一次也不执行循环体(表达式"i＜＝10"为假)，而对 do…while 循环语句来说则要执行一次循环体。可以得到结论：当 while 后面的表达式的第一次的值为"真"时，两种循环得到的结果相同；否则，二者结果不相同(指二者具有相同的循环体的情况)。

5.8.2　for 语句的各种形式

在实际编程中，for 语句相当灵活，形式变化多样。

前面介绍过 for 语句的一般形式为：

for(表达式 1;表达式 2;表达式 3) 语句

(1) 表达式 1 可以省略，但表达式 1 后面的分号不能省略。如：

```
for(;i<=100;i++)  sum=sum+i;
```

执行时，跳过"求解表达式 1"这一步，其他不变。注意，此时应在 for 语句之前给循环变量赋初值(如 i=1;)，以便循环能正常进行。

(2) 如果表达式 2 省略，即不判断循环条件，循环会无终止地进行下去。也就是认为表达式 2 始终为"真"，见图 5.14。

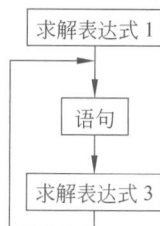

图　5.14

例如：

```
for(i=1; ;i++) sum=sum+i;
```

表达式 1 是一个赋值表达式，表达式 2 空缺。它相当于：

```
i=1;
while(1)
```

```
    {
      sum=sum+i;
      i++;
    }
```

（3）表达式 3 也可以省略,但此时程序设计者应另外设法保证循环能正常结束。例如:

```
for(i=1;i<=100;)
    { sum=sum+i;
      i++;
    }
```

在上面的 for 语句中只有表达式 1 和表达式 2,而没有表达式 3。i++的操作不放在 for 语句的表达式 3 的位置处,而作为循环体的一部分,效果是一样的,都能使循环正常结束。

（4）可以省略表达式 1 和表达式 3,只有表达式 2,即只给循环条件。例如:

```
for(;i<=100;)                          while(i<=100)
{                                       {
    sum=sum+i;        相当于                sum=sum+i;
    i++;                                    i++;
}                                       }
```

在这种情况下,完全等同于 while 语句。可见 for 语句比 while 语句功能强,除了可以给出循环条件外,还可以赋初值,使循环变量自动增值等。

（5）3 个表达式都可省略,例如:

```
for(; ;) 语句
```

即不设初值,不判断循环条件是否满足(认为"表达式 2"为真值),循环变量不增值。无终止地执行循环体。

相当于

```
while(1) 语句
```

此时循环条件始终为"真"(非 0 的数值代表"真"),无终止地执行循环体。

（6）表达式 1 可以是设置循环变量初值的赋值表达式,也可以是与循环变量无关的其他表达式。例如:

```
for (sum=0;i<=100;i++) sum=sum+i;
```

表达式 3 也可以是与循环控制无关的任意表达式。

表达式 1 和表达式 3 可以是一个简单的表达式,也可以是逗号表达式,即包含一个以上的简单表达式,中间用逗号间隔。例如:

```
for(sum=0,i=1;i<=100;i++) sum=sum+i;
```

或

```
for(i=0,j=100;i<=j;i++,j--) k=i+j;
```

表达式 1 和表达式 3 都是逗号表达式,各包含两个赋值表达式,即同时设两个初值,使两个变量增值,执行情况见图 5.15。

在逗号表达式内按自左至右顺序求解,整个逗号表达式的值为其中最右边的表达式的值。例如:

```
for(i=1;i<=100;i++,i++) sum=sum+i;
```

相当于

```
for(i=1;i<=100;i=i+2) sum=sum+i;
```

(7) 表达式一般是关系表达式(如 i<=100)或逻辑表达式(如 a<b && x<y),但也可以是数值表达式或字符表达式,只要其值为非 0,就执行循环体。分析下面两个例子:

```
① for(i=0;(c=getchar())!='\n';i+=c);
```

在表达式 2 中先从终端接收一个字符赋给 c,然后判断此赋值表达式的值是否不等于'\n'(换行符),如果不等于'\n',就执行循环体。此 for 语句的执行过程见图 5.16,它的作用是不断输入字符,将它们的 ASCII 码相加,直到输入一个"换行"符为止。

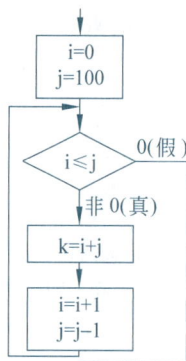

图 5.15

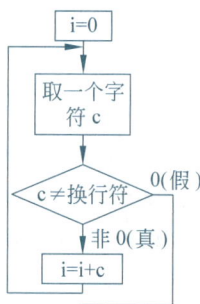

图 5.16

> **注意**：此 for 语句的循环体为空语句，把本来要在循环体内处理的内容放在表达式 3 中，作用是一样的。可见 for 语句功能强，可以在表达式中完成本来应在循环体内完成的操作。

```
② for(  ;(c=getchar())!='\';)
        printf("%c",c);
```

for 语句中只有表达式 2，而无表达式 1 和表达式 3。其作用是每读入一个字符后立即输出该字符，直到输入一个换行符为止。请注意，从终端键盘向计算机输入时，是在按 Enter 键以后才将一批数据一起送到内存缓冲区中去的。

运行结果：

```
Computer↙                          (输入)
Computer                           (输出)
```

注意运行结果不是

```
CCoommppuutteerr
```

即不是从终端输入一个字符马上输出一个字符，而是按 Enter 键后将数据送入内存缓冲区，然后每次从缓冲区读一个字符，再输出该字符。

从上面介绍可以知道 C 语言中的 for 语句比其他语言（如 Pascal）中的 for 语句功能强得多。可以把循环体和一些与循环控制无关的操作也作为表达式 1 或表达式 3 出现，这样程序可以短小简洁。但过分地利用这一特点会使 for 语句显得杂乱无章，可读性降低，最好不要把与循环控制无关的内容放到 for 语句中。

本章小结

（1）循环结构是用来处理需要重复处理的操作的。循环结构是结构化程序设计的基本结构之一。熟练掌握循环结构的概念及使用，是程序设计的最基本的要求。

（2）要构成一个有效的循环，应当指定两个条件：①需要重复执行的操作，即循环体；②循环结束的条件。

（3）在 C 语言中可以用来实现循环结构的有三种语句：while 语句、do…while 语句和 for 语句。它们是可以互相代替的。其中以 for 循环用得最广泛、最灵活。应当掌握这三种语句的特点和应用技巧，尤其要注意循环结束条件的确定，很容易出错。例如例 5.1 中循环继续的条件是 i≤100（或者说循环结束的条件是 i＞100），常常有人把 while 语句中的循环继续的条件错写成 i＜100（即循环结束的条件是 i≥100），这就导致少执行一次循环。

（4）如果循环体有多于一个的语句,应当用大括号把循环体中的多个语句括起来,形成复合语句,否则系统认为循环体只有一个简单的语句。

（5）break 语句和 continue 语句用来改变循环状态。continue 语句和 break 语句的区别是：continue 语句只结束**本次循环**,而不是终止整个循环的执行。而 break 语句则是结束整个循环过程,不再判断执行循环的条件是否成立。

（6）循环可以嵌套。所谓嵌套,是指在一个循环体中包含另一个完整的循环结构。三种循环语句(while 语句,do…while 语句,for 语句)可以互相嵌套,即任一个循环语句可以成为任一种循环的循环体的一部分。

（7）有关循环的算法很丰富,学习了循环之后,可以写出复杂的和有趣的程序,大大拓宽编程的题材,提高编程的水平。读者最好多看程序,多做习题,掌握各种解题的算法。

习题

根据下面各题的要求编写程序。

5.1　求 100～200 的全部素数。

5.2　输入一行字符,分别统计出其中英文字母、空格、数字和其他字符的个数。

5.3　输出所有的“水仙花数”,所谓“水仙花数”是指一个 3 位数,其各位数字立方和等于该数本身。例如,153 是一水仙花数,因为 $153＝1^3＋5^3＋3^3$。

5.4　猴子吃桃问题。猴子第一天摘下若干个桃子,当即吃了一半,还不过瘾,又多吃了一个。第二天早上又将剩下的桃子吃掉一半,又多吃了一个。以后每天早上都吃了前一天剩下的一半零一个。到第 10 天早上想再吃时,就只剩一个桃子了。求第一天共摘多少个桃子。

5.5　一个球从 100m 高度自由落下,每次落地后反跳回原高度的一半,再落下,再反弹。求它在第 10 次落地时,共经过了多少米? 第 10 次反弹多高?

5.6　输出以下图案:

```
      *
     ***
    *****
   *******
    *****
     ***
      *
```

5.7　两个乒乓球队进行比赛,各出 3 人。甲队为 A、B、C 3 人,乙队为 X、Y、Z 3 人。已抽签决定比赛名单。有人向队员打听比赛的名单,A 说他不和 X 比,C 说他不和 X、Z 比,请编写程序找出 3 对赛手的名单。

第 ⑥ 章

利用数组处理批量数据

6.1 为什么要用数组

迄今为止,我们在程序中接触到的都是属于基本类型(整型、字符型、实型)的数据,它们都是简单的数据类型。对于简单的问题,用以上简单的数据类型处理就可以了,但对有些数据对象,用简单的数据类型还不能充分反映出数据的特性,从而对它们进行有效的操作。例如,要处理一个班有 30 个学生的成绩,如果用普通的变量来代表 30 个学生的成绩,就要用 30 个变量,如 $s_1, s_2, \cdots, s_{30}$。如果有 100 个学生呢? 显然是很不方便的。显然,应当有简化的方法。

人们想出这样的方法:既然它们都是同一类性质的数据(都代表学生成绩),就可以用同一个名字(例如 s)来代表它们,而在名字右下角加下标来表示是哪个学生的数据,如用 s_1, $s_2, s_3, \cdots, s_{30}$ 代表 30 个学生的成绩。这样,这些数据就不是零散的、互不相关的数据,而是一组具有同一属性的数据,这一组数据就称为一个**数组**(array),s 称为数组名,**下标代表学生的序号**,例如 s_{15} 代表第 15 个学生的成绩。由于计算机键盘上的有效字符无法表示上下标,因此 C 语言规定用方括号中的数字来表示下标,如用 s[15] 表示 s_{15},即第 15 个学生的成绩。这样就把具有同一属性的若干个数据组织成一个整体,它们再也不是互相孤立无关的单个数据,而是互相关联的,便于统一处理。

说明:数组是有序数据的集合。数组中的每一个元素都属于同一个数据类型。用一个统一的数组名和下标来唯一地确定数组中的元素。

在 C 程序中常根据需要定义数组,并且用循环对数组中的元素进行操作,可以有效地处理大批量的数据,大大提高了工作效率,十分方便。

本章介绍在 C 语言中怎样定义和使用数组,同时介绍利用数组的算法。

6.2 怎样定义和引用一维数组

一维数组是最简单的数组,数组元素只有 1 个下标,如 s_{15}。除了一维数组以外,还有二维数组(它的元素有 2 个下标,如 $a_{2,3}$)、三维数组(它的元素有 3 个下标,如 $b_{2,5,4}$)和多维数组(它的元素有多个下标)。它们的概念和用法是相似的。本节先介绍一维数组。

6.2.1 怎样定义一维数组

在C语言中定义数组的方法与定义变量的方法类似,所不同的是一次定义一批有关联的变量。在定义数组时需要**指定这批变量的类型、数组名称和数组中包含多少个元素**(即变量)。

例如:

```
int a[10];
```

它表示定义了一个整型数组,数组名为 a,此数组有 10 个元素。

定义一维数组的方式为:

类型符 数组名[常量表达式];

说明:

(1) 数组名的命名规则和变量名相同,遵循标识符命名规则。

(2) 在定义数组时,需要指定数组中元素的个数,方括号中的常量表达式用来表示元素的个数,即数组长度。例如,指定 a[10],表示 a 数组有 10 个元素。注意,下标是从 0 开始的,这 10 个元素是:a[0],a[1],a[2],a[3],a[4],a[5],a[6],a[7],a[8],a[9]。

请特别注意,下标是从 0 开始的。按上面的定义,不存在数组元素 a[10]。最后一个数组元素是 a[9]。

(3) 常量表达式中可以包括常量和符号常量,不能包含变量,即数组的大小不依赖于程序运行过程中变量的值。例如,下面这样定义数组是不行的:

```
int n;
scanf("%d",&n);                //企图在程序中临时输入数组的大小 n
int a[n];
```

6.2.2 怎样引用一维数组的元素

必须先定义数组,才能引用数组中的元素。只能逐个引用数组元素而不能一次引用整个数组中的全部元素。

例如:

```
t=a[6];                        (将 a 数组中序号为 6 的元素 a[6]的值赋给变量 t,正确)
printf("%d,%d,%d,%d,%d,%d,%d,%d,%d,%d\n",a);    (企图用数组名一次输出全部元素,错误)
```

怎样引用数组元素呢？数组元素的表示形式为：

数组名 [下标]

如 a[5] 表示 a 数组中序号为 5 的元素,a[0] 表示 a 数组中序号为 0 的元素。
"下标"既可以是整型常量,也可以是整型表达式。例如：

a[2+1],a[2 * 3],a[7/3]

相当于：

a[3],a[6],a[2]

> **注意**：定义数组时用到的"数组名 [常量表达式]"和引用数组元素时用到的"数组名 [下标]"在形式上相似,但在含义上和用法上是不同的。如：
>
> int a[10];   //定义数组长度为 10
> t=a[6];   //引用 a 数组中序号为 6 的元素。此时 6 不代表数组长度
>
> 简便的判别方法：如果在数组名 [常量]前有类型名(如 int,float,char 等),则此时是定义数组。如果在其前面没有类型名,则是引用数组元素。

例 6.1   引用数组元素。利用循环结构把数值 0～9 赋给数组元素 a[0]～a[9],然后按逆序输出各元素的值。

解题思路：

先用循环结构给数组元素 a[0]～a[9]赋值 0～9,这样,每个数组元素都有固定的值了,然后按 a[9]到 a[0]的顺序输出各元素的值。

编写程序：

```
#include <stdio.h>
int main()
  {int i,a[10];              //定义整型变量 i 和整型数组 a,a 有 10 个元素
   for (i=0; i<=9;i++)       //先后对 10 个数组元素赋值
     a[i]=i;
   for(i=9;i>=0; i--)
     printf("%d ",a[i]);     //按逆序先后输出数组 a 中的 10 个元素
   printf("\n");
   return 0;
  }
```

运行结果：

```
9876543210
```

程序分析：

第一个 for 循环的作用是给 a 数组中的元素赋值,当执行第一次循环时,i 的值等于 0,因此 a[i]=i 就相当于 a[0]=0,把 0 赋给 a 数组中的序号为 0 的元素。其余类似,见图 6.1。

第 2 个 for 循环的作用是所按逆序输出 a 数组中的 10 个元素。由于在循环开始时 i 的初值为 9,因此先输出的是 a[9],然后输出 a[8]……最后输出 a[0]。

6.2.3　一维数组的初始化

对数组元素的赋值既可以通过赋值语句来实现,也可以在定义数组时同时给予初值,这就称为数组的**初始化**。数组的初始化可以用以下方法实现。

	a 数组
a[0]	0
a[1]	1
a[2]	2
a[3]	3
a[4]	4
a[5]	5
a[6]	6
a[7]	7
a[8]	8
a[9]	9

图　6.1

（1）在定义数组时对全部数组元素赋初值。例如：

```
int a[10]={0,1,2,3,4,5,6,7,8,9};
```

将数组元素的初值依次放在一对大括号内,按顺序赋给相应的数组元素。经过上面的定义和初始化之后,a[0]=0,a[1]=1,a[2]=2,a[3]=3,a[4]=4,a[5]=5,a[6]=6,a[7]=7,a[8]=8,a[9]=9。

（2）可以只给一部分元素赋值。例如：

```
int a[10]={0,1,2,3,4};
```

定义 a 数组有 10 个元素,但大括号内只提供 5 个初值,这表示只给前面 5 个元素赋初值,后 5 个元素的初值自动设为 0。

（3）在对全部数组元素赋初值时,由于数据的个数已经确定,因此可以在定义数组时不指定数组长度,系统会根据数据的数量确定数组的长度。例如：

```
int a[5]={1,2,3,4,5};        //定义 a 数组有 5 个元素并对全部元素赋了初值
```

可以写成

```
int a[]={1,2,3,4,5};        //由于有 5 个初值,系统能确定数组只有 5 个元素
```

在第二种写法中,大括号中有 5 个数,系统就会据此自动地定义 a 数组的长度为 5。

　　提示：如果所定义的数组的长度和初始化的数据的个数相同，则定义数组时可以不写数组长度。

　　但若希望数组的长度与提供初值的个数不相同，则数组长度不能省略。例如，想定义数组 a 的长度为 10，而只赋了 5 个初值，就不能省略数组长度的定义，否则，系统会默认数组长度为 5。必须写成：

```
int a[10]={1,2,3,4,5};
```

这样定义数组 a 长度为 10，但只初始化前 5 个元素，后 5 个元素为 0。

6.2.4　一维数组程序举例

　　例 6.2　用数组来处理求斐波那契（Fibonacci）数列问题。输出数列中前 20 个数。

　　解题思路：建立一个数组，将数列中第 1 个数放在数组第 1 个（序号为 0）的元素中，数列第 2 个数放在数组第 2 个（序号为 1）的元素中……从第 5 章介绍的知识已知：数组序号为 i 的元素的值是其前两个元素值之和。即

```
f[i]=f[i-2]+f[i-1]
```

用循环来求出数组各元素之和。

编写程序：

```
#include <stdio.h>
int main()
  {int i;
   int f[20]={1,1};                //最前面两个元素 f[0]和 f[1]的值是 1,1
   for(i=2;i<20;i++)               //求出 f[2]到 f[19]的值
     f[i]=f[i-2]+f[i-1];
   for(i=0;i<20;i++)
     {
       if(i%5==0) printf("\n");    //如 i 能被 5 整除,插入一个换行
         printf("%12d",f[i]);      //输出各元素的值
     }
   printf("\n");
   return 0;
  }
```

运行结果：

```
    1      1      2      3      5
    8     13     21     34     55
   89    144    233    377    610
  987   1597   2584   4181   6765
```

程序分析：

在第 5 章的例 5.8 程序中是用循环处理简单的变量，本例是用循环处理数组。请思考二者的异同。

从表面上看，两个程序都能正确求出并输出结果，但例 5.8 程序在顺序求出并输出各个数后，不能保存这些数据，如果要单独输出第 10 个数，是比较困难的。而用数组处理时，把每个数据都保存在各数组元素中，如果要单独输出第 10 个数，是很容易的，直接输出 f[9] 即可（请思考：为什么不是输出 f[10]，而是 f[9]）。

if 语句用来控制换行，每行输出 5 个数据。

例 6.3 假如有 *n* 个人，各人年龄不同，希望按年龄将他们从小到大排列。

解题思路：

这种问题称为数的**排序**(sort)。排序的原则有两种，一种是"升序"，从小到大；一种是"降序"，从大到小。我们可以把这个题目抽象为一般形式：**对 *n* 个数按升序排列**。

对一组数据进行排序的方法很多，本例介绍用**"起泡法"**排序。"起泡法"的思路是：先将第 1 个数和第 2 个数比较，如果第 2 个数比第 1 个数小，就将两个数互换，这样，小的数就排到前面了。然后再将第 2 个数和第 3 个数比较，如果第 3 个数比第 3 个数小，就将两个数互换，这样，第 3 个数就是 3 个数中最大的了。依此规律，将相邻两个数比较，将小的调到前头，见图 6.2。

为简单起见，分析 6 个数的排序过程。第一次将第 1 个数 8 和第 2 个数 9 比较，由于 9>8，因此将第 1 个数和第 2 个数对调，8 就成为第 1 个数，9 就成为第 2 个数。第二次将第 2 个数和第 3 个数(9 和 5)比较并对调……如此共进行 5 次，最后得到 8—5—4—2—0—9 的顺序，可以看到，最大的数 9 已"沉底"，成为最下面一个数，而小的数"上升"了。最小的数 0 已向上"浮起"一个位置。以上过程称为自上到下两两比较了一"趟"（即一轮）。经第 1 趟（共 5 次比较与交换）后，已得到最大的数 9。

然后对余下的前面 5 个数(8,5.4.2,0)进行新的一轮比较，以便使次大的数"沉底"。按上法进行第 2 趟比较，见图 6.3。经过这一轮 4 次比较与交换，得到次大的数 8。

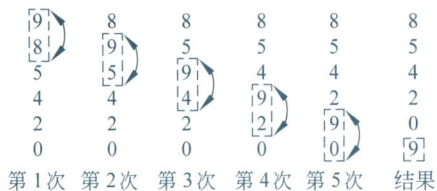

图　6.2

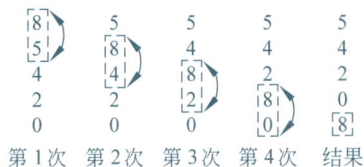

图　6.3

按此规律进行下去。可以想得到：对 6 个数需要比较 5 趟，才能使 6 个数完全按由小到大的顺序排列好。在第 1 趟过程中，要进行 5 次两个数之间的比较；在第 2 趟过程中需要比较 4 次……第 5 趟只需比较 1 次。

如果有 n 个数，则要进行 n−1 趟比较。在第 1 趟比较中要进行 n−1 次两两比较，在第 j 趟比较中要进行 n−j 次的两两比较。

请读者分析排序的过程，原来 0 是最后一个数，经过第 1 趟的比较与交换，0 上升为第 5 个数（最后第二个数），再经过第 2 趟的比较与交换，0 上升为第 4 个数，再经过第 3 趟的比较与交换，0 上升为第 3 个数……每经过一趟比较与交换，最小的数"上升"一位，最后升到第一个数，这如同水底的气泡逐渐冒出水面一样，故称为"冒泡法"或"起泡法"。

在据此画出流程图（见图 6.4，设 n=10），并根据流程图写出程序。

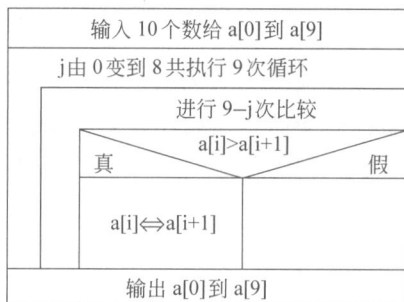

输入 10 个数给 a[0] 到 a[9]
j 由 0 变到 8 共执行 9 次循环
进行 9−j 次比较
a[i]>a[i+1] 真 / 假
a[i]⇔a[i+1]
输出 a[0] 到 a[9]

图   6.4

编写程序：

```
#include <stdio.h>
int main()
  {int a[10];
   int i,j,t;
   printf("input 10 numbers :\n");
   for (i=0;i<10;i++)
     scanf("%d",&a[i]);                //先后输入 10 个整数
   printf("\n");
   for(j=0;j<9;j++)                     //进行 9 次循环,实现 9 趟比较
     for(i=0;i<9-j;i++)                 //在每一趟中进行 9-j 次比较
       if (a[i]>a[i+1])                 //相邻两个数比较
         {t=a[i];a[i]=a[i+1];a[i+1]=t;}
   printf("the sorted numbers :\n");
   for(i=0;i<10;i++)
     printf("%d ",a[i]);
   printf("\n");
   return 0;
  }
```

运行结果:

```
input 10 numbers:
13 20 64 78 21 8 14 30 45 23↙
the sorted numbers:
8 13 14 20 21 23 30 45 64 78
```

程序分析:

程序中实现起泡法排序算法的主要是 9～12 行。请仔细分析嵌套的 for 语句。当执行外循环第 1 次循环时,j=0,然后执行第 1 次内循环,此时 i=0,在 if 语句中将 a[i]和 a[i+1]比较,就是将 a[0]和 a[1]比较。执行第 2 次内循环时,i=1,a[i]和 a[i+1]比较,就是将 a[1]和 a[1]比较……执行最后一次内循环时,i=8,a[i]和 a[i+1]比较,就是将 a[8]和 a[9]比较。这时第 1 趟过程完成了。

当执行第 1 次外循环时,j=1,开始第 2 趟过程。内循环继续的条件是 i<9−j,由于 j=1,因此相当于 i<8,即 i 由 0 变到 7,要执行内循环 8 次。其余类推。

通过此例,要着重学习有关排序的算法,理解遇到一个问题之后怎样去构思解题的思路。

6.3 怎样定义和引用二维数组

6.3.1 怎样定义二维数组

在学会定义一维数组后,定义二维数组是很容易掌握的。例如:

```
float a[3][4],b[5][10];
```

定义 a 为 3×4(3 行 4 列)的数组,b 为 5×10(5 行 10 列)的数组。
定义二维数组的一般形式为:

类型名　数组名[常量表达式][常量表达式];

注意:不能写成下面的形式:
```
float a[3,4],b[5,10];                          //在一对方括号内写两个下标
```

C 语言中,二维数组中元素排列的顺序是按行存放的,即在内存中先顺序存放第一行的元素,再存放第二行的元素。图 6.5 表示对 a[3][4]数组存放的顺序。

在内存中第一行元素和第二行元素是连续存放的。假设数组 a 存放在从 2000 字节开始的一段存储单元中,一个元素占 4 字节,则前 16 字节(2000～2015)存放第 0 行的 4 个元

素,接着的 16 字节(2016~2031)存放第 1 行的 4 个元素,其余类推,见图 6.6。

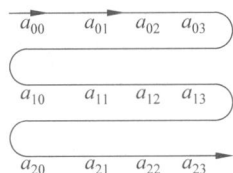

图 6.5

图 6.6

说明:用矩阵形式表示二维数组,是逻辑上的概念,形象地表示出行和列的关系。而在内存中存放数组是物理上的实现,是线性的、连续存放的,而不是二维的。

C 语言允许使用多维数组,如:

```
int a[2][3][4];                    //定义三维数组 a,它有 2 页、3 行,4 列
```

本章不详细介绍多维数组,有了二维数组的基础,读者在需要进一步学习和掌握多维数组是不困难的。

6.3.2 怎样引用二维数组的元素

可以这样引用二维数组元素:

```
b=a[2][3];                         //将 a 数组中 2 行 3 列元素的值赋给变量 b
```

二维数组元素的表示形式为:

数组名[下标][下标]

下标可以是整型常量,也可以是整型表达式,如 $a[2-1][2*2-1]$。
数组元素可以出现在表达式中,也可以被赋值,例如:

```
b[1][2]=a[2][3]/2
```

在使用数组元素时应该注意,下标值应在已定义的数组大小的范围内。常出现的错误如:

```
int a[3][4];                //定义 a 为 3×4 的数组
a[3][4]=3;                  //想对 a 数组第 3 行第 4 列元素赋值
```

按以上的定义,数组 a 可用的行下标的范围为 0~2,列下标的范围为 0~3。用 a[3][4]超过了数组的范围。

> **注意**:请读者严格区分在定义数组时用的 a[3][4]和引用元素时的 a[3][4]的区别。前者用 a[3][4]来定义数组的维数和各维的大小,后者 a[3][4]中的 3 和 4 是数组元素的下标值,a[3][4]代表行序号为 3、列序号为 4 的元素(行序号和列序号均从 0 起算)。

6.3.3 二维数组的初始化

可以用下面的方法对二维数组初始化。

(1) 分行给二维数组赋初值。例如:

```
int a[3][4]={{1,2,3,4},{5,6,7,8},{9,10,11,12}};
```

这种赋初值方法比较直观,把第 1 个大括号内的数据给第 1 行的元素,第 2 个大括号内的数据赋给第 2 行的元素……即按行赋初值。

(2) 可以将所有数据写在一个大括号内,按数组排列的顺序对各元素赋初值。例如:

```
int a[3][4]={1,2,3,4,5,6,7,8,9,10,11,12};
```

效果与前相同。但以第 1 种方法为好,一行对一行,界限清楚。用第(2)种方法如果数据多,写成一大片,容易遗漏,也不易检查。

(3) 可以对部分元素赋初值。例如:

```
int a[3][4]={{1},{5},{9}};
```

它的作用是只对各行第 1 列(即序号为 0 的列)的元素赋初值,其余元素值自动为 0。赋初值后数组各元素为:

$$1 \quad 0 \quad 0 \quad 0$$
$$5 \quad 0 \quad 0 \quad 0$$
$$9 \quad 0 \quad 0 \quad 0$$

也可以对各行中的某一元素赋初值,例如:

```
int a[3][4]={{1},{0,6},{0,0,11}};
```

初始化后的数组元素如下:

```
                         1  0  0  0
                         0  6  0  0
                         0  0 11  0
```

这种方法对非 0 元素少时比较方便,不必将所有的 0 都写出来,只需输入少量数据。也可以只对某几行元素赋初值:

```
int a[3][4]={{1},{5,6}};
```

数组元素为:

```
                         1  0  0  0
                         5  6  0  0
                         0  0  0  0
```

第 3 行不赋初值。也可以对第 2 行不赋初值,例如:

```
int a[3][4]={{1},{},{9}};
```

(4) 如果对全部元素都赋初值(即提供全部初始数据),则定义数组时对第一维的长度可以不指定,但第二维的长度不能省。例如:

```
int a[3][4]={1,2,3,4,5,6,7,8,9,10,11,12};
```

与下面的定义等价:

```
int a[][4]={1,2,3,4,5,6,7,8,9,10,11,12};
```

系统会根据数据总个数和第二维的长度算出第一维的长度。数组一共有 12 个元素,每行 4 列,显然可以确定行数为 3。

在定义时也可以只对部分元素赋初值而省略第一维的长度,但应分行赋初值。例如:

```
int a[][4]={{0,0,3},{},{0,10}};
```

这样的写法,能通知编译系统:数组共有 3 行。数组各元素为:

```
                         0   0  3  0
                         0   0  0  0
                         0  10  0  0
```

从本节的介绍中可以看到:C 语言在定义数组和表示数组元素时采用 a[][]这种两个方括号的方式,对数组初始化时十分有用,它使概念清楚,使用方便,不易出错。

6.3.4　二维数组程序举例

例 6.4　将一个二维数组 a 的行和列的元素互换(即行列转置),存到另一个二维数组 b

中。例如：

$$a = \begin{vmatrix} 1 & 2 & 3 \\ 4 & 5 & 6 \end{vmatrix} \qquad b = \begin{vmatrix} 1 & 4 \\ 2 & 5 \\ 3 & 6 \end{vmatrix}$$

解题思路：

将 a 数组中第 i 行 j 列元素赋给 b 数组中 j 行 i 列元素，例如 a[0][0]赋给 b[0][0]，a[0][1]赋给 b[1][0]，a[0][2]赋给 b[2][0]……可以用双层循环来处理，用外循环控制行的变化，内循环控制列的变化。

编写程序：

```
#include <stdio.h>
int main()
  {int a[2][3]={{1,2,3},{4,5,6}};      //定义 a 数组并赋初值
   int b[3][2],i,j;                     //定义 b 数组,未赋初值
   printf("array a:\n");
   for (i=0;i<2;i++)                    //用 i 控制行数的变化
     {for (j=0;j<3;j++)                 //用 j 控制列数的变化
       {printf("%5d",a[i][j]);          //输出 a 数组中 i 行 j 列元素
         b[j][i]=a[i][j];               //将 a 数组 i 行 j 列元素赋给 b 数组 j 行 i 列元素
       }
     printf("\n");
     }
   printf("array b:\n");
   for (i=0;i<3;i++)                    //输出 b 数组各元素
     {for(j=0;j<2;j++)
       printf("%5d",b[i][j]);
      printf("\n");
      }
   return 0;
  }
```

运行结果：

```
array a:
    1 2 3
    4 5 6
array b:
    1 4
    2 5
    3 6
```

思考：如果把第 7 行："for (i＝0；i＜2；i＋＋)"改为"for (i＝0；i＜＝2；i＋＋)"，意味着什么？结果会怎样？

例 6.5 有一个班 30 个学生，已知每个学生有 5 门课的成绩，要求输出平均成绩最高的学生的成绩以及该学生的序号。

解题思路：

对于批量数据的处理，宜用数组。对本题而言，宜用二维数组，用一行中的各元素存放一个学生的成绩，即行代表学生，列代表一门课的成绩。要存放 30 个学生 5 门课的成绩，要用一个 30×5 的二维数组。另外，由于要比较各人的平均成绩，因此，对每个学生来说，应该存放 6 个数据，每人平均成绩要计算出来，并存放在数组中。这样，数组的大小就应该是 30×6。

设计算法：

(1) 求每人平均成绩，放在数组每一行的最后一列中；

(2) 找出最高的平均分和该学生的序号；

(3) 输出最高的平均分和该学生的序号。

为了减少输入数据的工作量，我们在程序中改为 5 个学生 5 门课成绩。流程图见图 6.7。

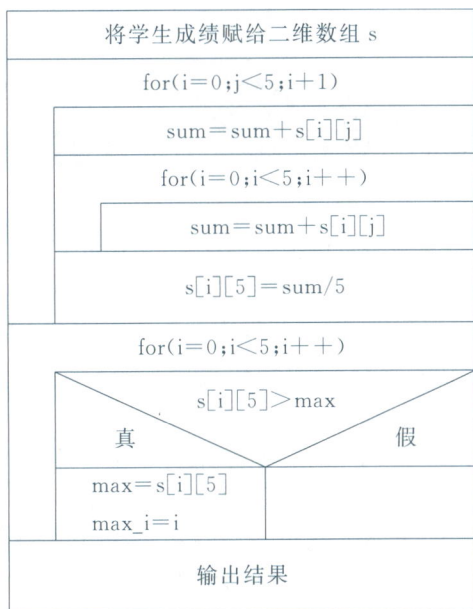

图 6.7

编写程序：

```
#include <stdio.h>
int main()
```

```
{int i,j,max_i;
 float sum,max=0;
 float s[5][6]={{78,82,93,74,65},{91,82,72,76,67},{100,90,85,72,98},
               {67,89,90,65,78},{77,88,99,45,89}};
 for (i=0;i<5;i++)
   {sum=0;                              //使 sum 初值为 0
    for (j=0;j<5;j++)
       sum=sum+s[i][j];                 //累加序号为 j 的学生各门课的成绩
    s[i][5]=sum/5;}                      //求序号为 j 的学生各门课的平均分
 for (i=0;i<5;i++)
   if (s[i][5]>max)                      //逐个将 5 个学生的平均分与 max 比较
     {max=s[i][5];max_i=i;}              //如果比 max 大,就用序号为 i 的学生的平均分取代
                                         //max 的原值,将 i 的当前值保存在 max_i 中
 printf("stu_order=%d\nmax=%7.2f\n",max_i,max);
                                         //输出最高平均分和该生的序号 i

 return 0;
}
```

运行结果:

```
stu_order=2                    (学生序号为 2)
max=89.00                      (该生的平均分为 89)
```

程序分析:

(1) 在对数组初始化时,只对各行的前 5 列赋初值,第 6 列默认为 0。

(2) 注意第一个 for 语句的范围。请思考能否不要"sum=0;"这一行? 或者把这一句改放到 for 语句的前面? 结论是不可以。分析第 2 个 for 语句(内嵌的 for 语句)的范围。求平均分的语句在第 2 个 for 语句之外,这是为什么? 执行了第一个 for 语句(包括内嵌的 for 语句)后,求出了 5 个学生的平均分。

(3) 第三个 for 语句内嵌了一个 if 语句,用来将 5 个学生的平均分逐个与 max 比较,max 的初值为 0,显然经过第一次比较后,序号为 0 的学生的平均分取代了 0 成为 max 的当前值,下一次是以序号为 1 的学生的平均分与 max(即序号为 0 的学生的平均分)相比,把大者存到 max 中。其余类似。这种算法称为"打擂台"算法,打擂台时,第一个人先站在台上,第二个人上去与他比武,如果第二人赢了,他就留在台上。后面的人依次与前面各人中的胜者比,最后留在台上的就是最后的冠军。此时将 i 记下来,保存在 max_i 中,最后的 max_i 的值就是平均分最高者的序号,请思考为什么?

6.4　字符数组

前面介绍的数组都是数值型的数组,数组中的每一个元素用来存放数值型的数据。数组不仅可以是数值型的,也可以是字符型的或其他类型的(如指针型、结构体型)。用来存放字符数据的数组是**字符数组**。字符数组中的一个元素存放一个字符。

6.4.1　怎样定义字符数组及对其初始化

假如想把"I am happy"一共 10 个字符(包括空格)存放在一个数组中,可以这样做:

```
char c[10];                  //定义一个字符数组 c,包含 10 个元素,每个元素可存放一个字符
c[0]='I'; c[1]=' '; c[2]='a'; c[3]='m'; c[4]=' '; c[5]='h'; a[6]='a'; a[7]='p';
c[8]='p';c[9]='y';           //用赋值语句将字符赋给字符数组中的元素
```

以上定义了 c 为字符数组,包含 10 个元素。赋值以后数组的状态如图 6.8 所示。

c[0]	c[1]	c[2]	c[3]	c[4]	c[5]	c[6]	c[7]	c[8]	c[9]
I	␣	a	m	␣	h	a	p	p	y

图　6.8

可以在定义字符数组时对各元素赋以初值,即初始化。最容易理解的初始化方式是将字符逐个赋给数组中各元素。例如:

```
char c[10]={ 'I',' ','a','m','','h','a','p','p','y'};
```

把 10 个字符分别赋给 c[0]~c[9]这 10 个元素。

如果在定义字符数组时不进行初始化,则数组中各元素的值是不可预料的。如果大括号中提供的初值个数(即字符个数)大于数组长度,则按语法错误处理。如果初值个数小于数组长度,则只将这些字符赋给数组中前面那些元素,其余的元素自动定为空字符(即'\0')。例如:

```
char c[10]={'c',' ','p','r','o','g','r','a','m'};
```

数组状态如图 6.9 所示。

c[0]	c[1]	c[2]	c[3]	c[4]	c[5]	c[6]	c[7]	c[8]	c[9]
c	␣	p	r	o	g	r	a	m	/0

图　6.9

如果提供的初值个数与预定的数组长度相同,在定义时可以省略数组长度,系统会自动根据初值个数确定数组长度。例如:

```
char c[]={'I',' ','a','m',' ','h','a','p','p','y'};
```

数组 c 的长度自动定为 10。用这种方式可以不必人工去数字符的个数,尤其在赋初值的字符个数较多时,比较方便。

也可以定义和初始化一个二维字符数组,例如:

```
char diamond[5][5]={{' ',' ','*'},{' ','*',' ','*'},{'*',' ',' ',' ','*'},
{' ','*',' ','*'},{' ',' ','*'}};
```

请分析数组各元素中存放的信息。它代表一个菱形的平面图形,见图 6.10。完整的程序见例 6.6。

```
    *
   * *
  *   *
   * *
    *
```

图　6.10

6.4.2　怎样引用字符数组

可以引用字符数组中的某个元素,得到一个字符。

例 6.6　输出一个菱形图。

用上面初始化的菱形二维数组,逐个输出其元素即可。

编写程序:

```
#include <stdio.h>
int main()
  {char diamond[][5]={{' ',' ','*'},{' ','*',' ','*'},{'*',' ',' ',' ','*'},
                 {' ','*',' ','*'},{' ',' ','*'}};   //初始化
  int i,j;
  for (i=0;i<5;i++)                                  //控制行
    {for (j=0;j<5;j++)                               //控制列
       printf("%c",diamond[i][j]);                   //逐个输出数组中的元素
     printf("\n");
    }
  return 0;
}
```

运行结果：

程序分析：

请注意怎样构成一个菱形字符数组，先画出准备输出的菱形字符图案，它应当是5行5列，然后逐行写出其中的字符，如第1行应由2个空格字符、一个'*'和两个空格字符组成。第2行由1个空格字符、'*'、两个空格字符、'*'和2个空格字符组成。依此类推。把这些字符作为初值赋给c数组。读者可能已注意到对第1行并没有赋5个字符，而只赋了3个字符的初值，这是由于对字符数组来说，凡未赋值的数组元素，系统会自动赋以'\0'。在输出一行字符时，遇'\0'就结束，因此在显示屏上只输出前面3个字符，后两个位置无输出，即保持空白。因此第1行最后2个元素可以不必赋空格。此外，读者也会注意到在定义字符数组diamond时没有指定行数，而用了[ ]，这是因为在所赋的初值中已用了5个大括号，表明赋给5行中的元素，因此在定义字符数组时不必显式地指定行数，系统会自动定义此数组为5行5列。

6.4.3 字符串和字符串结束标志

在C语言中，是**将字符串作为字符数组来处理的**。例如前面举过的例子，用一个一维的字符数组来存放字符串"I am happy"，字符串中的字符是逐个存放到数组元素中的。这个字符串的实际长度与定义的数组长度相等（都是10）。而在实际工作中，人们关心的往往是字符串的有效长度而不是字符数组的长度。例如，定义一个字符数组长度为100，而有时实际有效字符只有40个。

为了测定字符串的实际长度，C语言规定了一个"字符串结束标志"，以字符'\0'作为标志。如果有一个字符串，前面9个字符都不是空字符（即'\0'），而第10个字符是'\0'，则此字符串的有效字符为9个。也就是说，在遇到字符'\0'时，表示字符串结束，由它前面的字符组成一个字符串。

编译系统在处理字符串常量时会自动加一个'\0'作为**结束符**。例如"C Program"共有9个字符，但把它存储在内存时占10字节，最后1字节'\0'是由系统自动加上的。字符串作为一维数组存放在内存中。

有了结束标志'\0'后，字符数组的长度就显得不那么重要了。在程序中往往依靠检测'\0'的位置来判定字符串是否结束，而不是根据数组的长度来决定字符串长度。当然，在定义字符数组时应估计实际字符串长度，保证数组长度始终大于字符串实际长度。如果在一个字符数组中先后存放多个不同长度的字符串，则应使数组长度大于最长的字符串的长度。

说明：'\0'代表ASCII码为0的字符，从ASCII码表中可以查到，ASCII码为0的字符不是一个可以显示的字符，而是一个"空操作符"，即它什么也不做。用它来作为字符串结束标志不会产生附加的操作或增加有效字符，只是一个供辨别的标志。

前面用过以下语句输出一个字符串。

```
printf("How do you do? \n");
```

在执行此语句时系统怎么知道应该输出到哪里为止呢？前面已提过，在内存中存放时，系统自动在最后一个字符'\n'的后面加了一个'\0'作为字符串结束标志，在执行printf函数时，每输出一个字符检查一次，看下一个字符是否'\0'，遇'\0'就停止输出。

对C语言处理字符串的方法有以上的了解后，再对字符数组初始化的方法补充一种方法，即用字符串常量来使字符数组初始化。例如：

```
char c[]={"I  am  happy"};
```

也可以省略大括号，直接写成：

```
char c[]="I am happy";
```

现在不是像例6.6那样用单个字符作为字符数组的初值，而是用一个字符串（注意字符串的两端是用双撇号，而不是单撇号括起来的）作为初值。显然，这种方法直观、方便，符合人们的习惯。注意，数组c的长度不是10了，而是11，因为字符串常量的最后由系统加上一个'\0'。因此，上面的初始化与下面的初始化等价。

```
char c[]={'I', ' ','a', 'm', ' ', 'h', 'a', 'p', 'p', 'y', '\0'};
```

而不与下面的等价：

```
char c[]={'I', ' ','a', 'm', ' ', 'h', 'a', 'p', 'p', 'y'};
```

前者的长度为11，后者的长度为10。如果有：

```
char c[10]={"China"};
```

数组c有10个元素，前5个元素的值为'C'、'h'、'i'、'n'、'a'，第6个元素为'\0'，最后有4个元素的值为空字符'\0'，见图6.11。

| C | h | i | n | a | \0 | \0 | \0 | \0 | \0 |

图 6.11

注意：对数值型数组，未赋值的部分元素值默认为 0。而对于字符数组，未赋值的部分元素值默认值为空字符。

需要说明的是，字符数组并不要求它的最后一个字符为'\0'，甚至可以不包含'\0'。像以下这样写完全是合法的：

```
char c[5]={'C','h','i','n','a'};
```

是否需要加'\0'，完全根据需要决定。但是由于系统对字符串常量自动加一个'\0'，因此，为了使处理方法一致，便于测定字符串的实际长度，以及在程序中作相应的处理，在字符数组也常常人为地加上一个'\0'，例如：

```
char c[6]={'C','h','i','n','a','\0'};
```

这样做，便于方便地引用字符数组中的字符串。如定义了以下的字符数组：

```
char c[]={"Pascal program"};
```

若想用一个新的字符串代替原有的字符串"Pascal program"，从键盘向字符数组前 5 个元素输入 Hello 五个字符。如果不加'\0'，字符数组中的字符如下：

```
Hellol program
```

新字符串和老字符串连成一片，无法区分开。如果想输出字符数组中的字符串，则会连续输出 Hellol program。现在，如果在字符串"Hello"后面加了一个'\0'，它取代了第 6 个字符"l"，它是字符串结束标志，在输出字符数组中的字符串时，遇'\0'就停止输出，因此只输出了字符串"Hello"。从这里可以看到在字符串末尾加'\0'的作用。

6.4.4　怎样进行字符数组的输入输出

字符数组的输入输出可以有两种方法。

（1）**逐个字符输入输出。用格式声明"%c"输入或输出一个字符**，如例 6.6。

（2）**将整个字符串一次输入或输出。用格式声明"%s"**，意思是对字符串（string）的输入输出。例如：

```
char c[]={"China"};
printf("%s",c);
```

在内存中数组 C 的状态如图 6.12 所示。

输出时，遇结束符'\0'就停止输出。输出结果为：

C	h	i	n	a	\0

图　**6.12**

China

数组名代表数组首元素的起始地址，假如 C 数组首元素的起始地址是 2000，则在执行上面的 printf 语句时，从地址 2000 开始顺序输出各字符，直到遇结束符'\0'结束。

注意：在使用字符串输入输出时要注意有关规定，否则常出错。

（1）输出字符不包括结束符'\0'。

（2）用"％s"格式符输出字符串时，printf 函数中的输出项是字符数组名，而不是数组元素名。写成下面这样是不对的：

```
printf("%s",c[0]);
```

（3）如果数组长度大于字符串的实际长度，也只输出到遇'\0'结束。例如：

```
char c[10]={"China"}                    //字符串长度为5,连结束符'\0'共占6字节
printf("%s",c);
```

也只输出字符串的有效字符"China"，而不是输出 10 个字符。这就是用字符串结束标志的好处。

（4）如果一个字符数组中包含一个以上'\0'，则遇到第一个'\0'时输出就结束。

（5）可以用 scanf 函数输入一个字符串。例如：

```
scanf("%s",c);
```

scanf 函数中的输入项 c 是已定义的字符数组名，输入的字符串应短于已定义的字符数组的长度。例如，已定义：

```
char c[6];
```

从键盘输入：

China

系统自动在 China 后面加一个'\0'结束符。

如果利用一个 scanf 函数输入多个字符串，则在输入时以空格分隔。例如：

```
char str1[5],str2[5],str3[5];                //定义 3 个字符数组
scanf("%s%s%s",str1,str2,str3);
```

输入数据：

How are you?

输入后 str1、str2、str3 数组状态见图 6.13。数组中未被赋值的元素的值自动置'\0'。

又如：

```
char str[13];
scanf("%s",str);
```

如果输入以下 12 个字符：

How are you?

由于系统把空格字符作为输入的字符串之间的分隔符，因此只将空格前的字符"How"送到 str 中。由于把"How"作为一个字符串处理，故在其后加'\0'。str 数组状态见图 6.14。

H	o	w	\0	\0
a	r	e	\0	\0
y	o	u	?	\0

H	o	w	\0	\0	\0	\0	\0	\0	\0	\0	\0	\0

图　6.13　　　　　　　　　　图　6.14

(6) scanf 函数中的输入项如果是字符数组名，不要再加地址符 &，因为在 C 语言中数组名代表该数组的起始地址。下面写法不正确：

```
scanf("%s",&str);
```

(7) 如果想知道数组 str 在内存中的起始地址，可以用以下输出语句：

```
printf("%d",str);          //用%d输出字符数组 str 的起始地址
```

由于数组名 c 代表数组起始地址。因此得到用十进制数形式表示的数组 str 的起始地址。

(8) 如果有以下输出语句：

```
printf("%s",str);          //用%s输出字符串
```

实际上是这样执行的：按字符数组名 str 找到 str 数组的起始地址，然后逐个输出其中的字符，直到遇'\0'为止。

6.4.5　字符串处理函数

在程序中往往需要对字符串作某些操作，如把两个字符串连接起来，将两个字符串进行比较，把一个字符串复制到一个字符数组中，将一个字符串中的小写字母变成大写字母，或将大写字母变成小写字母等。在 C 函数库中提供了一些字符串处理函数，用来实现以上功能，使用很方便。几乎所有版本的 C 语言编译系统都提供这些函数。表 6.1 列出几种常用的字符串处理函数。

表 6.1　字符串处理函数

函 数 形 式	功　　能
gets(字符数组)	从终端输入一个字符串到字符数组
puts(字符数组)	将一个字符串(以'\0'结束的字符序列)输出到终端
strcat(字符数组 1,字符数组 2)	连接两个字符数组中的字符串,把字符串 2 接到字符串 1 的后面
strcpy(字符数组 1,字符串 2)	将字符串 2 复制到字符数组 1 中去
strcmp(字符串 1,字符串 2)	比较字符串 1 和字符串 2。如果字符串 1＝字符串 2,则函数值为 0;如果字符串 1＞字符串 2,则函数值为一个正整数;如果字符串 1＜字符串 2,则函数值为一个负整数
strlen(字符数组)	测试字符串长度
strlwr(字符串)	将字符串中大写字母换成小写字母
strupr(字符串)	将字符串中小写字母换成大写字母

以上函数的使用方法和详细说明可参阅本章提高部分。

6.4.6　字符数组应用举例

例 6.7　有 3 个字符串,要求找出其中"最大"者。

解题思路:

如果将两个字符进行比较,所谓"大"者是指字符的 ASCII 代码较大的那个字符。例如字符'B'大于字符'A',字符'a'大于字符'A'。如果是字符串,则从第一个字符开始一一进行比较,如果第一个字符相同,就比较下一个字符,直到出现不同为止。如果字符串中都是英文字母,有一个简单的判定方法:按英文字典的排列,字典中位置在后的为大,例如"girl"＞"boy","then"＜"they"。详细的规定见 6.5.2 节。

题目要求处理 3 个字符串,需要定义一个二维的字符数组(取名 str),假定每个字符串不超过 19 个字符,则可定义二维的大小为 3×20,即有 3 行 20 列,每一行可以容纳 20 个字符(包括最后的结束字符'\0')。图 6.15 表示此二维数组的情况。

str[0]: | C | h | i | n | a | \0 | \0 | \0 | \0 | \0 | \0 | \0 | \0 | \0 | \0 | \0 | \0 | \0 | \0 | \0 |
str[1]: | J | a | p | a | n | \0 | \0 | \0 | \0 | \0 | \0 | \0 | \0 | \0 | \0 | \0 | \0 | \0 | \0 | \0 |
str[2]: | I | n | d | i | a | \0 | \0 | \0 | \0 | \0 | \0 | \0 | \0 | \0 | \0 | \0 | \0 | \0 | \0 | \0 |

图　6.15

如前所述,可以把 str[0]、str[1]、str[2]看作 3 个一维字符数组,它们各有 20 个元素。可以把它们如同一维数组那样进行处理。现用 gets 函数分别读入 3 个字符串。经过两次比较,就可得到值最大者,把它放在一维字符数组 string 中。

为叙述方便,把 str[0]、str[1]、str[2]分别简称为串 0、串 1、串 2。

编写程序：

```
#include<stdio.h>
#include<string.h>
int main()
{ char string[20];                    //用来存放"最大"的字符串
  char str[3][20];                    //存放 3 个字符串
  int i;
  for (i=0;i<3;i++)
      gets(str[i]);                   //先后读入 3 个字符串
  if (strcmp(str[0],str[1])>0)        //把串 0 和串 1 比较,如果串 0>串 1
      strcpy(string,str[0]);          //把串 0 复制到 string 中
  else
      strcpy(string,str[1]);          //如果串 0≤串 1,把串 1 复制到 string 中
  if (strcmp(str[2],string)>0)        //把串 2 和 string 比较,如果串 2>string
      strcpy(string,str[2]);          //把串 2 复制到 string 中
  printf("The largest string is:\n%s\n",string);    //输出 string
  return 0;
}
```

运行结果：

```
CHINA↙
HOLLAND↙
AMERICA↙
The largest string is:
HOLLAND
```

程序分析：

（1）在使用字符串函数时在本程序的开头要用 ♯ include ＜string.h＞将头文件＜string.h＞包含进来。

（2）在输入以上国名字符串时,字母前不应加空格,如果在"HOLLAND"前面多加了一个空格,即" HOLLAND",输出的结果就变成了：

```
The largest string is:
CHINA
```

因为空格字符参加比较,它"大于"任何字母字符。

（3）这个题目也可以不采用二维数组,而设 3 个一维字符数组来处理。读者可自己完成。

例 6.8　输入一行字符,统计其中有多少个单词,单词之间用空格分隔开。

解题思路:

如果有一行字符:"I am a boy."怎样统计其中的单词数呢?可以有不同的方法。我们采用通过空格统计单词的方法:由空格出现的次数(连续的若干个空格作为出现一次空格;一行开头的空格不统计在内)决定单词数目。从第一个字符开始逐个检查字符串中的字符。

(1)如果测出某一个字符为非空格,而它前面的字符是空格,则表示"新的单词开始了"。设一个变量 num,用来累计单词数,初值为 0。当发现"新的单词开始了",就使 num(单词数)累加 1,表示增加一个单词。

(2)如果当前字符为非空格而其前面的字符也是非空格,则意味着仍然是原来那个单词的继续,num 不应再累加 1。

怎样知道前面一个字符是否空格呢?可以设一个变量 word,用来表示前一个的字符是否空格,以 word 等于 0 代表前一个字符是空格;word 等于 1,意味着前一个字符为非空格,word 的初值置为 0。可以用图 6.16 表示处理的方法。

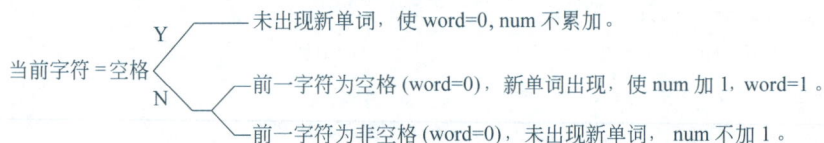

```
                  Y  ┌── 未出现新单词,使 word=0,num 不累加。
                  ┌──
当前字符 = 空格 ───┤   ┌── 前一字符为空格(word=0),新词出现,使 num 加 1,word=1。
                  └──┤
                  N  └── 前一字符为非空格(word=0),未出现新单词, num 不加 1。
```

图　6.16

如果输入为"I am a boy.",对每个字符的有关参数的状态如表 6.2 所示。

表 6.2　输入"I am a boy."后有关参数的状态

当前字符	未开始时	I	␣	a	m	␣	a	␣	b	o	y	.
是否空格		否	是	否	否	是	否	是	否	否	否	否
word 原值	0	0	1	0	1	1	0	1	0	1	1	1
新单词开始否	未	是	未	是	未	未	是	未	是	未	未	未
word 新值	0	1	0	1	1	0	1	0	1	1	1	1
num 值	0	1	1	2	2	2	3	3	4	4	4	4

根据以上思路用 N-S 流程图表示算法,见图 6.17。变量 i 作为循环变量,num 用来统计单词个数,初值为 0。word 作为判别是否单词的标志,初值为 0。约定当 word=0 时表示未出现新单词,如出现新单词 word 就置成 1。

编写程序:

```c
#include <stdio.h>
int main()
```

```
{char string[81];
 int i,num=0,word=0;                        //开始时,单词数为 0,未出现单词
 char c;                                     //c 用来存放当前需要判断的字符
 gets(string);                               //读入一个字符串,放在 string 数组中
 for (i=0;(c=string[i])!='\0';i++)           //从第 1 个字符起,到最后一个字符
   if(c==' ') word=0;                        //如果当前字符是空格,则使 word 置 0
   else if(word==0)                          //若当前字符不是空格,而且前一字符是空格
     { word=1;                               //使 word 置 1
       num++;                                //使 num 加 1
     }
 printf("There are %d words in this line.\n",num);    //输出 num
 return 0;
}
```

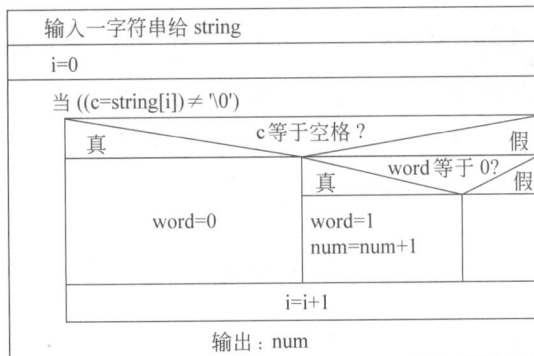

图　6.17

运行结果:

```
I am a boy.↙
There are 4 words in this line.
```

程序分析:

用 gets 函数读入一个字符串"I am a boy.",放在 string 数组中。然后从第一个元素(序号为 0)开始,逐个检查。程序中 for 语句中的"循环条件"为:

```
(c=string[i])!='\0'
```

当 $i=0$ 时,将字符数组的第一个元素(序号为 0 的元素的值,即字母 I)赋给字符变量 c,然后检查它是否为'\0'。由于字母 I 不是结束符'\0',因此循环应该执行循环体。if 语句检查出当前字符变量 c 的值不是空格,而 word 的值是 0,就使 word 置 1,表示此字符不是空格了

（为下次的判断作准备），同时。使 num 的值加 1，表示开始出现了一个单词，第 1 次循环结束。

第 2 次循环时 i＝1，将字符数组序号为 1 的元素的值（即空格字符）赋给字符变量 c。由于空格不是结束符'\0'，因此循环应该执行循环体。if 语句检查出当前字符 c 是空格，就使 word 的值置 0，表示此字符是空格了（为下次的判断作准备），num 的值未增加。以后的过程类似，请读者自己完成整个过程，可对照表 6.2 进行分析。

通过此例可以看到算法是很灵活的，但并不神秘，只要找到所处理问题的规律，就能构造出相应的算法；读者通过学习本书，可以了解各种不同的算法，熟能生巧，学会自己设计一些简单的算法。

6.5 提高部分

6.5.1 为什么在定义二维数组时采用两对双括号的形式

在其他一些高级语言中，定义和引用二维数组时采用的形式是在一对括号中写两个下标。如在 FORTRAN 语言中定义整型二维数组的形式是：一个括号中写两个下标，即

INTEGER A(3,4)   （定义一个 3 行 4 列的二维数组 A）

而 C 语言规定在定义和引用二维数组时采用两对括号，即

类型名　数组名[常量表达式][常量表达式]；

如

int a[3][4];

这样做的好处是：使得二维数组可被看作是一种特殊的一维数组；这个一维数组又是由 3 个一维数组组成的。例如，a 是一个二维数组，可以把它看作是一个一维数组，它包括 3 个元素；每个元素又是一个包含 4 个元素的一维数组，见图 6.18。

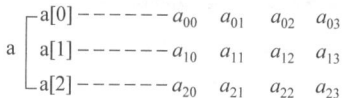

$$a \begin{bmatrix} a[0] ----- & a_{00} & a_{01} & a_{02} & a_{03} \\ a[1] ----- & a_{10} & a_{11} & a_{12} & a_{13} \\ a[2] ----- & a_{20} & a_{21} & a_{22} & a_{23} \end{bmatrix}$$

图　6.18

可以把 a[0]、a[1]、a[2]看作是 3 个一维数组的名字。上面定义的二维数组可以理解为定义了 3 个一维数组，即相当于：

int a[0] [4], a[1] [4], a[2] [4];

此处把 a[0]、a[1]、a[2]看作一维数组名。表示一维数组 a[0]包含 4 个元素，其他类似。

这样,在程序中不仅可以引用某一行某一列的元素,如例 6.6 程序中的 diamond[i][j],又可用单下标引用某一行,如例 6.7 程序中定义 str 数组为二维数组"char str[3][20];",但可以用 str[0] 和 str[1] 进行比较,也可以用 printf("%s\n".str[0]) 输出 str 数组中第一行中的字符变量。

C 语言的这种处理方法在数组初始化和用指针表示时显得很方便,这在以后会体会到。

说明:数组名不代表数组中的全部元素,例如不能用 printf(%d",a) 输出整型数组的全部元素的值。数组名只代表数组首元素的地址。如果有二维数组 str,则 str[0] 代表数组 str 中 0 行的首元素地址,str[1] 代表 1 行的首元素地址。在输出 str[0] 时,系统找到 str[0] 代表的 str 数组 str 中 0 行的首元素地址,然后逐个输出字符,直到遇到'\0'为止。结果是输出了序号为 0 的行中的字符串。不要误认为 str[0] 代表 str 数组中的全部元素的值。

6.5.2 对 C 的字符串函数的详细说明

1. gets 函数(读入字符串函数)

gets 函数一般形式为:

gets(字符数组)

其作用是从终端输入一个字符串到字符数组,并且得到一个函数值。该函数值是字符数组的起始地址。如果执行下面的函数:

```
gets(str)
```

若从键盘输入:

```
Computer↙
```

将输入的字符串"Computer"送给字符数组 str(请注意,送给数组的共有 9 个字符,而不是 8 个字符),函数值为字符数组 str 的起始地址。一般利用 gets 函数的目的是向字符数组输入一个字符串,而不大关心其函数值。

2. puts 函数(输出字符串函数)

puts 函数一般形式为:

puts (字符数组);

其作用是将一个字符串(以'\0'结束的字符序列)输出到终端。假如已定义 str 是一个字符数组名,且该数组已被初始化为"China",则执行:

```
puts (str);
```

其结果是在终端上输出"China"。

用 puts 函数输出的字符串中可以包含转义字符。例如：

```
char str[]={"China\nBei jing"};
puts(str);
```

'\n'是一个转义字符,执行回车换行,在输出完全部字符后遇结束标志'\0',系统把它转换成'\n',即输出完字符串后换行。最后输出：

```
China
Bei jing
```

然后换行。

由于可以用 printf 函数输出字符串,因此在实际上 puts 函数用得不多。

3. strcat 函数(字符串连接函数)

strcat 函数一般形式为：

strcat(字符数组 1,字符数组 2)

strcat 是 STRing CATenate(字符串连接)的缩写。其作用是连接两个字符数组中的字符串,把字符串 2 接到字符串 1 的后面,把得到的结果放在字符数组 1 中,函数调用后得到一个函数值——字符数组 1 的地址。例如：

```
char str1[30]={"People's  Republic  of  "};
char str2[]={"China"};
printf("%s",strcat(str1,str2));
```

输出如下：

```
People's Republic of China
```

连接前后的状况如图 6.19 所示。

说明：

(1) 字符数组 1 必须足够大,以便容纳连接后的新字符串。本例中定义 str1 的长度为 30,是足够大的,如果在定义时改用 str1[]={"People's Republic of"};就会出问题,因长度不够。

str1:	P	e	o	p	l	e	'	s	␣	R	e	p	u	b	l	i	c	␣	o	f	␣	\0	\0	\0	\0	\0	\0	\0	\0	\0	\0
str2:	C	h	i	n	a	\0																									
str3:	P	e	o	p	l	e	'	s	␣	R	e	p	u	b	l	i	c	␣	o	f	␣	C	h	i	n	a	\0	\0	\0	\0	

图　6.19

（2）连接前两个字符串的后面都有'\0'，连接时将字符串 1 后面的'\0'取消，只在新串最后保留'\0'。

4. strcpy 和 strncpy 函数（字符串复制函数）

strcpy 函数的一般形式为：

strcpy(字符数组 1,字符串 2)

strcpy 是 STRing CoPY(字符串复制)的简写。它是"字符串复制函数"，作用是将字符串 2 复制到字符数组 1 中去。例如：

```
char str1[10]='',str2[]={"China"};
strcpy(str1,str2);
```

执行后，str1 的状态如图 6.20 所示。

C	h	i	n	a	\0	\0	\0	\0	\0

图　6.20

说明：

（1）字符数组 1 必须定义得足够大，以便容纳被复制的字符串。字符数组 1 的长度不应小于字符串 2 的长度。

（2）"字符数组 1"必须写成数组名形式（如 str1），"字符串 2"可以是字符数组名，也可以是一个字符串常量。例如：

```
strcpy(str1,"China");
```

作用与前面相同。

（3）如果在复制前未对 str1 数组赋值，此时 str1 各字节中的内容是无法预知的。复制时将 str2 中的字符串和其后的'\0'一起复制到字符数组 1 中，取代字符数组 1 中的前面 6 个字符，最后 4 个字符并不一定是'\0'，而是 str1 中原有的最后 4 字节的内容。

（4）不能用赋值语句将一个字符串常量或字符数组直接给一个字符数组。如下面两行都是不合法的：

```
str1="China";
str1=str2;
```

而只能用 strcpy 函数将一个字符串复制到另一个字符数组中去。用赋值语句只能将一个字符赋给一个字符型变量或字符数组元素。如下面的语句是合法的：

```
char a[5],c1,c2;
c1='A';c2='B';
a[0]='C';a[1]='h';a[2]='i';a[3]='n';a[4]='a';
```

（5）可以用 strncpy 函数将字符串 2 中前面 n 个字符复制到字符数组 1 中去。例如：

```
strncpy(str1,str2,2);
```

作用是将 str2 中最前面 2 个字符复制到 str1 中,取代 str1 中原有的最前面 2 个字符。但复制的字符个数 n 不应多于 str1 中原有的字符(不包括'\0')。

5. strcmp 函数(字符串比较函数)

strcmp 函数一般形式为：

strcmp(字符串 1,字符串 2)

strcmp 是 STRing CoMPare(字符串比较)的缩写。它的作用是比较字符串 1 和字符串 2。例如：

```
strcmp(str1,str2);
strcmp("China","Korea");
strcmp(str1,"Beijing");
```

前面已说明了字符串比较的规则：对两个字符串自左至右逐个字符相比(按 ASCII 码值大小比较),直到出现不同的字符或遇到'\0'为止。如果全部字符相同,则认为相等;若出现不相同的字符,则以第一个不相同的字符的比较结果为准。例如：

```
"A"<"B", "a">"A", "computer">"compare","these">"that","36+54">"!$&#",
"CHINA">"CANADA","DOG"<"cat"
```

如果参加比较的两个字符串都由英文字母组成,则有一个简单的规律：在英文字典中位置在后面的为“大”。例如 computer 在字典中的位置在 compare 之后,所以"computer">"compare"。

但应注意小写字母比大写字母“大”,所以"DOG"<"dog"。

比较的结果由函数值带回。

（1）如果字符串 1＝字符串 2，则函数值为 0。

（2）如果字符串 1＞字符串 2，则函数值为一个正整数。

（3）如果字符串 1＜字符串 2，则函数值为一个负整数。

> **注意**：对两个字符串比较，不能用以下形式：
>
> ```
> if(str1>str2)
>   printf("yes");
> ```
>
> 而只能用
>
> ```
> if(strcmp(str1,str2)>0)
>   printf("yes");
> ```

6. strlen 函数（测字符串长度函数）

strlen 函数一般形式为：

strlen (字符数组)

strlen 是 STRing LENgth（字符串长度）的缩写。它是测试字符串长度的函数。函数的值为字符串中的实际长度（不包括'\0'在内）。例如：

```
char str[10]={"China"};
printf("%d",strlen(str));
```

输出结果不是 10，也不是 6，而是 5。

可以直接测试字符串常量的长度，例如：

```
strlen("China");
```

7. strlwr 函数（转换为小写字符函数）

strlwr 函数一般形式为：

strlwr (字符串)

strlwr 是 STRing LoWeRcase（字符串小写）的缩写。函数的作用是将字符串中大写字母换成小写字母。

8. strupr 函数（转换为大写字符函数）

strupr 函数一般形式为：

strupr (字符串)

strupr 是 STRing UPpeRcase（字符串大写）的缩写。函数的作用是将字符串中小写字母换成大写字母。

以上介绍了常用的 8 种字符串处理函数，读者不必死记硬背，从函数的名字（英文缩写）可以大体知道函数的功能。通过编写程序就自然会用了，必要时查一下书就可以了。

本章小结

（1）数组是**有序数据的集合**。数组中的每一个元素都属于同一个数据类型。用一个统一的数组名和下标来唯一地确定数组中的元素。在程序中把循环和数组结合起来，用循环来对数组中的元素进行操作，可以有效地处理大批量的数据，提高了工作效率。

（2）要正确地定义数组。如"int a[10];"，表示整型数组 a 有 10 个元素。特别注意数组元素的序号从 0 开始，即 a[0]到 a[9]，不存在 a[10]。要特别注意"下标越界"问题。

（3）要区别数组的定义形式和数组元素的引用形式。二者形式上相同，但性质不同。如：

```
int a[10];              //出现在程序声明部分,前面有类型名,a[10]是定义数组大小
b=a[5];                 //出现在程序可执行语句部分,前面无类型名,a[5]是数组元素
```

（4）二维数组的元素在内存中的排列次序为"按行排列"。在对二维数组初始化时，按行赋初值。

（5）在 C 语言中，字符串是以字符数组形式存放的，为了确定字符串的范围，C 编译系统在每一个字符串的后面加一个'\0'作为字符串结束标志。'\0'不是字符串的组成部分，输出字符串时不包括'\0'。要区分字符数组和字符串，字符串可以放在字符数组中，如果字符串的长度为 n，则能存放该字符串的字符数组的长度应≥n+1。

（6）对字符串的运算要通过字符串函数来进行。将一个字符串赋给一个字符数组不能用赋值语句，如"str = " hello!""是不合法的。应该用字符串复制函数 strcpy，如"strcpy (str," Hello!")"。

在使用字符串函数时要在本程序的开头要用 ♯include ＜string.h＞将头文件＜string.h＞包含进来。

（7）数组的名字代表数组首元素的地址，而不是代表数组中的全部元素的值。不能通过数组名引用数组中的全部元素。用格式声明％s 可以输出字符数组从给定地址开始的字

符串(遇'\0'结束)。

(8) 由于引入了数组,程序中的数据结构丰富了,会用到有关的算法(如排序算法),要注意结合例题学习算法。在本章的习题中,又会接触到一些新的算法,请注意学习。

习题

6.1　一个班有 10 个学生的成绩,要求输入这 10 个学生的成绩,然后求出它们的平均成绩。

6.2　在上题基础上求出平均成绩最高的课程(以课程序号表示)及其成绩。

6.3　已知一个班 10 个学生的成绩,存放在一个一维数组中,要求找出其中成绩最高的学生的成绩和该生的序号。

6.4　有 3 个学生,上 4 门课,要求输入全部学生的各门课成绩,并分别求出每门课的平均成绩。

6.5　已知 5 个学生的 4 门课的成绩,要求求出每个学生的平均成绩,然后对平均成绩从高到低将各学生的成绩记录排序(成绩最高的学生的排在数组最前面的行,成绩最低的学生的排在数组最后面的行)。

6.6　将一个数组中的值按逆序重新存放。例如,原来顺序为 8,6,5,4,1。要求改为 1,4,5,6,8。

6.7　输出以下图案:

```
                * * * * *
              * * * * *
            * * * * *
          * * * * *
        * * * * *
```

6.8　有一篇短文,共有 3 行文字,每行有 80 个字符。想统计出其中英文大写字母,小写字母,数字、空格以及其他字符各有多少个。

6.9　有一行电文,已按下面规律译成密码:

```
A→Z  a→z
B→Y  b→y
C→X  c→x
  ⋮    ⋮
```

即第 1 个字母变成第 26 个字母,第 2 个字母变成第 25 个字母,第 i 个字母变成第($26-i+1$)个字母。非字母字符不变。假如已经知道密码是 Umtorhs,要求编程序将密码译回原文,并输出密码和原文。

6.10　编写一程序,将两个字符串连接起来,(1)用 strcat 函数。(2)不用 strcat 函数。

第 7 章

用函数实现模块化程序设计

7.1 函数是什么

通过学习前几章,我们已经能够编写一些简单的 C 程序了,但是如果程序的功能比较多,规模比较大,把所有的程序代码都写在一个主函数(main 函数)中,就会使主函数变得庞杂、头绪不清,使阅读和维护程序变得困难。此外,有时程序中要多次实现某一功能(例如打印每一页的页头),就需要多次重复编写实现此功能的程序代码。这使程序冗长,不精练。

因此,人们自然会想到采用"组装"的办法来简化程序设计的过程。如同组装计算机一样,事先生产好各种部件(如电源、主板、硬盘驱动器、风扇等),在最后组装计算机时,用到什么就从仓库里取出什么,直接装上就可以了。决不会采用手工业方式,在用到电源时临时去生产一个电源,用到主板时临时生产一个主板。这就是**模块化的程序设计**。

在 C 语言中,可以事先编写一批常用的函数来实现各种不同的功能,例如用 sin 函数实现求一个数的正弦函数,用 abs 函数实现求一个数的绝对值,把它们保存在函数库中。需要用时,直接在程序中写上 sin(a)或 abs(a)就可以调用系统函数库中的函数代码,执行这些代码,就得到预期的结果。

"函数"是从英文 function 翻译过来的,其实,function 在英文中的意思既是"函数",也是"功能"。从本质意义上来说,函数就是用来完成一定的功能的。这样,对函数的概念就很好理解了,所谓函数名就是给该功能起一个名字,如果该功能是用来实现数学运算的,就是数学函数。

说明:函数就是功能。每一个函数用来实现一个特定的功能。函数的名字应反映其代表的功能。

在设计一个较大的程序时,往往把它分为若干个程序模块,每一个模块包括一个或多个函数,每个函数实现一个特定的功能。一个 C 程序可由一个主函数和若干个其他函数构成。由主函数调用其他函数,其他函数也可以互相调用。同一个函数可以被一个或多个函数调用任意多次。图 7.1 是一个程序中

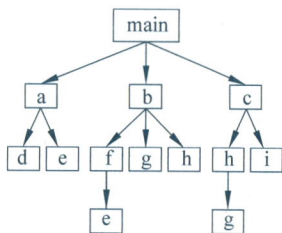

图   7.1

函数调用示意图。

除了可以使用库函数外,有的部门编写一批本领域或本单位常用到一些专用函数,供本领域或本单位的人员使用。在程序设计中要善于利用函数,可以减少各人重复编写程序段的工作量,同时可以方便地实现模块化的程序设计。

例 7.1 想输出以下的结果,用函数调用实现。

```
*******************
   How do you do!
*******************
```

解题思路:

在输出的文字上下分别有一行"*",显然不必重复写这段代码,可以用一个函数 print_star 来实现输出一行"*"的功能。再写一个 print_message 函数来输出中间部分的信息。

编写程序:

```c
#include <stdio.h>
int main()
{void print_star();              //对 print_star 函数进行声明
 void print_message();           //对 print_message 函数进行声明
 print_star();                   //调用 print_star 函数,输出一行 * 字符
 print_message();                //调用 print_message 函数, 输出一行信息
 print_star();                   //调用 print_star 函数,输出一行 * 字符
 return 0;
}
//下面分别定义 print_star 和 print_message 函数
void print_star()                //定义 print_star 函数
{
  printf("*******************\n");
}

void print_message()             //定义 print_message 函数
{
  printf(" How do you do! \n");
}
```

运行结果:

如题目所给定的一样。

程序分析:

print_star 和 print_message 都是用户定义的函数名,分别用来实现输出一行"*"字符

和一行信息的功能。在定义这两个函数时指定函数的类型为 void,意为函数为空类型,即无函数值,也就是说,执行这两个函数后不会把任何值带回 main 函数。

说明:

(1) 一个 C 程序由一个或多个程序模块组成,每一个程序模块作为一个源程序文件。对于较大的程序,一般不把所有内容全放在一个源程序文件中,而是将它们分别放在若干个源文件中,由若干个源程序文件组成一个 C 程序。这样便于分别编写、分别编译,提高调试效率。一个源程序文件可以为多个 C 程序所调用。

(2) 一个源程序文件由一个或多个函数以及其他有关内容(如指令行、数据定义等)组成。例 7.1 程序包含一个主函数和两个其他函数,它们属于同一个源程序文件。一个源程序文件是一个编译单位,在程序编译时是以源程序文件为单位进行编译的,而不是以函数为单位进行编译的。

(3) 不论 main 函数出现在程序中什么位置,在程序执行时总是从 main 函数开始执行的。如在 main 函数中调用其他函数,在调用后流程返回到 main 函数,一般情况下,在 main 函数中结束整个程序的运行。

(4) 所有函数都是平行的,即在定义函数时是分别进行的,是互相独立的。一个函数并不从属于另一个函数,即函数不能嵌套定义。函数间可以互相调用,但不能调用 main 函数。main 函数是系统调用的。

(5) 从用户使用的角度来看,函数有两种。

① 库函数,它是由编译系统提供的,用户不必自己定义而可以直接使用它们。例如前面提到的 sin 函数,abs 函数等,本书附录 E 列出了 ANSI 建议的各种公共函数,大多数编译系统都提供这些函数,放在函数库中供用户选用。不同的 C 语言编译系统提供的库函数的数量和功能会有一些不同,但许多基本的函数是共同的。

② 用户自定义函数。是用户根据实际需要自己设计的,用来实现用户指定的功能。例如例 7.1 程序中的和 print_message 函数。

(6) 从函数的形式来看,函数分两类。

① 无参函数。如例 7.1 中的 print_star 和 print_message 就是无参函数。无参函数一般用来执行一组单纯的操作,在调用无参函数时,主调函数和被调用函数之间不发生传递的数据。如例 7.1 程序中的 print_star 函数的作用只是输出 18 个星号。无参函数可以带回或不带回函数值,但一般不带回函数值的居多,此时无参函数应指定为 void 类型。

② 有参函数。在调用函数时,主调函数在调用被调用函数时,通过参数向被调用函数传递数据,一般情况下,执行被调用函数时会得到一个函数值,供主调函数使用。第 1 章例 1.3 的 max 函数就是有参函数,从主函数把 a 和 b 的值传递给 max 函数中的参数 x 和 y,经过 max 的运算,将变量 z 的值带回主函数。此时有参函数应定义为与返回值相同的类型(例 1.3 的 max 函数定义为整型)。

7.2 函数的定义和调用

7.2.1 为什么要定义函数

C语言规定,在程序中用到的所有函数,必须"先定义,后使用"。例如想用max函数去求两个数中的大者,必须事先按规范对它进行定义,指定它的功能和它的名字,并将这些信息通知编译系统。这样,在程序执行max时,编译系统就会按照定义时所指定的功能执行。如果事先不定义,编译系统怎么能知道max是函数还是变量或其他什么东西呢!

定义函数应包括以下几个内容:

(1) 指定函数的名字,以便以后按名调用。

(2) 指定函数的类型,即函数值的类型。

(3) 指定函数的参数的名字和类型,以便在调用函数时向它们传递数据。对无参函数不需要这项。

(4) 指定函数应当完成什么操作,也就是函数是做什么的,即函数的功能。这是最重要的,这是在函数体中解决的。

对于C编译系统提供的库函数,是由编译系统事先定义好的,对它们的定义已放在相关的头文件中。程序设计者不必自己定义,只需用 #include 指令把有关的头文件包含到本文件模块中即可。例如,在程序中若用到数学函数(如sqrt,fabs,sin,cos等),就必须在本文件模块的开头写上: #include <math.h>。

库函数只提供了最基本、最通用的一些函数,而不可能包括人们在实际应用中用到的所有函数。这就要程序设计者自己在程序中定义。

7.2.2 怎样定义函数

1. 怎样定义无参函数

例7.1中的 print_star 和 print_message 函数都是无参函数,在函数名后面的圆括号中是空的,没有参数。定义无参函数的一般形式为:

```
类型名  函数名()
{
    函数体
}
```

函数体包括声明部分和执行语句部分。

在定义函数时要用"类型名"指定函数值的类型,即函数带回来的值的类型。例7.1中的 print_star 和 print_message 函数为 void 类型,表示不需要带回函数值。

2. 怎样定义有参函数

定义有参函数的一般形式为:

```
类型名 函数名(形式参数表列)
  {
     函数体
  }
```

下面定义一个有参函数:

```
int max(int x,int y)
  {int z;                        //函数体中的声明部分
   if(x>y) z=x;
   else z=y;
   return(z);
  }
```

读者能否很快地看出此函数的功能?

这个函数的功能是:求 x 和 y 二者中的大者。第 1 行第一个关键字 int 表示函数值是整型的。max 是函数名。括号中有两个形式参数 x 和 y,它们都是整型的。在调用此函数时,主调函数把实际参数的值传递给被调用函数中的形式参数 x 和 y。大括号内是函数体,它包括声明部分和语句部分。声明部分包括对函数中用到的变量进行定义以及对将要在本函数中调用的函数进行声明等。在 if 语句中使变量 z 的值等于 x 与 y 中的大者。此 if 语句可以用条件表达式"z=x>y? x:y;"代替,结果相同。return(z)的作用是将 z 的值作为函数的值带回到主调函数中,它又称为**函数返回值**。在函数定义时已指定了 max 函数为整型,即要求函数返回的值是整型,在函数体中定义了 z 为整型,并通过 return 语句把 z 作为 max 函数的值返回。可以看到,函数的类型和返回值的类型都是整型。

return 后面的返回值两侧的圆括号可以省写,如"return(z);"可简化为"return z;"。

7.2.3 怎样调用函数

定义函数的目的是为了用这个函数,因此要学会正确使用函数。

1. 调用无参函数的形式

```
函数名()
```

如 print_star()。

2. 调用有参函数的形式

函数名(实参表列)

如 max(a,b)。

如果实参表列包含多个实参,则各参数间用逗号隔开。实参与形参的个数应相等,类型应匹配。实参与形参按顺序对应,向形参传递数据。

例 7.2　输入两个整数,求输出二者中的大者。要求在主函数中输入两个整数,用一个函数 max 求出其中的大者,并在主函数中输出此值。

解题思路:

题目要求用一个 max 函数来实现比较两个整数,并将得到的大数带回主函数。显然,两个整数中的大者也应该是整数,因此 max 函数应当是 int 型。两个数是在主函数中输入的,在 max 函数中进行比较,因此应该定义为有参函数,在函数调用时进行数据的传递。

在第 1 章例 1.3 已简单介绍过与此相似的程序,现再对程序进行详细分析。

编写程序:

```
#include <stdio.h>
int main()
{ int max(int x,int y);        //max 函数声明,表示在 main 函数中将要调用 max 函数
  int a,b,c;
  printf("please input two number:");
  scanf("%d,%d",&a,&b);        //输入两个整数
  c=max(a,b);                  //调用 max 函数,得到一个值,赋给 c
  printf("max is %d\n",c);     //输出 c 的值就是两个整数中的大者
  return 0;
}

int max(int x,int y)           //定义 max 函数,函数类型为 int 型,两个参数为 int 型
{ int z;                       //变量 z 用来存放两个整数中的大者,int 型
  if (x>y) z=x;
  else z=y;
  return(z);
}
```

运行结果:

```
please input two number:17,-32↙
max is 17
```

程序分析：

程序中第 11～16 行是定义一个函数（注意第 11 行的末尾没有分号）。第 11 行指定了函数名 max 和两个形参名 x,y 以及形参的类型 int。程序第 7 行包含一个函数调用,max 后面括号内的 a 和 b 是实参。a 和 b 是在 max 函数中定义的变量并获得值。x 和 y 是函数 max 中的形式参数。它们的值是在函数调用过程中从主函数传给形参的,见图 7.2。

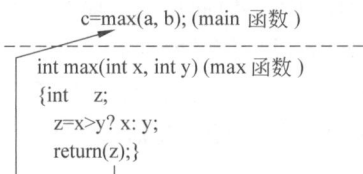

图　7.2

max 函数也可以改写为：

```
int max(int x, int y)        //定义 max 函数,函数类型为 int 型,两个参数为 int 型
  {if (x>y) return(x);       //如果 x>y,返回值为 x
   else return(y);           //如果 x≤y,返回值为 y
  }
```

这样在 max 函数中少定义一个变量 z。

在定义函数时函数名后面括号中的变量名称为**形式参数**（简称**形参**）,如例 7.2 程序中定义 max 函数时括号中的 x 和 y。在主调函数中调用一个函数时,函数名后面括号中的参数（可以是一个表达式）称为**实际参数**（简称**实参**）,如 main 函数中用到的 max(a,b) 中的 a 和 b。

下面详细说明函数调用的过程：

（1）**在定义函数中指定的形参,在未出现函数调用时,它们并不占内存中的存储单元。**在发生函数调用时,函数 max 中的形参被分配内存单元。

（2）**将实参对应的值传递给形参。**如图 7.3 所示,实参的值为 2,把 2 传递给相应的形参 x,这时形参 x 就得到值 2,同理,形参 y 得到值 3。

（3）**在执行 max 函数期间,由于形参已经有值,就可以进行有关的运算**（例如把 x 和 y 比较,把 x 或 y 的值赋给 z 等）。

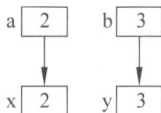

图　7.3

（4）**通过 return 语句将函数值带回到主调函数。**例 7.2 中在 return 语句中指定的返回值是 z,这个 z 就是函数 max 的值（又称返回值）。执行 return 语句就把这个函数返回值带回主调函数 main。应当注意返回值的类型与函数类型一致。如 max 函数为 int 型,返回值是变量 z,也是整型。二者一致。

如果函数不需要返回值,则不需要 return 语句。这时函数的类型应定义为 void 类型。

（5）**调用结束,形参单元被释放。**注意：实参单元仍保留并维持原值,没有改变。如果在执行一个被调用函数时,形参的值发生改变,不会改变主调函数的实参的值。例如,若在执行 max 函数过程中 x 和 y 的值变为 10 和 15,但 a 和 b 仍为 2 和 3,见图 7.4。这是因为实参与形参是两个不同的存储单元。

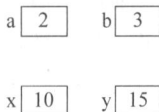

| a | 2 | | b | 3 |
| x | 10 | | y | 15 |

图　7.4

在 C 语言中,实参向形参的数据传递是"值传递",单向传递,只由实参传给形参,而不能由形参传回来给实参。

(6) **调用函数的方式**。按函数在程序中出现的位置来分,可以有以下 3 种函数调用方式。

1. 函数语句

调用没有返回值的函数,函数调用单独作为一个语句。如例 7.1 中的"print_star();",这时不要求函数带回值,只要求函数完成一定的操作。

2. 函数表达式

函数出现在一个表达式中,这种表达式称为函数表达式。这时要求函数带回一个确定的值以参加表达式的运算。例如:

```
c=2 * max(a,b);
```

函数 max 是赋值表达式的一部分,把它的值乘以 2 再赋给 c。也可以将函数值直接赋给一个变量,如

```
c=max(x,y);
```

这时 max(x,y)是赋值表达式的一部分。

3. 函数参数

函数调用作为一个函数的实参。例如:

```
printf("%d", max(a,b));
```

把 max(a,b)作为 printf 函数的一个参数。

7.2.4　对被调用函数的声明和函数原型

在例 7.2 程序中,main 函数体的开头有一个对 max 函数的声明:

```
int max(int x,int y);
```

前面已简单说明了它的作用，现再作详细说明为什么需要这个声明。在一个函数中调用另一个函数（即被调用函数）需要具备以下的条件：

（1）首先被调用的函数必须是已经定义的函数（是库函数或用户自己定义的函数）。但只有这一个条件还不够。

（2）如果使用库函数，还应该在本文件开头用♯include指令将该函数有关的信息"包含"到本文件中来。例如使用数学库中的函数，应该用下面的头文件：

```
#include <math.h>
```

（3）如果使用用户自己定义的函数，而该函数的位置在主调函数（即调用它的函数）的后面（前提是二者属于同一个源文件模块），在主调函数中应该对被调用函数进行**声明**（declaration）。声明的作用是把函数名、函数参数的个数和参数类型等信息通知编译系统，以便在遇到函数调用时，编译系统能据此识别函数并检查函数调用是否合法。

例7.2中main函数的位置就是在定义max函数的前面，而在进行编译时是从上到下逐行进行的，如果没有对函数的声明，当编译到程序第7行时，编译系统无法确定max是不是函数名，也无法判断实参（a和b）的类型和个数是否正确，因而无法进行正确性的检查。如果不作检查，在运行时才发现实参与形参的类型或个数不一致，出现运行错误。但是在运行阶段发现错误并重新调试程序，是比较麻烦的，工作量也较大。应当在编译阶段尽可能多地发现错误，随之纠正错误。

现在，在函数调用之前做了**函数声明**。因此编译系统记下了需要调用的函数的有关信息，在对"c＝max(a,b)；"进行编译时就"有章可循"了。编译系统根据max的名字找到相应的函数声明，根据函数声明对函数调用的合法性进行全面的检查。例如在函数声明中已经知道两个形参都是int型的，而"c＝max(a,b)；"中的实参a和b也是int型的，这是合法的。如果实参与函数声明中的形参不匹配，编译系统就认为函数调用出错，它属于语法错误。用户根据屏幕显示的出错信息很容易发现和纠正错误。

可以看到，对函数的声明与函数定义中的第1行（函数首部）基本上是相同的，只差一个分号。因此可以简单地照写已定义的函数的首部，再加一个分号，就成了对函数的"声明"。由于函数声明与函数首部的一致，故把函数声明称为**函数原型**（function prototype）。为什么要用函数的首部来作为函数声明呢？这是为了便于对函数调用的合法性进行检查。因为在函数的首部包含检查调用函数是否合法的基本信息（它包括函数名、函数值类型、参数个数、参数类型和参数顺序），在检查函数调用时要求函数名、函数类型、参数个数和参数顺序必须与函数声明一致，实参类型必须与函数声明中的形参类型相同或赋值兼容（如实型数据可以传递给整型形参，按赋值规则进行类型转换）。如果不是赋值兼容，就按出错处理。这样就能保证函数的正确调用。

使用函数原型作声明是ANSI C的一个重要特点。用函数原型来声明函数，能减少编写程序时可能出现的错误。由于函数声明的位置与函数调用语句的位置比较近，因此在写程序时便于就近参照函数原型来书写函数调用,不易出错。

实际上,函数声明中的参数名可以省写,如例 7.2 程序中的声明也可以写成:

```
int max(int,int);                    //不写参数名,只写参数类型
```

因为编译系统并不检查参数名,只检查参数类型。因此参数名是什么都无所谓。甚至可以写成其他的参数名。如:

```
int max(int u, int v);               //参数名不用 x,y,而用 u,v
```

效果完全相同。

根据以上介绍,函数原型有两种形式:

> (1) 函数类型 函数名(参数类型 1 参数名 1,参数类型 2 参数名 2,…,参数类型 n 参数名 n);
> (2) 函数类型 函数名(参数类型 1,参数类型 2,…,参数类型 n);

有些专业人员喜欢用不写参数名的第(2)种形式,显得精练。有些人则愿意用第(1)种形式,只需照抄函数首部就可以了,不易出错,而且用了有意义的参数名有利于理解程序,如:

```
void print(int num,char sex,float score);
```

大体上可猜出这是一个输出学号、性别和成绩的函数,而若写成:

```
void print(int ,float ,char);
```

则无从知道形参的含义。

> **注意**:对函数的"定义"和"声明"不是一回事。函数的定义是指对函数功能的确立,包括指定函数名、函数值类型、形参及其类型以及函数体等,它是一个完整的、独立的函数单位。而函数的声明的作用则是把函数的名字、函数类型以及形参的类型、个数和顺序通知编译系统,以便在调用该函数时系统按此进行对照检查(例如,函数名是否正确,实参与形参的类型和个数是否一致),它不包含函数体。

关于使用函数声明的说明:

(1) 如果被调用函数的定义出现在主调函数之前,可以不必加以声明。因为编译系统已经先知道了已定义函数的有关情况,会根据函数首部提供的信息对函数的调用作正确性检查。如果把例 7.2 改写如下(即把 main 函数放在 max 函数的后面),就不必在 main 函数中对 max 声明。

```
#include <stdio.h>
int max(int x,int y)                    //定义 max 函数
{ int z;
  if (x>y) z=x;
  else z=y;
  return(z);
}
int main()                              //主函数在 max 定义位置的后面
{                                       //不需要在主函数中对 max 函数进行声明
  int a,b,c;
  printf("please input two number:");
  scanf("%d,%d",&a,&b);
  c=max(a,b);
  printf("max is %d\n",c);
  return 0;
}
```

　　尽管这样可以省去函数声明,但是人们在编写程序时还是愿意将 main 函数写在最前面,因为在程序的开头就能看到程序的主体,相当于到了总调度室,了解到程序的总体结构及其功能,知道调用什么函数得到什么结果。至于函数是怎样实现的,则在后面展示。可以设想,如果把主函数写在最后,在看程序时,先看到一个又一个具体的函数,最后才看到主函数,会找不出头绪,没有总体感。

　　(2) 如果已在源文件模块的开头(在所有函数之前),已对本文件中所调用的所有函数进行了声明,它们的作用范围是全局性的,编译系统已由此可知各被调用函数的有关信息,因此不必在各函数中再对所调用的函数作声明。

7.3　函数的嵌套调用和递归调用

7.3.1　函数的嵌套调用

　　以上介绍的是函数的简单调用,在被调用的函数体中没有再调用其他函数。而在一些比较复杂的问题中,往往在调用一个函数的过程中,又调用另一个函数,见图 7.5。

　　图 7.5 表示的是两层嵌套(包括 main 函数共 3 层函数),其执行过程是:

　　(1) 执行 main 函数的开头部分;

　　(2) 遇函数调用语句,调用函数 a,流程转去 a 函数;

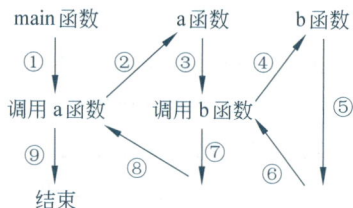

图　7.5

（3）执行 a 函数的开头部分；

（4）遇函数调用语句，调用函数 b，流程转去函数 b；

（5）执行 b 函数，如果再无其他嵌套的函数，则完成 b 函数的全部操作；

（6）返回到 a 函数中调用 b 函数的位置；

（7）继续执行 a 函数中尚未执行的部分，直到 a 函数结束；

（8）返回 main 函数中调用 a 函数的位置；

（9）继续执行 main 函数的剩余部分直到结束。

例 7.3　输入 4 个整数，找出其中最大的数。用一个函数来实现。

解题思路：

根据题目的要求，可以定义一个函数 max_4 来实现从 4 个数中找出最大的数。从前面已知，用 max 函数可以很方便地找出两个数中的大者。因此人们考虑能否通过调用 max 函数来实现从 4 个数中找出最大的数呢？结论可以的。先用 max(a,b) 找出 a 和 b 中的大者，赋给变量 m。再用 max(m,c) 函数求出 a,b,c 三者中的大者，再赋给 m（因为 m 是 a 和 b 中的大者，因此 max(m,c) 就是 a,b,c 三者中的大者），把它赋给 m。再用 max(m,d) 求出 a，b,c,d 四者中的大者，它就是 a,b,c,d 四个数中的最大者。

在 max_4 函数中调用三次 max 函数，就求出 4 个数中的最大者。最后在主函数中输出结果。

编写程序：

```
#include <stdio.h>
int main()
{ int max_4(int a,int b,int c,int d);    //对 max_4 函数的声明
  int a,b,c,d,max;
  printf("Please enter 4 integer numbers:");
  scanf("%d %d %d %d",&a,&b,&c,&d);
  max=max_4(a,b,c,d);              //调用 max_4 函数,得到 4 个数中的最大者,赋给变量 max
  printf("max=%d \n",max);
  return 0;
}

int max_4(int a,int b,int c,int d)      //定义 max_4 函数
{ int max(int,int);                     //max 函数的声明
  int m;
  m=max(a,b);                           //调用 max 函数,找出 a 和 b 中的最大者
  m=max(m,c);                           //调用 max 函数,找出 a,b,c 中的最大者
  m=max(m,d);                           //调用 max 函数找出 a,b,c,d 中的最大者
  return(m);                            //函数返回值是 4 个数中的最大者
}
```

```
int max(int x,int y)                        //定义 max 函数
{if(x>y)
    return x;
 else
    return y;                               //函数返回值是 x 和 y 中的最大者
}
```

运行结果:

```
Please enter 4 integer numbers:11 45 -54 0↙
max=45
```

程序分析:

在主函数中要调用 max_4 函数,因此在主函数的开头要对 max_4 函数作声明。在 max_4 函数中三次调用 max 函数(这是嵌套调用),因此在 max_4 函数的开头要对 max 函数作声明。由于在主函数中没有直接调用 max 函数,因此在主函数中不必对 max 函数作声明,只需要在 max_4 函数中作声明即可。

max_4 函数执行过程是这样的:第1次调用 max 函数得到的函数值是 a 和 b 中的大者,把它赋给变是量 m,第2次调用 max(m,c)得到 m 和 c 的大者,也就是 a,b,c 中的最大者,再把它赋给变是量 m。第3次调用 max(m,d)得到 m 和 d 的大者,也就是 a,b,c,d 中的最大者,再把它赋给变是量 m。这是一种**递推**方法,先求出2个数的大者;再以此为基础求出3个数的大者;再以此为基础求出4个数的大者。m 的值一次一次地变化,直到实现最终要求。

max 函数的函数体可以只用一个 return 语句,返回一个条件表达式的值:

```
{return(x>y?x:y);}
```

本例是一次嵌套调用,有些较复杂的问题可以用多层嵌套调用。

7.3.2 函数的递归调用

在调用一个函数的过程中又出现**直接或间接地调用该函数本身**,称为**函数的递归调用**。C 语言的特点之一就在于允许函数的递归调用。例如:

```
int f(int x)
  {
    int y,z;
    z=f(y);                                 //在执行 f 函数的过程中又要调用 f 函数
    return(2*z);
  }
```

可以看到在调用 f 函数的过程中,又要调用 f 函数,这是直接调用本函数,见图 7.6。

如果在调用 f1 函数过程中要调用 f2 函数,而在调用 f2 函数过程中又要调用 f1 函数,就是间接调用本函数,见图 7.7。

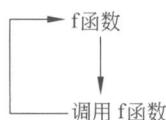

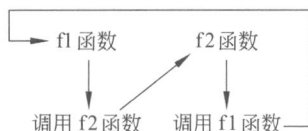

图 7.6   图 7.7

> **注意**:在调用一个函数过程中调用另一个函数,称为函数的**嵌套**调用。
> 在调用一个函数过程中直接或间接调用本函数,称为函数的**递归**调用。

从图 7.6 和图 7.7 所示的两种递归调用都是无终止的自身调用。显然,程序中不应出现这种无终止的递归调用,而只应出现有限次数的、有终止的递归调用,譬如指定递归调用的次数,或者指定当某一条件成立时才执行递归调用;当该条件不满足就不再继续。

下面是一个递归调用的例子。请读者仔细分析。

例 7.4 有 5 个学生坐在一起,问第 5 个学生多少岁?他说比第 4 个学生大 2 岁。问第 4 个学生岁数,他说比第 3 个学生大 2 岁。问第 3 个学生,又说比第 2 个学生大 2 岁。问第 2 个学生,说比第 1 个学生大 2 岁。最后问第 1 个学生,他说是 10 岁。请问第 5 个学生多大。

解题思路:

想知道求第 5 个学生的年龄,就必须先知道第 4 个学生的年龄,而第 4 个学生的年龄也不知道,要想求第 4 个学生的年龄必须先知道第 3 个学生的年龄,而第 3 个学生的年龄又取决于第 2 个学生的年龄,第 2 个学生的年龄取决于第 1 个学生的年龄。而且每一个学生的年龄都比其前 1 个学生的年龄大 2 岁。显然,这是一个递归问题。如果 age 是年龄函数,age(n) 代表第 n 个学生的年龄,可以用下面的式子表示上述关系。

$$age(5)=age(4)+2$$
$$age(4)=age(3)+2$$
$$age(3)=age(2)+2$$
$$age(2)=age(1)+2$$
$$age(1)=10$$

可以用数学公式表述如下:

$$age(n)=\begin{cases}10 & (n=1)\\ age(n-1)+2 & (n>1)\end{cases}$$

可以看到,当 n>1 时,求第 n 个学生的年龄的公式是相同的,即前一个学生的年龄加 2。因此可以用同一个公式表示上述关系。图 7.8 是求第 5 个学生年龄的过程。

从图 7.8 可知,求解可分成两个阶段:第一阶段是"回溯",即将第 n 个学生的年龄表示

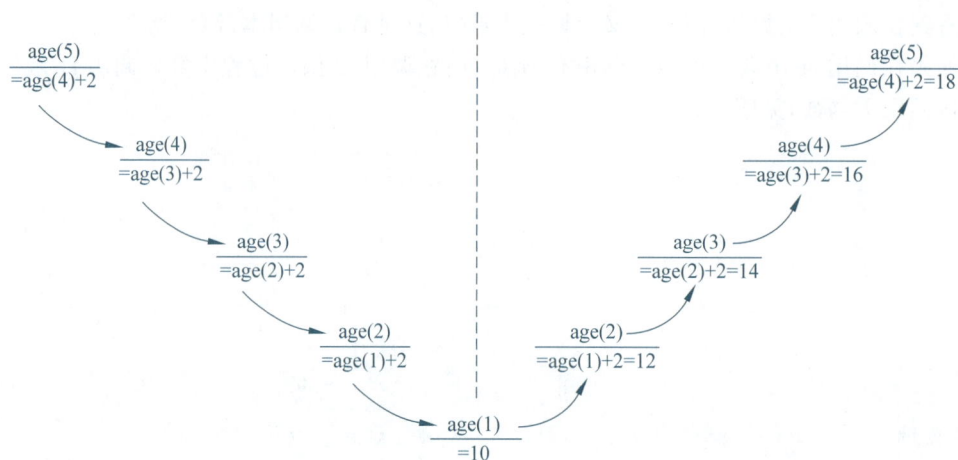

图　7.8

为第$(n-1)$个学生年龄的函数：$age(n-1)+2$。而第$(n-1)$个学生的年龄仍然不知道，还要"回推"到第$(n-2)$个学生的年龄……直到第 1 个学生的年龄。此时 $age(1)$ 已知，不必再向前推了。然后开始第二阶段，采用递推方法，从第 1 个学生的已知年龄推算出第 2 个学生的年龄（12 岁），从第 2 个学生的年龄推算出第 3 个学生的年龄（14 岁）……一直推算出第 5 个学生的年龄（18 岁）为止。也就是说，一个递归的问题可以分为"回溯"和"递推"两个阶段。要经历若干步才能求出最后的值。显而易见，如果要求递归过程不是无限制进行下去，必须具有一个结束递归过程的条件。例如，$age(1)=10$，就是使递归结束的条件。

编写程序：

可以用一个 age 函数来描述上述递归过程：

```
int age(int n)          //求年龄的递归函数
{int c;                 //变量 c 用作存放函数的返回值的变量
 if(n==1)
   c=10;
 else
   c=age(n-1)+2;        //在执行 age 函数过程中又调用 age 函数,即递归调用
 return(c);
}
```

用一个主函数调用 age 函数,求得第 5 个学生的年龄:

```
#include <stdio.h>
int main()
{ printf("%d\n",age(5));   //输出第 5 个学生的年龄
  return 0;
}
```

主函数的位置如果在 age 函数之后(如本例上面表示的那样),这时在 main 函数中不必对 age 函数进行声明。

运行结果:

```
18
```

程序分析:

main 函数中实际上只有一个语句。整个问题的求解全靠一个 age(5)函数调用来解决。函数调用过程如图 7.9 所示。

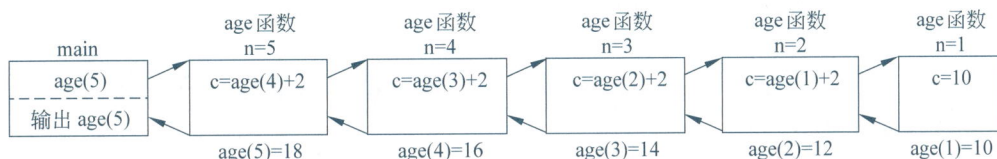

图 7.9

从图 7.9 可以看到,age 函数共被调用 5 次,即 age(5)、age(4)、age(3)、age(2)、age(1),其中 age(5)是 main 函数调用的,其余 4 次是在 age 函数中调用的,即递归调用 4 次。请读者仔细分析调用的过程。应当强调说明的是在某一次调用 age 函数时并不是立即得到 age(n)的值,而是一次又一次地进行递归调用,到 age(1)时才有确定的值,然后再递推出 age(2)、age(3)、age(4)、age(5)。请读者将程序和图 7.8 及图 7.9 结合起来认真分析。

例 7.5 分别用递推方法和递归方法求 $n!$,即 $1\times2\times3\times\cdots\times n$。

1. 用递推方法求 $n!$

解题思路:

用递推方法,即从 1 开始,乘 2,再乘 3……一直乘到 n。这种方法容易理解,也容易实现。递推法的特点是从一个已知的事实出发,按一定规律推出下一个事实,再从这个新的已知的事实出发,再向下推出一个新的事实……这是和递归不同的。

编写程序:

```
#include <stdio.h>
int main()
{
 long fac(int n);                          //对 fac 函数进行声明
 int n;
 long fact=0;                              //变量 fact 用来存放 n!的值
 printf("please input a integer number:"); //输出一行信息,请用户输入 n
 scanf("%d",&n);                           //输入 n
```

```
    fact=fac(n);                    //调用 fac 函数,求出 n!
    printf("%d!=%ld\n",n,fact);     //输出 n!
    return 0;
}

long fac(int n)                     //定义 fac 函数
{int i;
 long fac=1;
 for(i=1;i<=n;i++)                  //计算 n!
     fac=fac*i;
 return fac;
}
```

运行结果：

```
please input a integer number:10↙
10!=3628800
```

程序分析：

fac 函数是用连乘的方法求 n!。考虑到有的 C 编译系统(如 Turbo C2.0)整型数据的范围是－32768～32767,而当 n 的值等于 8 时,就超过了此范围,因此把函数 fac 和存放 n!的变量 fac 和 fact 定义为 long 型。如果所用的 C 编译系统对整型数据分配 4 字节（如 Visual C++），可以把程序中的 long 型都改为 int 型,结果相同。

2. 用递归方法求 n!

解题思路：

递归的思路和递推是相反的,并不是先求 1×2,再$\times3$……直到$\times n$,而是直接从目标出发提出问题：现在要求 5!,怎样才能得到 5! 呢？如果知道 4!,就能通过 $4!\times5$ 得到 5!。而 4!也不知道,先求出 3!,就能通过 $3!\times4$ 得到 4!。而 3! 也不知道,要先知道 2!,才能通过 $2!\times3$ 得到 3!。而 2!等于 $1!\times2$。而 1!是已知的,不必再回溯了。可用下面的递归公式表示：

$$n!=\begin{cases}1 & (n=0,1)\\ n\cdot(n-1)! & (n>1)\end{cases}$$

有了上面的基础,很容易写出递归的程序。

编写程序：

```
#include <stdio.h>
int  main()
```

```
    {long fac(int n);                      //对 fac 函数的声明
     int n,y;
     printf("input an integer number:");
     scanf("%d",&n);
     y=fac(n);                             //调用 fac 函数
     printf("%d!=%ld\n",n,y);
     return 0;
    }

long fac(int n)                            //定义 fac 函数
    {long f;
     if(n<0)
         printf("n<0,data error!");        //如果输入的 n<0,不合法
     else if(n==0,n==1)
         f=1;                              //0!和 1!等于 1
     else   f=fac(n-1) * n;                //递归调用 fac 函数
     return(f);                            //f 就是 n!
    }
```

运行结果:

```
input an integer number:12↙
12!=479001600
```

程序分析:

假如输入的 n 值为 5,在主函数中调用函数 fac(5)就能求出 5!。在执行 fac(5)的过程中,由于 5 不等于 0 和 1,所以执行"f=fac(n−1) * n;",即 f=fac(4) * 5,需要递归调用 fac 函数,即调用 fac(4)。在执行 fac(4)的过程中,由于 4 不等于 0 和 1,所以执行"f=fac(n−1) * n;",由于此时 n=4 了,所以相当于 f=fac(3) * 4。在执行 fac(3)的过程中,由于 3 不等于 0 和 1,所以执行"f=fac(n−1) * n;",由于此时 n=3,所以相当于即 f=fac(2) * 3。在执行 fac(2)的过程中,由于 2 不等于 0 和 1,所以执行"f=fac(n−1) * n;",由于此时 n=2,所以相当于 f=fac(1) * 2。在执行 fac(1)的过程中,由于 1 等于 1,所以执行"f=1;",不再递归调用 fac 函数了,即递归调用结束。

现在是在执行 fac(1)的过程中,在执行完"f=1;"后,就执行 return 语句,f 的值(1)就是函数 fac(1)的值,return 语句将 f 的值 1 带回 f=fac(1) * 2 中,注意此时 fac(1)已结束了,现在是在执行 fac(2)的过程中,求出 f=fac(1) * 2=1 * 2=2。然后执行 return 语句,将 f 的值 2 作为函数 fac(2)的值带回 fac(3)中的"f=fac(2) * 3"中,得到 f=2 * 3=6,return 语句将 6 作为 fac(3)的值返回 fac(4)中的"f=fac(3) * 4"中,求出 f=6 * 4=24,return 语句将 24 作为 fac(4)的值返回 fac(5)中的"f=fac(4) * 5"中,求出 f=24 * 5=120。由于 fac(5)是 main

函数调用的,所以 return 语句将 120 作为 fac(5)的值返回 main 函数的"y＝fac(n);"中,即 y ＝fac(5),故 y 等于 120,程序输出 120(即 5！的值)后结束。

上面对整个递归过程做了详细的说明,请读者一定要弄清楚:当前是处在哪一层的 fac 函数过程中,求出的 f 值返回到哪一层的 fac 函数中。读者可以参照图 7.8 画出本例的调用过程。

通过此例可以了解递归调用的特点:从一个未知的结果(fac(5))出发,倒推回上一级(fac(4)),希望通过 fac(4)来求出 fac(5),但是现在 fac(4)也是未知的。再往回推到上一层(fac(3))仍是未知,再向前推……直到遇 fac(1),现在 fac(1)是已知的了,fac(1)＝1。显然不必再往回推了,回溯过程结束。这就是递归的边界条件。然后开始递推过程,由已知的条件(fac(1)＝1)推算出 fac(2),由已知的 fac(2)推算出 fac(3),由已知的 fac(3)推算出 fac(4),由已知的 fac(4)推算出 fac(5)。得到最后结果。

即执行"未知→未知→……直到出现递归边界条件",然后执行"已知→已知→已知"的过程。

有的递归问题可以用递推的办法解决,但有些问题只能用递归方法解决,或者用递归方法简便,符合人们思考过程。

注意:一个问题能否用递归方法处理,取决于以下 3 个条件:

(1) 所求解的问题能转化为用同一方法解决的子问题,例如求 $n!$ 可以转化为$(n-1)!\times n$。$(n-1)!$ 就是子问题,它的求解方法与 $n!$ 是相同的。

(2) 子问题的规模比原问题的规模小,如求$(n-1)!$ 比求 $n!$ 的规模小,规模应是有规律地递减,表现在调用函数时,参数是递减的。如第一次调用 fac(5),第二次调用fac(4)……

(3) 必须要有递归结束条件(边界条件),例如 fac(1)＝1 和 fac(0)＝1。停止递归,否则形成无穷递归,系统无法实现。

这就是采用递归方法解题的条件。

7.4 数组作为函数参数

前面已经介绍了可以用变量作函数参数,显然,数组元素也可以作函数实参,其用法与变量相同。此外,数组名也可以作实参和形参,传递的是数组首元素的地址。

7.4.1 用数组元素作函数实参

由于实参可以是表达式,而数组元素可以是表达式的组成部分,因此数组元素当然可以作为函数的实参,与用变量作实参一样,传递方式是单向传递,即"**值传送**"方式。

例 **7.6** 有两个运动队 a 和 b,各有 10 个队员,每个队员有一个综合成绩。将两个队的每个队员的成绩按顺序一一对应地逐个比较(即 a 队第 1 个队员与 b 队第 1 个队员比,……)。如果 a 队队员的成绩高于 b 队相应队员成绩的数目多于 b 队队员成绩高于 a 队相应队员成绩的数目(例如,a 队赢 6 次,b 队赢 4 次),则认为 a 队胜。统计出两队队员比较的结果(a 队高于、等于和低于 b 队的次数)。

解题思路:

设两个数组 a 和 b,各有 10 个元素,分别存放 10 个队员的成绩,将两个数组的相应元素逐个比较,用 3 个变量 n,m,k 分别累计 a 队队员高于、等于和低于 b 队队员的次数。用一个函数 higher 来判断每一次比较的结果。如果 a 队员高于 b 队员,结果为 1;二者相等,结果为 0;a 队员低于 b 队员,结果为 -1。最后比较 n 和 k 即可得到哪队胜的结果。

编写程序:

```
#include <stdio.h>
int main()
  {int higher(int x,int y);              //对 higher 函数的声明
   int a[10],b[10],i,n=0,m=0,k=0;
   printf("enter array a:\n");           //提示输入 a 队队员成绩
   for(i=0;i<10;i++)                     //输入 a 队队员成绩
     scanf("%d",&a[i]);
   printf("\n");
   printf("enter array b:\n");           //提示输入 b 队队员成绩
   for(i=0;i<10;i++)                     //输入 b 队队员成绩
     scanf("%d",&b[i]);
   printf("\n");
   for(i=0;i<10;i++)                     //比较 10 个队员
     { if(higher(a[i],b[i])==1)          //如 a 队队员成绩高于 b 队相应队员
         n++;                            //使 n 累加 1
       else
         if(higher(a[i],b[i])==0)        //如 a 队队员成绩等于 b 队相应队员
            m++;                         //使 m 累加 1
         else                            //如 a 队队员成绩低于 b 队相应队员
            k=k+1;                       //使 k 累加 1
     }
   printf("a higher b %d times\na equal to b %d times\nb higher a %d times\n",n,m,
k);
                                         //输出 n,m,k 的值
   if(n>k)
     printf("a wins!\n");
   else
```

```
    if (n<k)
        printf("b wins!\n");
    else
        printf("a is equal to b\n");
  return 0;
}

higher(int x,int y)              //定义 higher 函数
  {int flag;
  if(x>y) flag=1;                //x 队队员成绩高于 y 队相应队员,使 flag 等于 1
  else if(x<y) flag=-1;          //如 y 队队员成绩高于 x 队相应队员,使 flag 等于-1
  else flag=0;                   //如 x 队队员成绩等于 y 队相应队员,使 flag 等于 0
  return(flag);                  //将 1 或-1,0 返回主函数
}
```

运行结果:

```
enter array a:
78 83 88 98 65 77 56 73 80 69↙
enter array b:
65 73 88 69 100 71 65 76 80 64↙
a higher b 5 times
a equal to b 2 times
b higher a 3 times
a wins!
```

用数组元素作为函数实参,每次调用函数时,把数组元素的值传递给函数形参。其作用与用法与用变量作为函数实参是一样的。

注意:数组元素只能作函数实参,而不能作为函数形参。请读者思考为什么。

7.4.2　用数组名作函数参数

用数组元素作为函数实参可以向形参传递一个数组元素的值。有时希望在函数中处理整个数组的元素,此时可以用数组名作为函数实参,但请注意,此时并不是将该数组中全部元素传递给所对应的形参。由于数组名代表数组首元素的地址,因此只是将数组的首元素的地址传递给所对应的形参,因此对应的形参应当是数组名或指针变量(见第 8 章)。

例 7.7　有 10 个学生成绩,用一个函数求全体学生的平均成绩。

解题思路:

在主函数中定义一个实型数组 score,将输入的 10 个学生成绩存放在数组中。设计一

个函数 average,用来求学生的平均成绩。这样就需要把数组有关信息传递给 average 函数。我们采取用数组名作为实参,把数组地址传给 average 函数,在该函数中对数组进行处理。

编写程序:

```
#include <stdio.h>
int main()
{ float average(float array[10]);        //函数声明
  float score[10],aver;
  int i;
  printf("input 10 scores:\n");
  for(i=0;i<10;i++)
      scanf("%f",&score[i]);
  aver=average(score);                    //以数组名为实参调用 average 函数
  printf("average score is %5.2f\n",aver);
  return 0;
}

float average(float array[10])          //定义求平均成绩的函数 average
  {int i;
   float aver,sum=array[0];
   for(i=1;i<10;i++)
       sum=sum+array[i];                //累加成绩总和
   aver=sum/10;                         //求出平均成绩
   return(aver);                        //将平均成绩作为函数值带回主函数
}
```

运行结果:

```
input 10 scores:
98 90 78 67.5 100 65 67 99 85 72↙
average score is 82.15
```

程序分析:

(1) 程序中用数组名作函数实参,函数 average 的形参也用数组名。注意应在主调函数和被调用函数分别声明数组,例如 array 是形参数组名,score 是实参数组名,分别在其所在函数中声明,不能只在一方声明。

(2) 实参数组与形参数组类型应一致(现都为 float 型),如不一致,结果将出错。

(3) 用数组名作为函数参数,在调用函数时并不另外开辟一个存放形参数组的空间,这点是和用变量作函数参数不同的。前面已说明,数组名代表数组的首元素的地址,因此,用数组名作函数实参时,只是将实参数组的首元素的地址传给形参数组名。所以形参数组名获得了实参数组的首元素的地址。因此,形参数组首元素 array[0] 和实参数组首元素(score[0])具有同一地址,它们共占同一存储单元,score[n]和 array[n]指的是同一单元。score[n]和 array[n]具有相同的值,见图 7.10。

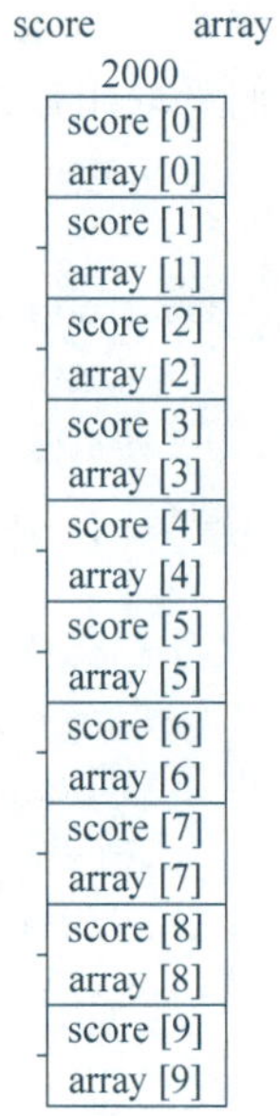

在程序中,定义函数 average 时声明了形参数组 array 的大小为 10,但在实际上,指定其大小并不起任何作用的,因为 C 语言编译对形参数组大小不做检查,因此形参数组可以不指定大小,在定义数组时可以在数组名后面跟一个空的方括号。效果是相同的。在学习了第 8 章后可以知道形参数组名实际上是一个指针变量。

例 7.8　有两个班,学生数不同,编写一个函数,用来分别求各班的平均成绩。

解题思路:

求一个已知人数的班级平均成绩的程序,已在例 7.7 解决了。现在问题的关键是用同一个函数求不同人数的班级平均成绩。根据上面介绍的规定,在定义形参时不指定数组的大小,函数对不同人数的班级都是适用的。

根据用数组名作函数形参的规定,数组名传递的是数组首元素的地址,而不是数组元素。因此可以利用同一个函数来求人数不同的班的平均成绩,在定义 average 函数时,增加一个参数 n,用来指定当前班级的人数。在例 7.7 的基础上很容易地写出下面的程序。请注意形参数组没有指定大小。为简化起见,设第一班有 5 名学生,第二班有 10 名学生。

score	array
\multicolumn{2}{c}{2000}	
score [0]	array [0]
score [1]	array [1]
score [2]	array [2]
score [3]	array [3]
score [4]	array [4]
score [5]	array [5]
score [6]	array [6]
score [7]	array [7]
score [8]	array [8]
score [9]	array [9]

图　7.10

编写程序:

```
#include <stdio.h>
int main()
{float average(float array[ ],int n);        //对 average 函数的声明
 float score_1[5]={98.5,97,91.5,60,55};        //第一班有 5 名学生
 float score_2[10]={67.5,89.5,99,69.5,77,89.5,76.5,54,60,99.5};
                                               //第二班有 10 名学生
 printf("The average of class A is %6.2f\n",average(score_1,5));
                                               //输出第一班平均成绩
 printf("The average of class B is %6.2f\n",average(score_2,10));
                                               //输出第二班平均成绩

 return 0;
 }

float average(float array[ ],int n) //没有指定形参数组的大小,形参 n 用来接收本班人数
 {int i;
  float aver,sum=array[0];                     //sum 的初值是第 1 个学生的成绩
  for(i=1;i<n;i++)
    sum=sum+array[i];                          //将 array[1]到 array[n]界加到 sum 中
```

```
    aver=sum/n;                        //求平均成绩
    return(aver);                      //将平均成绩作为函数值带回主函数
}
```

运行结果：

```
The average of class A is 80.40
The average of class B is 78.20
```

程序分析：

为了分别求出两个不同大小的数组中元素的平均值,在定义 average 函数时设一个整型形参 n,在调用 average 函数时,从主函数的实参把需要处理的数组名传递给形参数组名 array,把该班人数传递给 n。主函数两次调用 average 函数时需要处理的数组元素个数是不同的,在第一次调用时将实参(值为 5)传递给形参 n,因此在 for 语句中执行 4 次循环,求出的是 5 个学生的平均分。第二次调用时,实参值为 10,传递给形参 n,在 for 语句中执行 9 次循环,求出的是 10 个学生的平均分。

说明：用数组名作函数实参时,不是把数组元素的值传递给形参,而是把实参数组的首元素的地址传递给形参数组,这样实参数组和形参数组就共占同一段内存单元,见图 7.11。假若实参数组 a 的首元素的地址为 1000,则形参数组 b 数组首元素的地址也是 1000,显然, a[0]与 b[0]同占一个单元,a[1]与 b[1]同占一个单元……如果改变了 b[0] 的值,也就意味着 a[0] 的值也改变了。也就是说,形参数组中各元素的值如发生变化会使实参数组元素的值同时发生变化,

	a[0]	a[1]	a[2]	a[3]	a[4]	a[5]	a[6]	a[7]	a[8]	a[9]
起始地址 1000	2	4	6	8	10	12	14	16	18	20
	b[0]	b[1]	b[2]	b[3]	b[4]	b[5]	b[6]	b[7]	b[8]	b[9]

图　7.11

这一点是与变量作函数参数的情况不相同,请注意。在程序设计中可以有意识地利用这一特点改变实参数组元素的值(如排序)。

例 7.9 用一个函数实现用**选择法**对 10 个整数按升序排列。

解题思路：

排序有许多不同的方法,前面介绍了"起泡法",本程序用"选择法"。所谓**选择法**就是：先选出 10 个数中最小的数,把它和 a[0]对换,这样 a[0]就是 10 个数中最小的数了。再在剩下的 9 个数(a[1]到 a[9])中选出最小的数,把它和 a[1]对换,这样 a[1]就是剩下 9 个数中最小的数了,也就是 10 个数中第 2 个小的数了……如此一轮一轮进行下去,每比较一轮,找出一个未经排序的数中最小的一个并进行交换。共经过 9 轮的比较和交换,就顺序找出了前 9 个小的数了,显然最后一个数(a[9])就是最大的数。

图 7.12 表示用选择法对 5 个数排序的步骤。

```
a[0]   a[1]   a[2]   a[3]   a[4]
3      6      1      9      4      未排序时的情况
1      6      3      9      4      第 1 轮,将 5 个数中最小的数 1 与 a[0]对换
1      3      6      9      4      第 2 轮,将余下的 4 个数中最小的数 3 与 a[1]对换
1      3      4      9      6      第 3 轮,将余下的 3 个数中最小的数 4 与 a[2]对换
1      3      4      6      9      第 4 轮,将余下的 2 个数中最小的数 6 与 a[3]对换,至此完成排序
```

图   7.12

编写程序:

```c
#include <stdio.h>
int main()
{void sort(int array[],int n);        //对 sort 函数的声明
 int a[10],i;
 printf("enter the array:\n");
 for(i=0;i<10;i++)                     //输入 a 数组 10 个元素
     scanf("%d",&a[i]);
 sort(a,10);                          //调用 sort 函数
 printf("The sorted array:\n");
 for(i=0;i<10;i++)                     //输出已排好序的 10 个数
     printf("%d ",a[i]);
 printf("\n");
 return 0;
}

void sort(int array[],int n)          //选择法排序函数
  {int i,j,k,t;
   for(i=0;i<n-1;i++)
     {k=i;                            //k 用来存放当前"最小"的元素的序号
      for(j=i+1;j<n;j++)              //将第 i 个元素与其后各元素比较
         if(array[j]<array[k])        //如果第 j 个元素比第 k 个元素小
          k=j;                        //把当前最小元素的序号 j 保存在 k 中
       t=array[k];array[k]=array[i];array[i]=t;    //将最小元素与 array[i]对换
     }
  }
```

运行结果:

```
enter array:
5 7 -3 21 -43 67 321 33 51 0↙
The sorted array
-43 -3 0 5 7 21 33 51 67 321
```

程序分析：

（1）在 sort 函数中，是这样实现选择法排序的：开始执行第 1 次外循环 for 语句时 i＝0，因此 k 也等于 0。内循环 for 语句中的 j 从 1 变到 9，将 array[1]到 array[9]轮流与 array[k]比较，现在 k＝0，array[0]是 5，array[1]是 7，由于 7＞5，所以不执行 k＝j；第 2 次循环中 j 的值是 2，将 array[2]与 array[0]比较，array[2]的值是－3，它小于 array[0]，因此执行 k＝j，把 j 的值 2 赋给 k。注意，现在 array[k]（即 array[2]）的值－3 是已比较过的 3 个数中最小的。

下面未比较过的数应该与当前最小的数 array[2]比较，才能找出最小的数。在下一次内循环中，j 的值是 3，将 array[3]与 array[2]比较，array[3]的值是 21，大于 array[2]，不执行 k＝j。下一次内循环时，j 的值为 4，将 array[4]与 array[2]比较，array[4]的值是－43，它小于 array[2]，故执行 k＝j，k 变为 4 了，表示当前 array[k]的值是已比较过的 5 个数中最小的。

以后几次比较，都是 array[j]大于 array[4]，故不执行 k＝j，在执行完 9 次内循环后，k 的值保持为 4，表示已比较过的 10 个数中 array[4]最小。程序最后第 2 行将 array[k]和 array[i]对换，现在 k＝4，i＝0，即将 array[4]和 array[0]对换。对换后 10 个数的顺序是：

$$-43,7,-3,21,5,67,321,33,51,0$$

最小的数－43 已在最前面了。然后执行第 2 次外循环 for 语句，此时 i＝1，将 array[1]和 array[2]到 array[9]比较。由于 array[0]已是最小的了，故 array[0]不必再参加比较。将其中最小的数对调到第 2 个位置，即 array[1]。其余类推。经过执行 9 次外循环，找出最前面 9 个最小的数，显然第 10 个数是最大的。

（2）可以看到在执行函数调用语句"sort(a,10);"之前和之后，a 数组中各元素的值是不同的。原来是无序的，执行"sort(a,10);"后，q 数组已经排好序了，这是由于形参数组 array 已用选择法进行排序了，形参数组改变也使实参数组随之改变。因此在主函数中输出的 a 数组已是经过排序的数组了。

请读者自己画出调用 sort 函数前后实参数组中各元素的值。

关于数组名作为函数参数，将在第 10 章介绍完指针变量后作进一步的说明。

> **注意**：用变量名或数组元素名作函数参数时，传递的是变量的值，用数组名作函数参数时，传递的是数组首元素的地址。可知，调用函数时的虚实结合的方式有两类：一类是值传递方式，另一类是地址传递方式。
>
> 值传递方式时，系统为形参另外开辟存储单元，实参与形参不是同一单元，因此形参的值改变不会导致实参值的改变，值传递是单向的，只能从实参传到形参，而不能由形参传到实参。
>
> 地址传递方式时，传递的是地址，系统不为形参数组另外开辟一段内存单元来存放数组的值，而是使形参数组与实参数组共占同一段内存单元。由于这个特点，可以利用在函数中改变形参数组的值，从而改变了实参数组的值。从现象上看，好似传递是双向的，从

实参传到形参,又从形参传到实参。但是从严格意义上说,传递仍然是单向的,仅仅是传递的是地址而已。由于地址共享,才会出现改变形参数组的值也改变了实参数组的值。这是一个可以利用的重要技巧。

不仅可以用一维数组名作函数参数,也可以用多维数组名作为函数的实参和形参。

例 7.10 有 4 个学生,5 门课的成绩,设计一个函数,用来求出其中的最高成绩。

解题思路:

先使变量 max 的初值为二维数组中第一个元素的值,然后将二维数组中各个元素的值与 max 相比,每次比较后都把"大者"存放在 max 中,取代 max 的原值。全部元素比较完后,max 的值就是所有元素的最大值。

编写程序:

```c
#include <stdio.h>
int main()
{ float highest_score(float array[4][5]);
  float score[4][5]={{61,73,85.5,87,90},{72,84,66,88,78},
                     {75,87,93.5,81,96},{65,85,64,76,71}};
  printf("The highest score is %6.2f\n",highest_score(score));
  return 0;
}

float highest_score(float array[4][5])
{int i,j;
 float max;
 max=array[0][0];
 for(i=0;i<4;i++)
   for(j=0;j<5;j++)
     if(array[i][j]>max)max=array[i][j];
 return (max);
}
```

运行结果:

```
The highest score is  96.00
```

程序分析:

实参数组 score 作为函数实参调用 highest_score 函数。将 score 的首元素地址传递给形参数组 highest_score,在 highest_score 函数中经过逐个元素比较,找到最大的值 max,把 max 作为函数值带回主函数输出。

在被调用函数中对形参数组进行声明时,可以指定每一维的大小,也可以省略第一维的大小说明。例如,定义 highest_score 函数的首行可写为:

```
float highest_score(float array[][5])
```

但不能把第二维以及其他高维的大小说明省略。如下面的定义是不合法的:

```
float highest_score(float array[][])
```

前面已说明,二维数组是由若干个一维数组组成的,在内存中,数组是按行存放的,因此,在定义二维数组时,必须指定列数(即一行中包含几个元素),由于形参数组与实参数组类型相同,所以它们是由具有相同长度的一维数组所组成的。不能只指定第一维(行数)而省略第二维(列数),下面的写法是错误的:

```
float highest_score(float array[4][])
```

编译系统不检查第一维的大小。在学习指针以后,对此会有更深入的认识。

7.5 变量的作用域和生存期

7.5.1　变量的作用域——局部变量和全局变量

如果一个 C 程序只包含一个 main 函数,数据的作用范围比较简单,在函数中定义的数据在本函数中定义点之后都是有效的。但是,若一个程序包含多个函数,就会产生一个问题,在 A 函数中定义的变量在 B 函数中能否使用? 这就是数据的作用域问题。

1. 什么是局部变量

在函数或复合语句中定义的变量,只在本函数或复合语句内范围内有效(从定义点开始到函数或复合语句结束),它们称为**内部变量或局部变量**,只有在本函数或复合语句内才能使用它们,在此函数或复合语句以外是不能使用这些变量的。

说明:

(1) 主函数中定义的变量(如例 7.6 中的 m,n,k)也只在主函数中有效,而不因为是在主函数中定义的而在整个文件或程序中有效。主函数也不能使用其他函数中定义的变量。

(2) 不同函数中可以使用相同名字的变量,它们代表不同的对象,互不干扰。例如,在 f1 函数中定义了变量 b 和 c,倘若在 f2 函数中也定义变量 b 和 c,它们在内存中占不同的单元,互不混淆。

(3) 形式参数也是局部变量。在函数中可以使用本函数声明的形参,在函数外不能引用了。

（4）在一个函数内部，可以在复合语句中定义变量，这些变量只在本复合语句中有效。变量只在复合语句内有效。

2. 什么是全局变量

一个程序可以包含一个或若干个源程序文件（即程序模块），而一个源程序文件可以包含一个或若干个函数。在函数之外定义的变量是**外部变量**，也称为**全局变量**（或全程变量）。全局变量的有效范围为从定义变量的位置开始到本源程序文件结束，在此范围内可以为本程序文件中所有函数所共用。

在一个函数中既可以使用本函数中的局部变量，又可以使用有效的全局变量。关于全局变量和局部变量的的作用域，可以打一个比方：国家有统一的法律和法规，各省还可以根据需要制定地方的法律和法规。在甲省，国家统一的法律、法规和甲省的法律、法规都是有效的，而在乙省，则国家统一的和乙省的法律、法规有效。显然，甲省的法律、法规在乙省无效。

如果在同一个源文件中，外部变量与局部变量同名，则在局部变量的作用范围内，外部变量被"屏蔽"了，即它不起作用，此时只有局部变量是有效的。

例 **7.11**　有 4 个学生，5 门课的成绩，要求输出其中的最高成绩以及它属于第几个学生、第几门课程。

解题思路：

在例 7.10 中，通过调用 highest_score 函数，得到最高分。现在要求除了输出最高分以外，还要输出该分数是属于第几个学生、第几门课的信息，即需要输出 3 个结果。但是调用一个函数只能得到一个函数值，执行一个函数不可能带回 3 个值。例 7.10 程序无法解决这个问题。

可以使用全局变量，通过全局变量从函数中得到所需要的值。

编写程序：

```
#include <stdio.h>
int Row,Column;                        //定义全局变量 Row 和 Column
int main()
{ float highest_score(float array[4][5]);
  float score[4][5]={{61,73,85.5,87,90},{72,84,66,88,78},
                     {75,87,93.5,81,96},{65,85,64,76,71}};
  printf("The highest score is %6.2f\n",highest_score(score));
  printf("Student No.is %d\nCourse No. is %d\n",Row,Column);
  return 0;
}
```

```
float highest_score(float array[4][5])
{int i,j;
 float max;
 max=array[0][0];
 for(i=0;i<4;i++)
   for(j=0;j<5;j++)
     if(array[i][j]>max)
     {max=array[i][j];
      Row=i;                      //将行的序号赋给全局变量 Row
      Column=j;                   //将列的序号赋给全局变量 Column
      }
 return (max);
}
```

运行结果：

```
The highest score is  96.00
Student No.is 2
Course No. is 4
```

即序号为 2 的学生、序号为 4 的课程分数最高(序号从 0 算起)。如果觉得从序号算起不习惯，可以将主函数最后一个语句改为：

```
printf("Student No.is %d\nCourse No. is %d\n",Row+1,Column+1);
```

这时输出结果为：

```
The highest score is  96.00
Student No.is 3
Course No. is 5
```

即第 3 个学生第 5 门课的成绩为 96 分。

程序分析：

与例 7.10 相比，只增加了两个全局变量 Row 和 Column，用来供保存最高分的行和列的信息，由于全局变量在整个文件范围内都有效，因此在 highest_score 函数中将行序号 i 和列序号 j 赋给全局变量 Row 和 Column，在函数调用结束后，函数中的局部变量被释放了，但全局变量保存下来，可以在 main 函数中输出它们的值。

函数 highest_score 与外界的联系如图 7.13 所示。可以看出形参 array 的值由 main 函数传递给形参，函数 highest_score 中 max 的值通过 return 语句带回 main 函数中调用 highest_score(score)处。Row 和 Column 是全局变量，是公用的，它们的值可以供各函数使用,如果在一个函数中,改变了它们的值,在其他函数中也可以使用这个已改变的值。

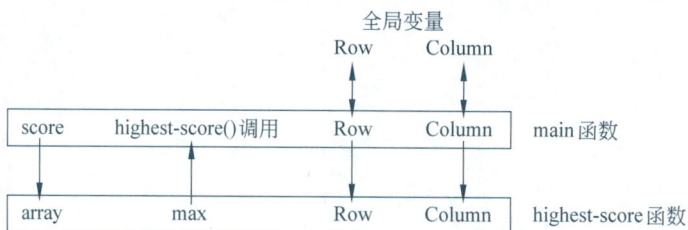

图　7.13

说明:设置全局变量的作用是增加了函数间数据联系的渠道。由于同一源程序文件中的所有函数都能引用全局变量的值,因此如果在一个函数中改变了全局变量的值,就能影响到其他函数,相当于各个函数间有直接的传递通道。由于函数的调用只能带回一个返回值,因此有时可以利用全局变量增加函数间的联系渠道,在调用函数时有意改变某个全局变量的值,这样,当函数执行结束后,不仅能得到一个函数返回值,而且能使全局变量获得一个新值,从效果上看,相当于通过函数调用能得到一个以上的值。

为了便于在阅读程序时区别全局变量和局部变量,在C程序设计人员中习惯(但非规定)将全局变量名的第一个字母用大写表示。

注意:虽然全局变量有以上优点,但建议不在必要时不要使用全局变量,因为:

① 全局变量在程序的全部执行过程中都占用存储单元,而不是仅在需要时才开辟单元。

② 它使函数的通用性降低了,因为函数在执行时要依赖其所在的程序文件中定义的外部变量。如果将一个函数移到另一个文件中,还要将有关的外部变量及其值一起移过去。但若该外部变量与其他文件的变量同名时,就会出现冲突,降低了程序的可靠性和通用性。在程序设计中,在划分模块时要求模块的"内聚性"强、与其他模块的"耦合性"弱。即模块的功能要单一(不要把许多互不相干的功能放到一个模块中),与其他模块的相互影响要尽量少,而用全局变量是不符合这个原则的。一般要求把C程序中的函数做成一个封闭体,除了可以通过"实参—形参"的渠道与外界发生联系外,没有其他渠道。这样的程序移植性好,可读性强。

③ 使用全局变量过多,会降低程序的清晰性,人们往往难以清楚地判断出每个瞬时各个外部变量的值。在各个函数执行时都可能改变外部变量的值,程序容易出错。因此,要限制使用全局变量。

7.5.2　变量的存储方式和生存期

除了作用域以外,变量还有一个重要的属性:变量的**生存期**,即变量值存在的时间。有的变量在程序运行的整个过程都是存在的,而有的变量则是在调用其所在的函数时才临时分配存储单元,而在函数调用结束后就马上释放了,变量不再存在了。

也就是说,变量的存储有两种不同的方式:**静态存储方式**和**动态存储方式**。静态存储方式是指在程序运行期间由系统在静态存储区分配存储空间的方式,在程序运行期间不释放。而动态存储方式则是在函数调用期间根据需要在动态存储区分配存储空间的方式。这就是变量的**存储类别**。

全局变量采用静态存储方式,在程序开始执行时给全局变量分配存储区,程序执行完毕释放。在程序执行过程中它们占据固定的存储单元,而不是动态地进行分配和释放。在函数中定义的变量,在函数调用开始时分配动态存储空间,函数结束时释放这些空间。在程序执行过程中,这种分配和释放是动态的。

每一个变量和函数有两个属性:**数据类型**和**数据的存储类别**。在定义变量时,除了需要定义数据类型外,在需要时还可以指定其存储类别。

C 语言中可以指定以下存储类别:

1. auto——声明自动变量

函数中的形参和在函数中定义的变量(包括在复合语句中定义的变量),都属于此类。在调用该函数时,系统给这些变量分配存储空间,在函数调用结束时就自动释放这些存储空间。因此这类局部变量称为**自动变量**。自动变量用关键字 auto 作存储类别的声明。例如:

```
auto int b,c=3;                    //定义 b,c 为自动变量
```

关键字 auto 可以省略,此时默认为"自动存储类别",它属于动态存储方式。函数中大多数变量属于自动变量。

2. static——声明静态变量

在以下情况下需要指定为 static 存储类别:

希望函数中的局部变量的值在函数调用结束后不消失而继续保留原值,即其占用的存储单元不释放,在下一次该函数调用时,该变量已有值,就是上一次函数调用结束时的值。这时就应用关键字 static 指定该局部变量为"静态局部变量"。

例 **7.12**　输出 1～5 的阶乘值。

解题思路:

可以编写一个函数用来进行一次累乘,如第 1 次调用时进行 1 乘 1,第 2 次调用时再乘以 2,第 3 次调用时再乘以 3,依此规律进行下去。这时希望上一次求出的连乘值保留,以便下一次再乘上一个数。可以用 static 来指定变量不释放,保留原值。

编写程序：

```
#include <stdio.h>
int main()
{int fac(int n);
 int i;
 for(i=1;i<=5;i++)              //先后 5 次调用 fac 函数
   printf("%d!=%d\n",i,fac(i)); //每次计算并输出 i!的值
 return 0;
}

int fac(int n)
  {static int f=1;               //f 保留了上次调用结束时的值
   f=f*n;                        //在上次的 f 值的基础上再乘以 n
   return(f);                    //返回值 f 是 n!的值
  }
```

运行结果：

```
1! =1
2! =2
3! =6
4! =24
5! =120
```

程序分析：

在第 1 次调用 fac(1)时,f 的值为 1,return 语句将 1 带回主函数输出 1! 的值。函数调用结束后,其他局部变量都释放了,只有变量 f 由于已声明为 static,所以不释放,仍然保留原值 1。在第 2 次调用 fac 函数(即 fac(2))时,f 的初值是 1,n 是 2,因此 f 的新值为 2,在主函数输出 2! 的值 2。调用结束后,f 仍不释放,仍然保留最后的值 2,以便下次再乘 3……

关于静态局部变量的说明：

① 静态局部变量属于静态存储类别,在静态存储区内分配存储单元。在程序整个运行期间都不释放。而自动变量(即动态局部变量)属于动态存储类别,占动态存储区空间而不占静态存储区空间,函数调用结束后即释放。

② 对静态局部变量是在编译时赋初值的,即只赋初值一次,在程序运行时它已有初值。以后每次调用函数时不再重新赋初值而只是保留上次函数调用结束时的值。而对自动变量赋初值,不是在编译时进行的,而是在函数调用时进行,每调用一次函数重新给一次初值,相当于执行一次赋值语句。

③ 如在定义局部变量时不赋初值,则对静态局部变量来说,编译时自动赋初值 0(对数

值型变量)或空字符(对字符变量)。而对自动变量来说,如果不赋初值则它的值是一个不确定的值。这是由于每次函数调用结束后存储单元已释放,下次调用时又重新另外分配存储单元,而所分配的单元中的值是不可知的。

④ 虽然静态局部变量在函数调用结束后仍然存在,但其他函数是不能引用它的。因为它是局部变量,只能被本函数引用,而不能被其他函数引用。

⑤ 用静态存储要多占内存(长期占用不释放,而不能像动态存储那样一个存储单元可供多个变量使用,节约内存),而且降低了程序的可读性,当调用次数多时往往弄不清静态局部变量的当前值是什么。因此,若非必要,不要多用静态局部变量。

有时在程序设计中希望某些外部变量只限于被本文件引用,而不能被其他文件引用。这时可以在定义外部变量时加一个 static 声明。这种加上 static 声明、只能用于本文件的外部变量称为**静态外部变量**。在程序设计中,常由若干人分别完成各个模块,各人可以独立地在其设计的文件中使用相同的外部变量名而互不相干。只需在每个文件中的外部变量前加上 static 即可。这就为程序的模块化、通用性提供了方便。如果已确其他文件不需要引用本文件的外部变量,就可以对本文件中的外部变量都加上 static,成为静态外部变量,以免被其他文件误用。这就相当于把变量对外界"屏蔽"起来,从其他文件的角度看,这个变量是看不见的。

> **注意**：static 对局部变量和全局变量的作用不同。对局部变量来说,它使变量由动态存储方式改变为静态存储方式。而对全局变量来说,它使变量局部化(局部于本文件),但仍为静态存储方式。

3. register——声明寄存器变量

一般情况下,变量(包括静态存储方式和动态存储方式)的值是存放在内存中的。当程序中用到哪一个变量的值时,由控制器发出指令将内存中该变量的值送到运算器中。经过运算器进行运算,如果需要存数,再从运算器将数据送到内存存放。

如果有一些变量使用频繁(例如,在一个函数中执行 10000 次循环,每次循环中都要引用某局部变量),则为存取变量的值要花费不少时间。为提高执行效率,C 语言允许将局部变量的值放在 CPU 中的寄存器(寄存器可以认为是一种超高速的存储器),需要用时直接从寄存器取出参加运算,由于对寄存器的存取速度远高于对内存的存取速度,因此这样做可以提高执行效率。这种变量叫作**寄存器变量**,用关键字 register 作声明。如：

```
register int  f;                      //定义 f 为寄存器变量
```

由于现在计算机的速度愈来愈快,性能愈来愈高,优化的编译系统能够识别使用频繁的变量,从而自动地将这些变量放在寄存器中,而不需要程序设计者指定。因此,现在实际上用 register 声明变量是不必要的。读者只需要知道有这种变量即可,以便在阅读他人写的程序时遇到 register 不致感到困惑。

4. extern——声明外部变量的作用范围

全局变量的生存期是固定的,存在于程序的整个运行过程。但是,对全局变量来说,还有一个问题尚待解决,就是它的作用域究竟从什么位置起,到什么位置止。其作用域是包括整个文件范围呢,还是文件中的一部分范围? 是在一个文件中有效呢,还是在程序的所有文件中都有效? 这就需要指定不同的存储类别。

1) 在一个文件内扩展外部变量的作用域

如果外部变量不在文件的开头定义,其有效的作用范围只限于定义点到文件结束。在定义点之前的函数不能引用该外部变量。如果由于某种考虑,在定义点之前的函数需要引用该外部变量,则应该在引用之前用关键字 **extern** 对该变量作"**外部变量声明**",例如:extern A;,表示把该外部变量 A 的作用域扩展到此位置。有了此声明,就可以从"声明"处起,合法地使用该外部变量。

提倡将外部变量的定义放在引用它的所有函数之前,这样可以避免在函数中多加一个extern 声明。

2) 将外部变量的作用域扩展到其他文件

如果程序只由一个源文件组成,使用外部变量的方法前面已经介绍。如果程序由多个源程序文件组成,那么在一个文件中想引用另一个文件中已定义的外部变量,有什么办法呢?

如果一个程序包含两个文件,在两个文件中都要用到同一个外部变量 Num,不能分别在两个文件中各自定义一个外部变量 Num,否则在进行程序的连接时会出现"重复定义"的错误。正确的做法是:在任一个文件中定义外部变量 Num,而在另一个文件中用 extern 对 Num 作"外部变量声明"。即"extern Num;"。在编译和连接时,系统会由此可知 Num 是一个已在别处定义的外部变量,并将在另一个文件中定义的外部变量的作用域扩展到本文件,在本文件中可以合法地引用外部变量 Num。

综上可知,对一个数据的定义,需要指定两种属性:数据类型和存储类别,分别使用两个关键字。例如:

```
static int a;              //静态内部整型变量或静态外部整型变量
auto char c;               //自动变量,在函数内定义
register int d;            //寄存器变量,在函数内定义
```

此外,可以用 extern 声明已定义的外部变量,例如:

```
extern b;                  //声明 b 将已定义的外部变量 b 的作用域扩展至此
```

7.5.3 关于作用域和生存期的小结

从前面可知,对一个变量的属性可以从两个方面分析,一是变量的作用域,一是变量值

存在时间的长短,即生存期。前者是从空间的角度,后者是从时间的角度。二者有联系但不是同一回事。图 7.14 是作用域的示意图,图 7.15 是生存期的示意图。

```
文件 filel.c
in a;
void main( )
{
  ⋮
  f2( );
  ⋮
  f1( );
}
void f1( )
{
  auto int b;
  ⋮
  f2( );
  ⋮
}
void f2( )
{
  static int c;
  ⋮
}
```

图　7.14

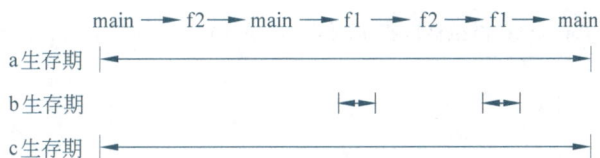

图　7.15

如果一个变量在某个文件或函数范围内是有效的,则称该范围为该变量的作用域,在此作用域内可以引用该变量,所以在专业书中称变量在此作用域内"**可见**",这种性质又称为变量的**可见性**,例如图 7.15 中变量 a 和 b 在函数 f1 中"可见"。如果一个变量值在某一时刻是存在的,则认为这一时刻属于该变量的"生存期",或称该变量在此时刻"存在"。表 7.1 表示各种类型变量的作用域和存在性的情况。

表 7.1 中"√"表示"是","×"表示"否"。可以看到自动变量和寄存器变量在函数内外的"可见性"和"存在性"是一致的,即离开函数后,值不能被引用,值也不存在。静态外部变量和外部变量的可见性和存在性也是一致的,在离开函数后变量值仍存在,且可被引用,而静态局部变量的可见性和存在性不一致,离开函数后,变量值存在,但不能被引用。

表 7.1　各种类型变量的作用域和存在性的情况

变量存储类别	函 数 内		函 数 外	
	作用域	存在性	作用域	存在性
自动变量和寄存器变量	√	√	×	×
静态局部变量	√	√	×	√
静态外部变量	√	√	√(只限本文件)	√
外部变量	√	√	√	√

7.6 内部函数和外部函数

函数本质上是全局的,因为一个函数要被另外的函数调用,但是,也可以指定函数不能被其他文件调用。根据函数能否被其他源文件调用,将函数区分为**内部函数**和**外部函数**。

7.6.1 什么是内部函数

如果一个函数只能被本文件中其他函数所调用,它称为**内部函数**。在定义内部函数时,在函数名和函数类型的前面加 static,即

> **static** 类型标识符 函数名**(形参表)**;

例如:

> static int fun(int a,int b);

内部函数又称**静态函数**,因为它是用 static 声明的。使用内部函数,可以使函数的作用域只局限于所在文件,在不同的文件中有同名的内部函数,互不干扰。也就是使它对外界"屏蔽"了。这样不同的人可以分别编写不同的函数,而不必担心所用函数是否会与其他文件中函数同名,通常把只能由同一文件使用的函数和外部变量放在一个文件中,在它们前面都冠以 static 使之局部化,其他文件不能引用。

7.6.2 什么是外部函数

(1)如果在定义函数时,在函数首部的最左端加关键字 extern,则此函数是外部函数,可供其他文件调用。

如函数首部可以写为:

> extern int fun(int a, int b);

这样,函数 fun 就可以为其他文件调用。C 语言规定,如果在定义函数时省略 extern,则隐含为外部函数。本书前面所用的函数都是外部函数。

(2)在需要调用此函数的文件中,用 extern 对函数作声明,表示该函数是在其他文件中定义的外部函数。

例 **7.13** 有一个字符串,内有若干个字符,现输入一个字符,如果字符串中包含此字符,则把它删去。用外部函数实现。

解题思路：

定义 str 数组，内放 80 个字符。对 str 数组中存放的字符逐个检查，如果不是被删除的字符（设删除空格）就将它存放在数组中，如图 7.16 所示。从 str[0] 开始逐个检查数组元素是否与指定要删除的字符相同。若不同，就留在数组中；若相同就不保留。从图 7.16 中可以看到，str[0] 不等于要删除的字符，应保留，所以使 str[0] 赋给 str[0]，即保留原值，同理，把 str[1] 赋给 str[1]，str[2] 赋给 str[2]，str[3] 赋给 str[3]，str[4] 不保留，把 str[5] 赋给 str[4]……即用原来的 str[5] 的值取代了 str[4] 的原值。

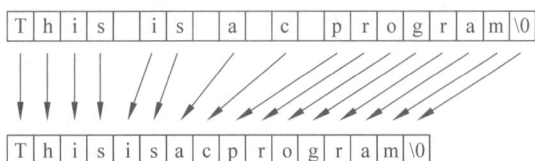

图　7.16

用变量 i 作为循环变量，检查 str 数组中各个元素，用 j 来累计未被删除的字符。当然可以设两个数组，把不删除的字符——赋给新数组。但本程序只用一个数组，只把不被删除的字符保留在原数组中。由于 i 总是大于或等于 j，因此最后保留下来的字符不会覆盖未被检测处理的字符。最后将结束符'\0'复制到被保留的字符后面。

用 4 个文件来组成这个程序。每个文件只包含一个函数，分别是主函数、输入字符串的函数、删除字符的函数和输出字符串的函数。

编写程序：

```
file1.c(文件1)
#include <stdio.h>
int main()                      //主函数
  {                   //以下 3 行是对在本函数中将要调用的在其他文件中定义的 3 个函数进行声明
  extern void enter_string(char str[]);
  extern void delete_string(char str[],char ch);
  extern void print_string(char str[]);
  char c;                 //c 是准备删除的字符
  char str[80];           //定义字符数组
  enter_string(str);      //调用 enter_string 函数,输入字符串
  scanf("%c",&c);         //输入希望删除的字符
  delete_string(str,c);   //调用 delete_string 函数,删除字符
  print_string(str);      //调用 print_string 函数,输出已删除字符后的字符串
  return 0;
  }
```

```
file2.c(文件 2)
#include <stdio.h>
void enter_string(char str[80])        //定义外部函数 enter_string,用来读入字符串
{ gets(str);                           //向字符数组输入字符串
}


file3.c(文件 3)
#include <stdio.h>
void delete_string(char str[],char ch)    //定义外部函数 delete_string,用来删除字符
{int i,j;
 for(i=j=0;str[i]!='\0';i++)
     if(str[i]!=ch)
        str[j++]=str[i];
 str[j]='\0';
}


file4.c(文件 4)
#include <stdio.h>
void print_string(char str[])          //定义外部函数 print_string,用来输出字符串
{ printf("%s\n",str);
}
```

运行结果：

```
This is a c program↙          (输入 str)
c↙                            (输入要删去的字符)
This is a  program            (输出已删去指定字符的字符串)
```

程序分析：

程序中 3 个函数都定义为外部函数。在 main 函数中声明这些函数时,加上关键字 extern,表示调用的 enter_string、delete_string、print_string 函数是在其他文件中定义的外部函数。

使用 extern 声明就能够在一个文件中调用其他文件中定义的函数,或者把该函数的作用域扩展到本文件。由于函数在本质上是外部的,在程序中经常要调用外部函数,为方便编程,C 语言允许在声明函数时省写 extern。因此本例中的 extern 可以省写。我们在程序中加上 extern 只是强调说明这些函数是其他文件中的外部函数。main 函数中的第一个函数声明可以写成:

```
void enter_string(char str[]);
```

　　有关多文件程序的编译、连接和运行的方法，可参考作者编著的《C 语言程序设计（第 4 版）学习辅导》。

7.7　提高部分

7.7.1　实参求值的顺序

　　如果实参表列包括多个实参，C 标准并未规定各实参求值的执行顺序，有的系统按自左至右顺序求实参的值，有的系统（如 Turbo C 2.0，Turbo C++ 3.0，Visual C++ 6.0）则按自右至左顺序求值。如有：

```
printf("%d,%d\n",i,++i);
```

若 i 的原值为 3，在 Visual C++ 6.0 环境下运行的结果不是"3,4"，而为"4,4"。因为按自右而左顺序，先求++i 得 4，再向左进行，此时的 i 已是 4 了。这些细节不必死记，在使用中会自然掌握的。在此提出此问题是提醒读者，在写程序时应该避免这种容易混淆的用法。尤其是使用++和--运算符时更易出错，要倍加小心，如果想输出 3 和 4，应写成：

```
i=3;
j=i++;
printf("%d,%d",i,j);
```

这样清晰明确，不会出错。

7.7.2　递归的典型例子——Hanoi（汉诺）塔问题

　　在 7.3 节中介绍了函数的递归调用，并介绍了几个简单的例子。对于递归算法，初学者可能会感到不易掌握，需要多思考，多分析程序。下面提供一个典型的递归程序——著名的 Hanoi 塔问题。如有时间，最好能自己看懂这个程序。

　　例 7.14　Hanoi（汉诺）塔问题。这是一个古典的数学问题，是一个用递归方法解题的典型例子。古印度有一个梵塔，塔内有 3 个柱子 A、B、C，开始时 A 柱上套有 64 个盘子，盘子大小不等，大的在下，小的在上（见图 7.17）。有一个老和尚想把这 64 个盘子从 A 柱移到 C 柱，但规定每次只能移动一个盘，且在任何时候 3 个柱上的盘子都是大盘在下，小盘在上。在移动过程中可以利用 B 柱。有人说，当移动完这些盘子时，世界末日就到了。

　　现在利用计算机来模拟移动盘的过程。要求输出移动盘子的每一步。

　　解题思路：

　　读者是不大可能直接写出移动盘子的每一个具体步骤的。请读者试验一下 5 个盘子从 A 柱移到 C 柱，能否直接写出每一步骤？

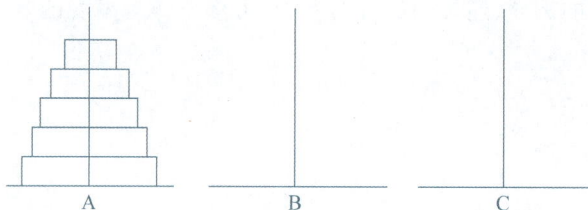

图　7.17

那么怎样解决这个问题呢?

老和尚自然会这样想:假如第2个和尚能有办法将63个盘子从一个柱移到另一个柱。那么,问题就解决了。此时老和尚只需这样做:

(1) 命令第2个和尚将63个盘子从A柱移到B柱;

(2) 自己将1个盘子(最底下的、最大的盘子)从A柱移到C柱;

(3) 再命令第2个和尚将63个盘子从B柱移到C柱。

至此,全部任务完成了。问题的关键是要有人能做同样的工作,仅是移动的盘子数少1个。这就是递归方法。但是,怎样移动63个盘子的问题实际上还未解决:第2个和尚怎样才能将63个盘子从A柱移到B柱?

为了解决将63个盘子从A柱移到B柱,第2个和尚又想:如果有第3个和尚能将62个盘子从一个柱移到另一柱,他就能将63个盘子从A柱移到B柱,他是这样做的:

(1) 命令第3个和尚将62个盘子从A柱移到C柱;

(2) 自己将1个盘子从A柱移到B柱;

(3) 再命令第3个和尚将62个盘子从C柱移到B柱。

再进行一次递归。如此"层层下放",直到后来找到第63个和尚,让他完成将2个盘子从一个柱移到另一个柱,进行到此,问题就接近解决了。最后找到第64个和尚,让他完成将1个盘子从一个柱移到另一个柱,至此,全部工作都已落实,都是可以执行的。

可以看出,递归的结束条件是最后一个和尚只需移一个盘子;否则递归还要继续进行下去。

应当说明,只有第64个和尚的任务完成后,第63个和尚的任务才能完成。只有第64个和尚到第2个和尚任务都完成后,第1个和尚的任务才能完成。这是一个典型的递归问题。

为便于理解,先分析将A柱上3个盘子移到C柱上的过程:

(1) 将A柱上2个盘子移到B柱上(借助C);

(2) 将A柱上1个盘子移到C柱上;

(3) 将B柱上2个盘子移到C柱上(借助A)。

其中第(2)步可以直接实现。第(1)步又可用递归方法分解为:

1.1　将A上1个盘子从A移到C;

1.2　将 A 上 1 个盘子从 A 移到 B;

1.3　将 C 上 1 个盘子从 C 移到 B。

第(3)步可以分解为:

3.1　将 B 上 1 个盘子从 B 移到 A 上;

3.2　将 B 上 1 个盘子从 B 移到 C 上;

3.3　将 A 上 1 个盘子从 A 移到 C 上。

将以上综合起来,可得到移动 3 个盘子的步骤为:

$$A{\to}C,A{\to}B,C{\to}B,A{\to}C,B{\to}A,B{\to}C,A{\to}C。$$

共经历 7 步。由此可以推出:移动 n 个盘子要经历 2^{n-1} 步。如移 4 个盘子经历 15 步,移 5 个盘子经历 31 步,移 64 个盘子经历 $2^{64}-1$ 步。

由上面的分析可知:将 n 个盘子从 A 柱移到 C 柱可以分解为以下 3 个步骤:

(1) 将 A 柱上 n−1 个盘借助 C 柱先移到 B 柱上;

(2) 把 A 柱上剩下的一个盘移到 C 柱上;

(3) 将 n−1 个盘从 B 柱借助于 A 柱移到 C 柱上。

上面第(1)步和第(3)步,都是把 n−1 盘从一个柱移到另一个柱上,采取的办法是一样的,只是柱的名字不同而已。为使之一般化,可以将第(1)步和第(3)步表示为:

将 x 柱上 n−1 个盘移到 y 柱(借助 z 柱)。只是在第(1)步和第(3)步中,x,y,z 和 A,B,C 的对应关系不同。对第(1)步,对应关系是 x 对应 A,y 对应 B,z 对应 C。对第(3)步,是:x 对应 B,y 对应 C,z 对应 A。

因此,可以把上面 3 个步骤分成两类操作:

(1) 将 n−1 个盘从一个柱移到另一个柱上(n>1)。这就是大和尚让小和尚做的工作,它是一个递归的过程,即和尚将任务层层下放,直到第 64 个和尚为止。

(2) 将 1 个盘子从一个柱上移到另一柱上。这是大和尚自己做的工作。

下面编写程序。分别用两个函数实现以上的两类操作,用 hanoi 函数实现上面第 1 类操作(即模拟小和尚的任务),用 move 函数实现上面第 2 类操作(模拟大和尚自己移盘)。调用函数 hanoi(n,x,y,z),表示将 n 个盘子从 x 柱移到 z 柱的过程(借助 y 柱)。调用函数 move(a,b),表示将 1 个盘子从 a 柱移到 b 柱的过程。a 和 b 是代表 A、B、C 柱之一,根据每次不同情况分别取 A、B、C 代入。

编写程序:

```
#include <stdio.h>
int main()
{void hanoi(int n,char x,char y,char z);    //对调用的函数 hanoi 的声明
 int m;                                       //m 是需要移动的盘子数
 printf("input the number of dishes:");
 scanf("%d", &m);                             //输入盘子数
```

```
    printf("The step to moving %d dishes:\n",m);
    hanoi(m,'A','B','C');                          //执行移动盘子
    return 0;
}


void hanoi(int n,char x,char y,char z)             //定义 hanoi 函数
  {void move(char a,char b);                        //对调用的函数 move 的声明
   if(n==1) move(x,z);                              //最后一个和尚只需移动一个盘子
   else
   {hanoi(n-1,x,z,y);                               //递归调用下一个和尚移动 n-1 个盘子
    move(x,z);                                      //自己移动一个盘子
    hanoi(n-1,y,x,z);                               //递归调用下一个和尚移动 n-1 个盘子
    }
}


void move(char a,char b)                            //定义 move 函数
{
  printf("%c-->%c\n",a,b);                          //移动一个盘子的路径
}
```

运行结果：

```
input the number of dishes:3↙        (需要移动 3 个盘子)
The steps to moving 3 dishes:
A-->C                                (将一个盘子从 A 移到 C)
A-->B                                (将一个盘子从 A 移到 B)
C-->B                                (将一个盘子从 C 移到 B)
A-->C                                (将一个盘子从 A 移到 C)
B-->A                                (将一个盘子从 B 移到 A)
B-->C                                (将一个盘子从 B 移到 C)
A-->C                                (将一个盘子从 A 移到 C)
```

请读者验证一下按此步骤能否实现将 3 个盘子从 A 移到 C。

可以看到，将 3 个盘子从 A 柱移到 C 柱需要移 7 次，如果将 64 个盘子从 A 柱移到 C 柱需要移($2^{64}-1$)次，假设和尚每次移动 1 个盘子用 1 秒钟，则移动($2^{64}-1$)次需要($2^{64}-1$)秒，大约相当于 6×10^{11} 年，即大约 600 亿年，所以，当老和尚移完 64 个盘子之时，"世界末日"也到了。

请读者仔细分析，理解递归的算法以及如何编写递归程序。

本章小结

（1）在 C 语言中，函数是用来完成某一个特定功能的。C 程序是由一个或多个函数组成的。函数是 C 程序中的基本单位。执行程序就是执行主函数和由主函数调用其他函数。因此编写 C 程序，主要就是编写函数。

（2）有两种函数：系统提供的**库函数**和用户根据需要**自己定义的函数**。如果在程序中使用库函数，必须在本文件的开头用 ♯include 指令把与该函数有关的头文件包含到本文件中来（如用数学函数时要加上 ♯include ＜math.h＞）。如果用自己定义的函数，必须先定义，后调用。需要注意：如果函数的调用出现在函数定义位置之前，应该在调用函数之前用函数的原型对该函数进行引用声明。

（3）函数的"定义"和"声明"不是一回事。函数的定义是指对**函数功能的确立**，包括指定函数名、函数值类型、形参及其类型以及**函数体**等，它是一个完整的、独立的函数单位。而函数的声明的作用则是把函数的名字、函数类型以及形参的类型、个数和顺序通知编译系统，以便在调用该函数时系统按此进行对照检查。

（4）函数原型有两种形式：

> ① 函数类型　函数名(参数类型 1 参数名 1,参数类型 2 参数名 2,…,参数类型 n 参数名 n)；
> ② 函数类型　函数名(参数类型 1,参数类型 2,…,参数类型 n)；

第①种形式就是函数的首部加一个分号，初学者比较容易理解和记住，在有一定编程经验后可以使用第②种，比较精练。

（5）调用函数时要注意实参与形参个数相同、类型一致（或赋值兼容）。数据传递的方式是从实参到形参的**单向值传递**。在函数调用期间如出现形参的值发生变化，**不会影响实参原来的值**。

（6）在调用一个函数的过程中，又调用另外一个函数，称为函数的**嵌套调用**。可以有多层的嵌套调用。在调用一个函数的过程中又出现直接或间接地调用该函数本身，称为函数的**递归调用**。C 语言的特点之一就在于允许函数递归调用。要注意分析函数的嵌套调用和函数的递归调用的**执行过程**。

（7）用数组元素作为函数实参，其用法与用普通变量作实参时相同，向形参传递的是数组元素的值。**用数组名作函数实参，向形参传递的是数组首元素的地址**，而不是数组全部元素的值。如果形参也是数组名，则形参数组首元素与实参数组首元素具有同一地址，两个数组共占同一段内存空间。利用这一特性，可以在调用函数期间改变形参数组元素的值，从而改变实参数组元素的值。这是很有用的。要弄清其概念与用法。

（8）变量的**作用域**是指变量有效的范围。根据定义变量的位置不同，变量分为**局部变**

量和全局变量。**凡是在函数内或复合语句中定义的变量都是局部变量**,其作用域限制在函数内或复合语句内,函数或复合语句外不能引用该变量。**在函数外定义的变量都是全局变量**,其作用域为从定义点到本文件末尾,可以用 extern 对变量作"外部声明",将作用域扩展到本文件中作 extern 声明的位置处,或在其他文件中用 extern 声明将作用域扩展到其他文件。用 static 声明的静态全局变量禁止其他文件引用该变量,只限本文件内引用。

(9) **变量的生存期指的是变量存在的时间**。全局变量的生存期是程序运行的整个时间。局部变量的生存期是不相同的。用 auto 或 register 声明的局部变量的生存期与所在的函数被调用的时间段相同,函数调用结束,变量就不存在了。用 static 声明的局部变量在函数调用结束后内存不释放,变量的生存期是程序运行的整个时间。凡不声明为任何存储类别的都默认为 auto(自动变量)。

(10) 变量的存储类别共有 4 种:auto,static,register,extern。前 3 个用于局部变量,可改变变量的生存期。第 4 个只用于全局变量,可改变变量的作用域。

(11) 下面从不同角度对变量的作用域和生存期做些归纳:

① 从作用域角度分,有局部变量和全局变量。它们采用的存储类别如下:

$$
\text{按作用域角度分}
\begin{cases}
\text{局部变量}
\begin{cases}
\text{自动(auto)变量,即动态局部变量(离开函数,值就消失)} \\
\text{静态(static)局部变量(离开函数,值仍保留)} \\
\text{寄存器(register)变量(离开函数,值就消失)} \\
\text{(形式参数可以定义为自动变量或寄存器变量)}
\end{cases} \\
\text{全局变量}
\begin{cases}
\text{静态(static)外部变量(只限本文件引用)} \\
\text{外部变量(即非静态的外部变量,允许其他文件引用)}
\end{cases}
\end{cases}
$$

② 从变量存在的时间(生存期)来区分,有动态存储和静态存储两种类型。静态存储是程序整个运行时间都存在,而动态存储则是在调用函数时临时分配单元。

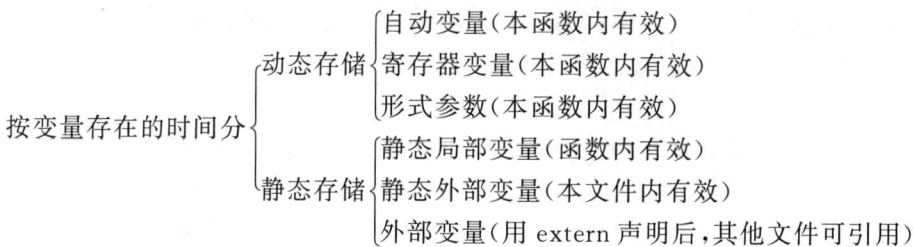

$$
\text{按变量存在的时间分}
\begin{cases}
\text{动态存储}
\begin{cases}
\text{自动变量(本函数内有效)} \\
\text{寄存器变量(本函数内有效)} \\
\text{形式参数(本函数内有效)}
\end{cases} \\
\text{静态存储}
\begin{cases}
\text{静态局部变量(函数内有效)} \\
\text{静态外部变量(本文件内有效)} \\
\text{外部变量(用 extern 声明后,其他文件可引用)}
\end{cases}
\end{cases}
$$

③ 从变量值存放的位置来区分,可分为:

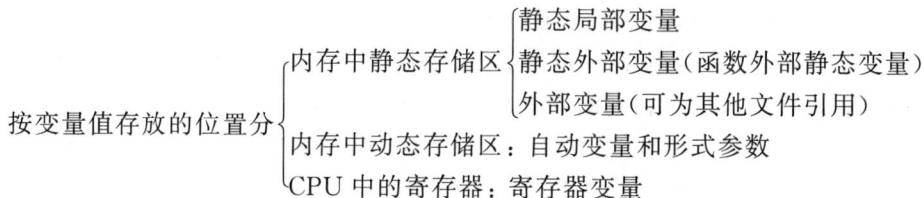

$$
\text{按变量值存放的位置分}
\begin{cases}
\text{内存中静态存储区}
\begin{cases}
\text{静态局部变量} \\
\text{静态外部变量(函数外部静态变量)} \\
\text{外部变量(可为其他文件引用)}
\end{cases} \\
\text{内存中动态存储区:自动变量和形式参数} \\
\text{CPU 中的寄存器:寄存器变量}
\end{cases}
$$

(12) 区别对变量的定义与声明。定义变量时,要指明数据类型,编译系统要据此给变量分配存储空间,又称为**定义性声明**。凡不引起空间分配的变量声明(如 extern 声明),不必指定数据类型,因为数据类型已在定义时指定了。这种声明只是为了引用的需要,这种声明**称为引用性声明**,简称声明。在一个作用域内,对同一变量,只能出现一次定义,而声明可以出现多次。

(13)函数有**内部函数**与**外部函数**之分。**函数本质上是外部的**,可以供本文件或其他文件中的函数调用,但是在其他文件调用时要用 extern 对函数进行声明。如果在定义函数时用 static 声明,表示其他文件不得调用此函数,即把它"屏蔽"起来。

(14)结合例题介绍了一些**算法**,都是比较基本的和有用的,要认真理解和消化。要学会在接到一个题目后,怎样分析问题,怎样构思算法,怎样编程。如有条件,最好多做习题,多练习编程,至少把习题的程序看明白,了解其算法。

习题

7.1 写两个函数,分别求两个整数的最大公约数和最小公倍数,用主函数调用这两个函数,并输出结果。两个整数由键盘输入。

7.2 写一个判断素数的函数,在主函数输入一个整数,输出是否素数的信息。

7.3 写一个函数,使给定的一个 3×3 的二维整型数组转置,即行列互换。

7.4 写一个函数,使输入的一个字符串按反序存放,如输入"CANADA",输出"ADANAC"。在主函数中输入和输出字符串。

7.5 写一个函数,将两个字符串连接,如字符串1是"BEI",字符串2是"JING",连接起来是"BEIJING"。

7.6 写一个函数,将一个字符串中的元音字母复制到另一个字符串,然后输出。

7.7 写一个函数,输入一个 4 位数字,要求输出这 4 个数字字符,但每两个数字间空一个空格。如输入 2008,应输出"2 0 0 8"。

7.8 编写一个函数,由实参传来一个字符串,统计此字符串中字母、数字、空格和其他字符的个数,在主函数中输入字符串以及输出上述的结果。

7.9 写一个函数,输入一行字符,将此字符串中最长的单词输出。

7.10 写一个函数,用"起泡法"对输入的 10 个字符按由小到大顺序排列。

7.11 输入 10 个学生 5 门课的成绩,分别用函数实现下列功能:

① 计算每个学生平均分;

② 计算每门课的平均分;

③ 找出所有 50 个分数中最高的分数所对应的学生和课程。

7.12 写几个函数:

① 输入 10 个职工的姓名和职工号;

② 按职工号由小到大顺序排序,姓名顺序也随之调整;

③ 要求输入一个职工号,用折半查找法找出该职工的姓名,从主函数输入要查找的职工号,输出该职工姓名。

7.13　输入 4 个整数,找出其中最大的数。用函数的递归调用来处理(这是**本章**例 7.3,例 7.3 程序用的是递推方法,现要求改用递归方法处理)。

7.14　用递归法将一个整数 n 转换成字符串。例如,输入 483,应输出字符串"483"。n 的位数不确定,可以是任意位数的整数。

7.15　给出年、月、日,计算该日是该年的第 n 天。

第 8 章

善于使用指针

指针是 C 语言中的一个重要概念，也是 C 语言的一个重要特色。掌握指针的应用，可以使程序简洁、紧凑、高效。学习 C 语言，应当学习和掌握指针。可以说，不掌握指针就是没有掌握 C 的精华。

指针的概念比较复杂，使用也比较灵活，因此初学时常会出错，务请在学习本章内容时十分小心，多思考、多比较、多上机，在实践中掌握它。在叙述时也力图用通俗易懂的方法使读者易于理解。

8.1 什么是指针

通过前面几章的学习，已经知道：在定义变量时，系统会给该变量分配内存单元。编译系统根据程序中定义的变量类型，分配一定长度的空间。例如，Turbo C 2.0 为一个整型变量分配 2 字节，Visual C++ 6.0 为一个整型变量分配 4 字节。内存区的每一字节有一个编号，这就是内存单元的"地址"，它相当于旅馆中的房间号。在地址所标志的内存单元中是存放数据，这相当于旅馆房间中居住的旅客一样。

由于通过地址能找到所需的变量单元，可以说，**地址指向该变量单元**。打个比方，一个房间的门口挂了一个房间号 2008，这个 2008 就是房间的地址，或者说，2008"指向"该房间。因此在 C 语言中，将**地址形象化地称为"指针"**。意思是通过它能找到以它为地址的内存单元。

例如定义了整型变量 a 和 b，编译系统在对程序编译时给变量 a 和 b 分配了内存单元。每个变量都有相应的起始地址，见图 8.1。如果向变量 a 赋值，a＝3，系统根据变量名 a 查出它相应的地址 2000，然后将整数 3 存放到起始地址为 2000 的存储单元中，这种直接按变量名进行的访问，称为"**直接访问**"方式。

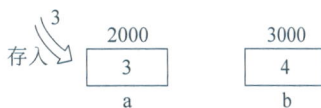
图 8.1

还可以采用另一种称为"**间接访问**"的方式，将变量 a 的地址存放在另一个变量中。然后通过后面的变量来找到变量 a 的地址，从而访问变量 a。

按 C 语言的规定,可以在程序中定义整型变量、实型变量、字符变量等,也可以定义这样一种特殊的变量,它是**存放地址**的。假设我们定义了一个用来存放**地址**的变量 a_pointer,可以通过下面的语句将 a 地址(2000)存放到 a_pointer 中。

```
a_pointer=&a;
```

经过上面的赋值后,变量 a_pointer 中就存放了变量 a 的地址 2000。如果要存取变量 a 的值,可以采用间接方式:先找到存放 a 的地址的变量 a_pointer,从中取出 a 的地址(2000),然后到起始地址为 2000 的内存单元中取出 a 的值(3),见图 8.2。

图 8.2

打个比方,为了开一个 A 抽屉,有两种办法:一种是将 A 钥匙带在身上,需要时直接找出 A 钥匙打开 A 抽屉,取出所需的东西;另一种办法是为安全起见,将 A 钥匙放到另一抽屉 B 中锁起来。如果需要打开 A 抽屉,就先找出 B 钥匙,打开 B 抽屉,取出 A 钥匙,再打开 A 抽屉,取出 A 抽屉中之物,这就是**"间接访问"**。

为了表示将数值 3 送到变量 a 中,可以有两种表达方法:

(1) 将 3 送到变量 a 所代表的单元中。

(2) 将 3 送到变量 a_pointer 所指向的单元(即 a 所代表的单元)中。

所谓**指向**就是通过**地址**来体现的。假设 a_pointer 中的值是变量 a 的地址(2000),这样就在 a_pointer 和变量 a 之间建立起一种联系,即通过 a_pointer 能知道 a 的地址,从而找到变量 a 的内存单元。图 8.2 中以箭头表示这种"指向"关系。

一个变量的地址称为该变量的"指针"。例如,地址 2000 是变量 a 的指针。如果有一个变量专门用来存放另一变量的地址(即指针),则它称为**"指针变量"**,指针变量就是**地址变量**(存放地址的变量),**指针变量的值**(即指针变量中存放的值)是**地址**(即指针)。

如果一个指针变量中存放了一个整型变量的地址,则称这个变量是**指向整型变量的指针变量**。上述的 a_pointer 就是一个指向整型变量的指针变量。

要区分"指针"和"指针变量"这两个概念。例如,可以说变量 a 的指针是 2000,而不能说 a 的指针变量是 2000。指针是一个地址,而指针变量是存放地址的变量。

8.2 指针变量

8.2.1 使用指针变量访问变量的例子

先看一个例子。

例 8.1 通过指针变量访问整型变量。

编写程序:

```
#include <stdio.h>
int main()
{ int a,b;                              //定义两个 int 型变量
  int * pointer_1, * pointer_2;         //定义两个指针变量,它们指向 int 型变量
  a=100;b=10;
  pointer_1=&a;                         //把变量 a 的地址赋给指针变量 pointer_1
  pointer_2=&b;                         //把变量 b 的地址赋给指针变量 pointer_2
  printf("a=%d,b=%d\n",a,b);            //输出整型变量 a,b 的值
  printf(" * pointer_1=%d, * pointer_2=%d\n", * pointer_1, * pointer_2);
                                        //输出指针变量所指向的整型变量的值

  return 0;
}
```

运行结果:

```
a=100,b=10
 * pointer_1=100, * pointer_2=10
```

程序分析:

(1) 在程序第 4 行定义两个指针变量 pointer_1 和 pointer_2,pointer_1 和 pointer_2 前面的 "*"表示所定义的变量是**指针变量**,而不是普通变量。本行最前面的 int 表示所定义的指针变量是指向整型变量的,经此定义后,它们可以指向任何整型变量(或数组元素),但不能指向其他类型的数据(如 float,double,char 型的数据)。注意,虽然已定义了指针变量 pointer_1 和 pointer_2,但它们并未被赋予初值,即它们并未指向任何一个实际的变量。只是提供两个指针变量,规定它们可以指向整型变量,至于指向哪一个整型变量,由程序的语句指定。

(2) 程序第 6、7 行分别把 a 的地址赋给 pointer_1,把 b 的地址赋给 pointer_2,此时 pointer_1 的值为 &a(即 a 的地址),pointer_2 的值为 &b(b 的地址)。这就使 pointer_1 指向 a,pointer_2 指向 b,见图 8.3。

(3) 最后一个语句中的 * pointer_1 和 * pointer_2 就是变量 a 和 b。这里的"*"表示 "指向的对象"。* pointer_1 代表 pointer_1 所指向的变量,也就是变量 a,见图 8.4。因此最后两个 printf 函数的作用是相同的。程序中有两处出现 * pointer_1 和 * pointer_2,含义是不同的。程序第 4 行的 * pointer_1 和 * pointer_2 表示定义两个指针变量 pointer_1 和 pointer_2。它们前面的"*"只是表示该变量是指针变量。程序最后一行 printf 函数中的 * pointer_1 和 * pointer_2 则代表 pointer_1 和 pointer_2 所指向的变量。

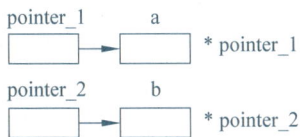

图 8.3

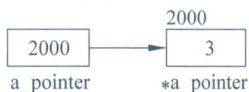

图 8.4

8.2.2 怎样定义指针变量

在例 8.1 中已看到了怎样定义指针变量,定义指针变量的一般形式为:

基类型 ＊指针变量名;

如:

```
int * pointer_1, * pointer_2;
```

左端的 int 是在定义指针变量时必须指定的"**基类型**"。指针变量的基类型用来指定此指针变量可以指向的变量的类型。例如,上面定义的基类型为 int 的指针变量 pointer_1 和 pointer_2,可以用来指向整型的变量 i 和 j,但不能指向浮点型变量 a 和 b。
下面都是合法的定义:

```
float   * pointer_3;            //pointer_3 是指向 float 型变量的指针变量
char    * pointer_4;            //pointer_4 是指向字符型变量的指针变量
```

可以在定义指针变量时,同时对它初始化,如:

```
int * pointer_1=&a, * pointer_2=&b
                      //定义指针变量 pointer_1,pointer_2,并分别指向 a,b
```

在定义指针变量时要注意:

(1) 指针变量名前面的"＊"表示该变量的类型为指针型变量。请注意指针变量名是 pointer_1 和 pointer_2,而不是 ＊ pointer_1 和 ＊ pointer_2。这是与定义整型或实型变量的形式不同的。例 8.1 程序中第 6、7 行不应写成"＊ pointer_1＝&a;"和"＊ pointer_2＝&b;"。因为 a 的地址是赋给指针变量 pointer_1,而不是赋给 ＊ pointer_1(即变量 a)。

对上述指针变量的定义也可以这样理解:"int ＊ pointer_1, ＊ pointer_2;"定义 ＊ pointer_1 和 ＊ pointer_2 为整型变量,如同"int a,b;"定义了 a 和 b 是整型变量一样。而 ＊ pointer_1 和 ＊ pointer_2 是 pointer_1 和 pointer_2 所指向的变量,pointer_1 和 pointer_2 是指针变量。

(2) 在定义指针变量时必须**指定基类型**。有的读者认为既然指针变量是存放地址的,那么只需要指定其为"指针型变量"即可,为什么还要指定基类型呢? 要知道不同类型的数据在内存中所占的字节数是不相同的(例如在 Visual C++ 中,整型数据占 4 字节,双精度型数据占 8 字节),在本章后面将要介绍指针的移动和指针的运算(加、减),例如"使指针移动 1 个位置"或"使指针值加 1",这个 1 代表什么呢? 如果指针是指向一个整型变量的,那么"使指针移动 1 个位置"意味着移动 4 字节,"使指针加 1"意味着使地址值加 4 字节。如果指针指向的是一个双精度型变量,则增加的不是 4 字节而是 8 字节。因此必须指定指针变量所指向的变量的类型,即基类型。一个指针变量只能指向同一个类型的变量,不能忽而指向一个整型变量,忽而指向一个实型变量。在前面定义的 pointer_1 和 pointer_2 只能指向整型数据。

(3) 赋给指针变量的是变量地址而不能是任意类型的数据,而且只能是与指针变量的基类型相同类型的变量的地址。例如,整型变量的地址可以赋给指向整型变量的指针变量,但实型变量的地址不能赋给指向整型变量的指针变量。分析下面的赋值:

```
float a;                    //定义 a 为 float 型变量
int * pointer_1;            //定义 pointer_1 是基类型为 int 型的指针变量
pointer_1=&a;              //将 float 型变量的地址赋给基类型为 int 的指针变量,错误
```

(4) **指针变量中只能存放地址**(指针),不要将一个整数赋给一个指针变量。如:

```
* pointer_1=100;          //pointer_1 是指针变量,100 是整数,不合法
```

原意是想将地址 100 赋给指针变量 pointer_1,但是系统无法辨别它是地址,从形式上看,100 是整常数,而常数不能赋给指针变量,判为非法。

8.2.3　怎样引用指针变量

在引用指针变量时,可能有 3 种情况:
(1) 给指针变量赋值。如:

```
p=&a;                      //把 a 的地址赋给指针变量 p
```

赋值后指针变量 p 的值是变量 a 的地址,p 指向 a。
(2) 引用指针变量指向的变量。
如果已执行"p=&a;",即指针变量 p 指向了整型变量 a,则

```
printf("%d", * p);
```

其作用是以十进制整数形式输出指针变量 p 所指向的变量的值,即变量 a 的值。
如果有以下赋值语句:

```
* p=1;
```

表示将整数 1 赋给 p 当前所指向的变量,如果 p 指向变量 a,则相当于把 1 赋给 a,即"a=1;"。
(3) 引用指针变量的值。如:

```
printf("%o",p);
```

作用是以八进制数形式输出指针变量 p 的值,如果 p 指向了 a,就是输出了 a 的地址,即 &a。

> 提示:要熟练掌握两个有关的运算符的使用:
> (1) & 取地址运算符。&a 是变量 a 的地址。
> (2) * 指针运算符(或称"间接访问"运算符),*p 是指针变量 p 指向的对象的值。

下面是一个指针变量应用的例子。

例 8.2 输入 a 和 b 两个整数,按先大后小的顺序输出 a 和 b。

解题思路:

用指针方法来处理这个问题。不交换整型变量的值,而是交换两个指针变量的值。

编写程序:

```
#include <stdio.h>
int main()
  { int * p1, * p2, * p,a,b;              //定义指针变量 p1,p2,p 和整型变量 a,b
    scanf("%d,%d",&a,&b);                 //输入两个整数给变量 a 和 b
    p1=&a; p2=&b;                         //使 p1 指向 a,p2 指向 b
    if(a<b)                              //如果 a<b
      {p=p1;p1=p2;p2=p; }                //使 p1 和 p2 的指向互换
    printf("a=%d,b=%d\n",a,b);           //输出 a 和 b
    printf("max=%d,min=%d\n", * p1, * p2);//输出 p1 指向的大数和 p2 指向的小数
    return 0;
  }
```

运行结果:

```
5, 9↙
a=5,b=9
max=9,min=5
```

程序分析:

当输入 a=5,b=9 时,由于 a<b,将 p1 和 p2 的值交换,也就是把它们的指向交换。交换前的情况见图 8.5(a),交换后的情况见图 8.5(b)。

请注意,a 和 b 的值并未交换,它们仍保持原值,但 p1 和 p2 的值改变了。p1 的值原为 &a,后来变成 &b,p2 原值为 &b,后来变成 &a。这样在输出 *p1 和 *p2 时,实际上是输出变量 b 和 a 的值,所以先输出 9,然后输出 5。

这个问题的算法是不交换整型变量的值,而是交换两个指针变量的值(即 a 和 b 的地址)。

说明:前面已说明了指针代表地址。实际上,指针代表的不仅是一个纯地址(即内存单

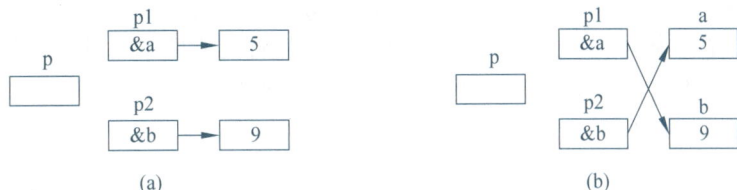

图 8.5

元的编号），而且还是**一个带类型的地址**。在 C 语言中，所有数据都是存放在内存单元中的，因此所有数据都是有类型的。例如，123 是整型数据，按整型数据存储方式存储；123.0 是单精度实型数据，按单精度实型数据存储方式存储。可以说，所有数据都是"带类型"的数据。同样，地址也是有类型的。

分析下面的定义：

```
int a;
int * p=&a;
```

它包含以下两个内容：

（1）定义了 p 是一个指向整型类数据的指针变量（即 p 的基类型为整型）。

（2）把 p 整型变量 a 的地址 &a 赋给 p，使 p 指向 a。

分析一下 &a，在对整型变量 a 进行 & 操作（取地址操作）时，不仅得到 a 的纯地址（即内存编号，如 2000），而且得到 a 的类型（int）。因此，&a 包含了两个信息：纯地址和 a 的类型（即地址的基类型）。在将 &a 赋值给 p 时，不是简单地把内存编号 2000 直接赋给 p，而是先检查 &a 和 p 是否类型相同（或赋值兼容），现在 &a 和 p 类型相同，可以将 a 的地址赋给 p。如果另有一个 float 变量 b，即使其内存单元编号也是 2000，也不能进行赋值，因为其类型不同。&a 和 &b 是两个不同的地址（尽管它们的纯地址相同）。

因此，我们说地址 2000，应理解为内存编号为 2000 的纯地址以及它指向的数据的类型，这二者是二位一体、合二为一的。在 C 语言中用到的"地址"都是指**带类型的地址**。只有纯地址是无法对内存单元进行访问的。

p 的类型用" * int"表示，其中" * "表示它为指针型变量，" * int"表示其基类型为整型。

8.2.4 指针变量作为函数参数

函数的参数不仅可以是整型、浮点型、字符型等数据，还可以是指针类型。它的作用是将一个变量的地址传送到另一个函数中。

例 8.3 题目要求同例 8.2，即对输入的两个整数按大小顺序输出。要求用函数处理，用指针变量作函数参数。

解题思路：

例 8.2 直接在主函数内交换指针变量的值,本题是将指向两个变量的指针变量(内放两个变量的地址)作为实参传递给形参的指针变量,在形参中通过指针交换两个变量的值。

编写程序：

```
#include <stdio.h>
int main()
  {void swap(int * p1,int * p2);          //对 swap 函数的声明
   int a,b;
   int * pointer_1, * pointer_2;          //定义指向整型变量的指针变量
   scanf("%d,%d",&a,&b);                   //输入两个整数给 a 和 b
   pointer_1=&a;pointer_2=&b;             //使 pointer_1 指向 a,pointer_2 指向 b
   if(a<b) swap(pointer_1,pointer_2);      //如果 a<b,调用 swap 函数
   printf("max=%d,min=%d\n",a,b);          //输出结果
   return 0;
  }

void swap(int * p1,int * p2)              //定义 swap 函数
  {int temp;
   temp= * p1;                             //使 * p1 和 * p2 互换
   * p1= * p2;
   * p2=temp;
  }
```

运行结果：

与例 8.2 相同。

程序分析：

swap 是用户自定义函数,它的作用是交换两个变量(a 和 b)的值。swap 函数的两个形参 p1 和 p2 是指针变量。程序运行时,先执行 main 函数,输入 a 和 b 的值(现输入 5 和 9)。然后将 a 和 b 的地址分别赋给指针变量 pointer_1 和 pointer_2,使 pointer_1 指向 a,pointer_2 指向 b,见图 8.6(a)。接着执行 if 语句,由于 a＜b,因此执行 swap 函数。注意实参 pointer_1 和 pointer_2 是指针变量,在函数调用时,将实参变量的值传送给形参变量,采取的依然是"值传递"方式。因此虚实结合后形参 p1 的值为 &a,p2 的值为 &b,见图 8.6(b)。这时 p1 和 pointer_1 都指向变量 a,p2 和 pointer_2 都指向 b。接着执行 swap 函数的函数体,使 * p1 和 * p2 的值互换,也就是使 a 和 b 的值互换。互换后的情况见图 8.6(c)。函数调用结束后,形参 p1 和 p2 不复存在(已释放),情况如图 8.6(d)所示。最后在 main 函数中输出的 a 和 b 的值已是经过交换的值(a＝9,b＝5)。

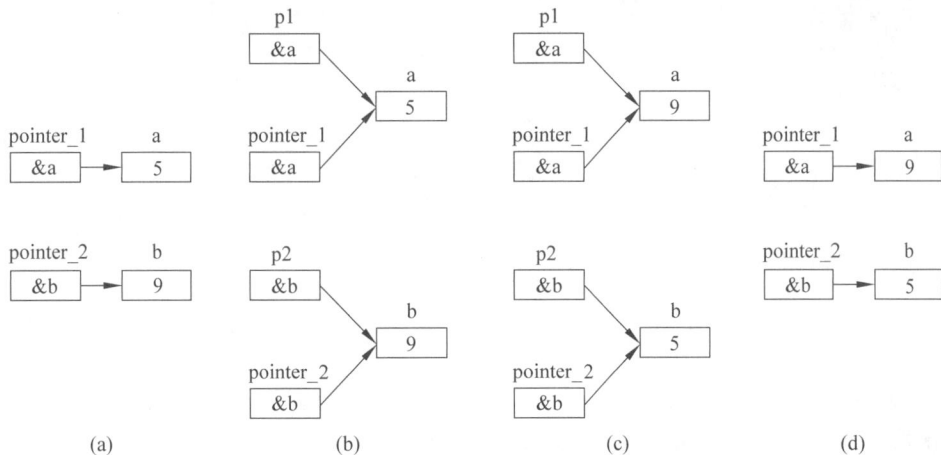

图 8.6

请注意交换 * p1 和 * p2 的值是如何实现的。如果写成以下这样就有问题了：

```
void swap(int * p1,int * p2)
  {int * temp;
   * temp= * p1;                    //此语句有问题
   p1= * p2;
   p2= * temp;
  }
```

* p1 是 a，是整型变量。而 * temp 是指针变量 temp 所指向的变量。但由于未给 temp 赋值，因此 temp 中并无确定的值（它的值是不可预见的），所以 temp 所指向的单元也是不可预见的。所以，对 * temp 赋值就是向一个未知的存储单元赋值，而这个未知的存储单元中可能存储着一个有用的数据，这样就有可能破坏系统的正常工作状况。应该将 * p1 的值赋给与 * p1 相同类型的变量，在例 8.3 中用整型变量 temp 作为临时辅助变量实现 * p1 和 * p2 的交换。

> **注意**：本例采取的方法是交换 a 和 b 的值，而 p1 和 p2 的值不变。这恰和例 8.2 相反。

可以看到，在执行 swap 函数后，变量 a 和 b 的值改变了。请仔细分析，这个改变是怎么实现的。这个改变不是通过将形参值传回实参来实现的。请读者考虑一下能否通过下面的函数实现 a 和 b 互换。

```
void swap(int x,int y)
  {int temp;
   temp=x;
   x=y;
   y=temp;
  }
```

如果在 main 函数中以下面的形式调用 swap 函数：

```
Swap(a,b);
```

会有什么结果呢？在函数调用时，a 的值传送给 x，b 的值传送给 y，见图 8.7(a)。执行完
swap 函数后，x 和 y 的值是互换了，但并未影响到
a 和 b 的值。在函数结束时，变量 x 和 y 释放了，
main 函数中的 a 和 b 并未互换，见图 8.7(b)。也
就是说，由于"单向传送"的"值传递"方式，形参值
的改变不能使实参的值随之改变。

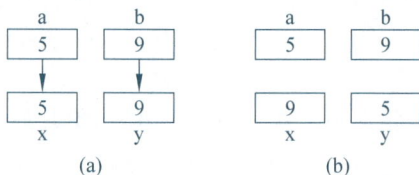

为了使在函数中改变了的变量值能被主调函
数 main 所用，不能采取上述把要改变值的变量作
为参数的办法，而应该用指针变量作为函数参数，在函数执行过程中使指针变量所指向的变
量值发生变化，函数调用结束后，这些变量值的变化依然保留下来，这样就实现了"通过调用
函数使变量的值发生变化，在主调函数（如 main 函数）中可以使用这些改变了的值"的目的。

如果想通过函数调用得到 n 个要改变的值，可以这样做：

① 在主调函数中设 n 个变量，用 n 个指针变量指向它们；

② 设计一个函数，有 n 个指针形参。在这个函数中改变这 n 个形参的值；

③ 在主调函数中调用这个函数，在调用时将这 n 个指针变量作实参，将它们的地址传
给该函数的形参；

④ 在执行该函数的过程中，通过形参指针变量，改变它们所指向的 n 个变量的值；

⑤ 主调函数中就可以使用这些改变了值的变量。

请读者按此思路仔细理解例 8.3 程序。

> **注意**：不能企图通过改变指针形参的值而使指针实参的值改变。

例 8.4 企图通过改变指针形参的值来改变指针实参的值。
编写程序：

```
#include <stdio.h>
Int main()
```

```
{void swap(int * p1,int * p2);
 int a,b;
 int * pointer_1, * pointer_2;
 scanf("%d,%d",&a,&b);
 pointer_1=&a;
 pointer_2=&b;
 if(a<b) swap(pointer_1,pointer_2);    //调用 swap 函数时,用指针变量作实参
 printf("max=%d,min=%d\n",a,b);
 return 0;
}

void swap(int * p1,int * p2)            //形参是指针变量
 {int * p;
 p=p1;                                  //交换 p1 和 p2 的指向
 p1=p2;
 p2=p;
 }
```

运行结果:

```
max=5,min=9
```

程序分析:

程序编写者的意图是:交换 pointer_1 和 pointer_2 的值,使 pointer_1 指向值大的变量。其设想是:

① 先使 pointer_1 指向 a,pointer_2 指向 b,见图 8.8(a)。

② 调用 swap 函数,将 pointer_1 的值传给 p1,pointer_2 传给 p2,见图 8.8(b)。

③ 在 swap 函数中使 p1 与 p2 的值交换,见图 8.8(c)。

④ 形参 p1、p2 将地址传回实参 pointer_1 和 pointer_2,使 pointer_1 指向 b,pointer_2 指向 a,见图 8.8(d)。然后输出 * pointer_1 和 * pointer_2,想得到输出"max=9,min=5"。

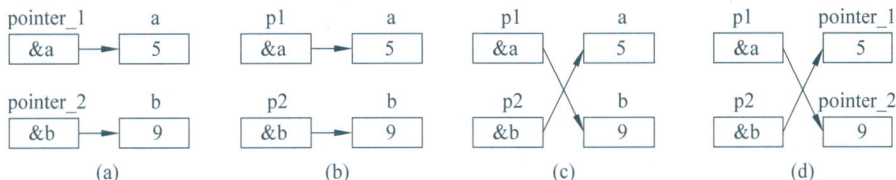

图 8.8

但是,这是办不到的,在输入"5,9"之后程序实际输出为"max=5,min=9"。问题出在第④步。C 语言中实参变量和形参变量之间的数据传递是单向的"值传递"方式。用指针变

量作函数参数时同样要遵循这一规则。不可能通过执行调用函数来改变实参指针变量的值,但是可以改变**实参指针变量所指变量的值**。

> **注意**:函数的调用可以(而且只可以)得到一个返回值(即函数值),而使用指针变量作参数,可以得到多个变化了的值。如果不用指针变量是难以做到这一点的。因此要善于利用指针法。

例 8.5　输入 3 个整数 a,b,c,要求按大小顺序将它们输出。用函数实现改变这 3 个变量的值。

解题思路:

采用例 8.3 的方法在函数中交换两个变量的值。

编写程序:

```
#include <stdio.h>
int  main()
{ void exchange(int * q1, int * q2, int * q3);   //函数声明
  int a,b,c, * p1, * p2, * p3;
  printf("please enter three numbers:");
  scanf("%d,%d,%d",&a,&b,&c);
  p1=&a;p2=&b;p3=&c;
  exchange(p1,p2,p3);                          //指针变量作实参,调用 exchange 函数
  printf("%d,%d,%d\n",a,b,c);
  return 0;
}


void exchange(int * q1, int * q2, int * q3)    //定义将 3 个变量的值交换的函数
{void swap(int * pt1, int * pt2);              //对函数 swap 的声明
 if( * q1< * q2) swap(q1,q2);                  //如果 a<b,交换 a 和 b 的值
 if( * q1< * q3) swap(q1,q3);                  //如果 a<c,交换 a 和 c 的值
 if( * q2< * q3) swap(q2,q3);                  //如果 b<c,交换 b 和 c 的值
}


void swap(int * pt1, int * pt2)                //定义交换两个变量的值的函数
  {int temp;
   temp= * pt1;                                //交换 * pt1 和 * pt2 变量的值
   * pt1= * pt2;
   * pt2=temp;
  }
```

运行结果：

```
please enter three numbers:9,0,10↙
10,9,0
```

程序分析：

exchange 函数的作用是对 3 个数按大小排序，在执行 exchange 函数过程中，要嵌套调用 swap 函数，swap 函数的作用是对两个数按大小排序，通过调用 swap 函数（最多调用 3 次）实现 3 个数的排序。

请读者自己画出如图 8.8 那样的图，仔细分析变量的值变化的过程。

思考：main 函数中的 3 个指针变量的值（也就是它们的指向）改变了没有？

8.3　通过指针引用数组

8.3.1　数组元素的指针

一个变量有地址，一个数组包含若干元素，每个数组元素都在内存中占用存储单元，它们都有相应的地址。指针变量既然可以指向变量，当然也可以指向数组元素（把某一元素的地址放到一个指针变量中）。所谓**数组元素的指针**就是数组元素的地址。

可以用一个指针变量指向一个数组元素。例如：

int a[10];	（定义 a 为包含 10 个整型数据的数组）
int * p;	（定义 p 为指向整型变量的指针变量）
p=&a[0];	（把 a[0]元素的地址赋给指针变量 p）

也就是使 p 指向 a 数组的第 0 号元素，见图 8.9。

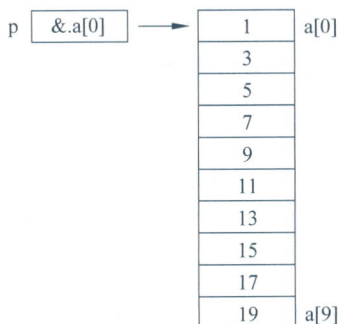

图　**8.9**

引用数组元素可以用下标法(如 a[3]),也可以用指针法,即通过指向数组元素的指针变量找到所需的元素。使用指针法能使目标程序质量高(占内存少,运行速度快)。

在 C 语言中,数组名(不包括形参数组名,形参数组并不占据实际的内存单元)代表数组中首元素(即序号为 0 的元素)的地址。因此,下面两个语句等价:

```
p=&a[0];
p=a;
```

注意:数组名 a 不代表整个数组中的全部数据,上述"p=a;"的作用是"把 a 数组首元素的地址赋给指针变量 p",而不是"把数组 a 各元素的值赋给 p"。

在定义指针变量时可以对它赋予初值:

```
int * p=&a[0];
```

它等效于下面两行:

```
int * p;
p=&a[0];                          /* 注意,不是 * p=&a[0]; * /
```

当然定义时也可以写成:

```
int * p=a;
```

它的作用是将 a 数组首元素(即 a[0])的地址赋给指针变量 p(而不是赋给 * p)。

8.3.2　通过指针引用数组元素

根据以上叙述,引用一个数组元素,可以用下面两种方法:

(1) **下标法**,用数组名加下标,如 a[i]形式。

(2) **指针法**,即地址法。由于数组名代表数组首元素的地址,因此可以通过数组名计算出数组中序号为 i 的元素的地址,其形式为 * (a+i)。用一个指针变量 p 指向数组首元素,然后用 * (p+i)调用 a 数组中序号为 i 的元素。

例 **8.6**　有一个数组存放 10 个学生的年龄,用不同的方法输出数组中的全部元素。

解题思路:

先定义整型数组 a[10],可以用下面几种不同的方法实现输出全部学生的年龄。①用数组名加下标找到所需要的数组元素;②通过数组名计算数组元素地址,找到所需要的数组元素;③通过指针变量计算数组元素地址,找到所需要的数组元素;④用指针变量先后指向各数组元素。

编写程序：

```
#include <stdio.h>
int main()
  {int a[10]={19,17,20,18,16,22,24,15,23,25};
  int i,* p=a;                        //使指针变量 p 指向数组首元素
  for(i=0;i<10;i++)
      printf("%d ",a[i]);            //①用数组名加下标
  printf("%\n");

  for(i=0;i<10;i++)
      printf("%d ",* (a+i));         //②通过数组名计算数组元素地址,找到元素
  printf("%\n");

  for(i=0;i<10;i++)
      printf("%d ",* (p+i));         //③通过指针变量计算数组元素地址,找到元素
  printf("%\n");
  for(p;p<(a+10);p++)
      printf("%d ",* p);            //④用指针变量先后指向各数组元素
  printf("%\n");
  return 0;
  }
```

运行结果：

```
19 17 20 18 16 22 24 15 23 25
19 17 20 18 16 22 24 15 23 25
19 17 20 18 16 22 24 15 23 25
19 17 20 18 16 22 24 15 23 25
```

请读者仔细阅读程序,能否大体上了解 4 种方法的思路。

为了深入掌握指针的使用,应当了解"指针的运算"。

指针运算：

通过指针的运算,可以方便地引用数组中的元素。

(1) 如果指针变量 p 已指向数组中的一个元素,则 p+1 指向同一数组中的下一个元素。

注意：程序执行 p+1 时并不是将 p 的值(地址)简单地加 1,而是加一个数组元素所占用的字节数。如果数组元素是 float 型,每个元素占 4 字节,则 p+1 意味着使 p 的值 (是地址)加 4 字节,以使它指向下一元素。p+1 所代表的地址实际上是 p+1×d,d 是一个数组元素所占的字节数,若 p 的值是 2000,则 p+1 的值不是 2001,而是 2004。

（2）如果指针变量 p 的初值为 &a[0]，则 p+i 和 a+i 就是数组元素 a[i]的地址，或者说，它们指向 a 数组的第 i 个元素，见图 8.9。这里需要注意的是 a 代表数组首元素的地址，a+i 也是地址，它的计算方法同 p+i，即它的实际地址为 a+i×d。例如，p+9 和 a+9 都指向 a[9]，或者说它们的值都是 &a[9]，如图 8.10 所示。

（3）*(p+i)或*(a+i)是 p+i 或 a+i 所指向的数组元素，即 a[i]。例如*(p+5)或*(a=5)就是 a[5]。也就是说：*(p+5)、(a+5)和 a[5]三者等价。实际上，在编译时，对数组元素 a[i]就是按*(a+i)处理的，即按数组首元素的地址加上相对位移量得到要找的元素的地址，然后找出该单元中的内容。若数组 a 的首元素的地址为 1000，设数组为 float 型，则 a[3]的地址是这样计算的：1000 +3×4=1012，然后从 1012 地址所指向的 float 型单元取出元素的

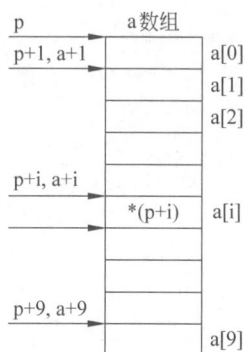

图 8.10

值，即 a[3]的值。可以看出，方括号[ ]实际上是变址运算符，即将 a[i]按 a+i 计算地址，然后找出此地址单元中的值。

（4）如果 p 原来指向 a[0]，执行++p 后 p 的值改变了，在 p 的原值基础上加 d，这样 p 就指向数组的下一个元素 a[1]。

（5）如果指针变量 p1 和 p2 都指向同一数组，若执行 p2−p1，结果是两个地址之差除以数组元素的长度。假设，p2 指向实型数组元素 a[5]，p2 的值为 2020；p1 指向 a[3]，其值为 2012，则 p2−p1 的结果是(2020−2012)/4=2。这个结果是有意义的，表示 p2 所指的元素与 p1 所指的元素之间差两个元素。这样，人们就不需要具体地知道 p1 和 p2 的值，然后去计算它们的相对位置，而是直接用 p2−p1 就可知道它们所指元素的相对距离。两个地址不能相加，如 p1+p2 是无实际意义的。

了解了以上的规则，再去分析例 8.6，就很容易理解了。

在使用指针变量指向数组元素时，有以下几个问题要注意：

（1）可以通过改变指针变量的值指向不同的元素。例如，上述第④种方法是用指针变量 p 来指向某一个数组元素，用 p++使 p 的值不断改变从而指向不同的元素。

如果不用 p 变化的方法而用数组名 a 变化的方法（例如，用 a++）行不行呢？假如将上述第④种方法中的程序的最后两行改为：

```
for(p=a;a<(p+10);a++)
    printf("%d ",* a);
```

是不行的。因为数组名 a 代表数组首元素的地址，它是一个指针常量，它的值在程序运行期间是固定不变的。既然 a 是常量，所以 a++是无法实现的。

（2）要注意指针变量的当前值，即指针变量当前指向哪一个元素，尤其要注意其起始值。请看下面的例子。

例 **8.7** 通过指针变量读入数组的 10 个元素，然后输出这 10 个元素。

编写程序：

```c
#include <stdio.h>
int  main()
{ int * p,i,a[10];
  p=a;                        //指针变量指向数组首元素
  for(i=0;i<10;i++)
    scanf("%d",p++);
  for(i=0;i<10;i++,p++)
    printf("%d ",* p);
  printf("\n");
  return 0;
}
```

运行结果：

```
1 2 3 4 5 6 7 8 9 0↙
1245052   1245120 4199161   1   4194624   4394432   34603777   34603535   2147348480
(在不同系统下各次运行结果可能与上面显示的有所不同)
```

程序分析：

显然输出的数值并不是 a 数组中各元素的值。许多人找不出这个程序有什么问题。

问题出在：指针变量 p 的初始值为 a 数组首元素（即 a[0]）的地址（见图 8.11 中的①），但经过第一个 for 循环读入数据后，p 已指向 a 数组的末尾（见图 8.11 中②）。因此，在执行第二个 for 循环时，p 的起始值不是 &a[0] 了，而是 a+10。由于执行第二个 for 循环时，每次要执行 p++，因此 p 指向的是 a 数组下面的 10 个元素，而这些存储单元中的值是不可预料的。

解决这个问题的办法是，只要在第二个 for 循环之前加一个赋值语句

```c
p=a;
```

使 p 的初始值回到 &a[0]，这样结果就对了。程序为：

```c
#include <stdio.h>
ind  main()
{ int * p,i,a[10];
  p=a;
  for(i=0;i<10;i++)
    scanf("%d",p++);
```

```
  p=a;
  for(i=0;i<10;i++,p++)
    printf("%d ", * p);
  printf("\n");
  return 0;
}
```

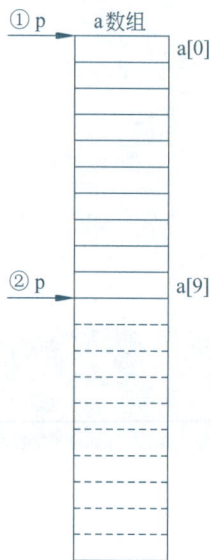

图　8.11

运行结果：

```
1 2 3 4 5 6 7 8 9 0↙
1 2 3 4 5 6 7 8 9 0
```

（3）从上例可以看到，虽然定义数组时指定它包含10个元素，并用指针变量p指向某一数组元素，但是实际上指针变量p可以指向数组以后的内存单元。如果在程序中引用数组元素a[10]，虽然并不存在这个元素（最后一个元素是a[9]），但C编译程序并不认此为非法。系统把它按*(a+10)处理，即先找出(a+10)的值（是一个地址），然后找出它指向的单元的内容。这样做虽然是合法的（在编译时不出错），但应避免出现这样的情况，这会使程序得不到预期的结果。这种错误比较隐蔽，初学者往往难以发现。在使用指针变量指向数组元素时，应切实保证指向数组中有效的元素。

（4）指向数组的指针变量也可以带下标，如p[i]。有些读者可能想不通，因为只有数组才能带下标，表示数组某一元素。带下标的指针变量是什么含义呢？前面已说明，在程序编

254

译时,对下标的处理方法是转换为地址的,对 p[i]处理成 * (p+i),如果 p 是指向一个整型数组元素 a[0],则 p[i]代表 a[i]。但是必须弄清楚 p 的当前值是什么？如果当前 p 指向 a[3],则 p[2]并不代表 a[2],而是 a[3+2],即 a[5]。建议少用这种容易出错的用法。

(5) 利用指针引用数组元素,比较方便灵活,有不少技巧。在专业人员中常喜欢用一些技巧,以使程序简洁。但对初学者来说,应当首先注意程序的正确性和易读性,尽量少用容易使人混淆的用法。待以后熟练掌握 C 程序设计后,再提高技巧。

8.3.3　用数组名作函数参数

在第 7 章中介绍过可以用数组名作函数的参数,当用数组名作参数时,如果形参数组中各元素的值发生变化,实参数组元素的值随之变化。这是为什么？在学习指针以后,对此问题就容易理解了。

实参数组名代表该数组首元素的地址,而形参是用来接收从实参传递过来的数组首元素地址的。因此,形参应该是一个指针变量(只有指针变量才能存放地址)。实际上,C 编译都是将形参数组名作为指针变量来处理的。例如,定义了一个 f 函数,形参写成数组形式:

```
void f(int arr[], int n)          //形参为数组形式
  {…}
```

主函数为:

```
int main()
{ void f(int arr[], int n) ;
  int array[10];
    ⋮
  f(array,10);                    //实参为数组名 array
  return 0;
}
```

但在程序编译时是将形参 arr 按指针变量处理的,相当于将 f 函数的首部写成

```
void sort(int * arr, int n)
```

以上两种写法是等价的。在该函数被调用时,系统会在 f 函数中建立一个指针变量 arr,用来存放从主调函数传递过来的实参数组首元素的地址。如果在 f 函数中用运算符 sizeof 测定 arr 所占的字节数,可以发现 sizeof(arr)的值为 4(用 Visual C++ 时)。这就证明了系统是把 array 作为指针变量来处理的(指针变量在 Visual C++ 中占 4 字节)。当 arr 接收了实参数组的首元素地址后,arr 就指向实参数组首元素,也就是指向 array[0]。因此,* arr 就是

array[0]。arr+1 指向 array[1],arr+2 指向 array[2],arr+3 指向 array[3]。也就是说,*(arr+1)、*(arr+2)、*(arr+3)分别是 array[1]、array[2]、array[3]。根据前面介绍过的知识,*(arr+i)和 arr[i]是无条件等价的。因此,在调用函数期间,arr[0]和 *arr 以及 array[0]都代表数组 array 序号为 0 的元素,依此类推,arr[3]、*(arr+3)、array[3]都代表 array 数组序号为 3 的元素,见图 8.12。这个道理与 8.3.2 节中的叙述是类似的。

常用这种方法通过调用一个函数来改变实参数组的值。

下面把用变量名作为函数参数和用数组名作为函数参数做一比较,见表 8.1。

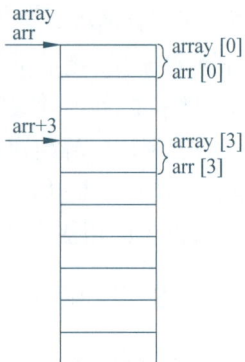

图 8.12

表 8.1 以变量名和数组名作为函数参数的比较

实 参 类 型	变 量 名	数 组 名
要求形参的类型	变量名	数组名或指针变量
传递的信息	变量的值	实参数组首元素的地址
通过函数调用能否改变实参的值	不能	能改变实参数组元素的值

需要说明的是,C 语言调用函数时虚实结合的方法都是采用"值传递"方式,当用变量名作为函数参数时传递的是变量的值,当用数组名作为函数实参时,由于数组名代表的是数组首元素地址,因此传递的值是地址,所以要求形参为指针变量。

在用数组名作为函数实参时,既然实际上相应的形参是指针变量,为什么还允许使用形参数组的形式呢? 这是因为在 C 语言中用下标法和指针法都可以访问一个数组(如果有一个数组 a,则 a[i]和 *(a+i)是无条件等价的),用下标法表示比较直观,便于理解。因此许多人愿意用数组名作形参,以便与实参数组对应。从应用的角度看,用户可以认为有一个形参数组,它从实参数组那里得到起始地址,因此形参数组与实参数组共占同一段内存单元,在调用函数期间,如果改变了形参数组的值,也就是改变了实参数组的值。当然在主调函数中可以利用这些已改变的值。对 C 语言比较熟练的专业人员往往喜欢用指针变量作形参。

应该注意:**实参数组名代表一个固定的地址**,或者说是指针常量,**但形参数组并不是一个固定的地址值**,而是作为指针变量,在函数调用开始后,它的值等于实参数组首元素的地址,在函数执行期间,它可以再被赋值。例如:

```
void f(arr[ ],int n)
{ printf("%d\n", * arr);        //输出 array[0]的值
  arr=arr+3;
  printf("%d\n", * arr);        //输出 array[3]的值
}
```

但它的值的改变不会传递回主调函数,不会改变实参的值。

下面的例子用数组名作为函数参数。

例 8.8　将数组 a 中 n 个整数按相反顺序存放,见图 8.13。

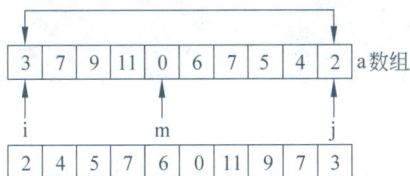

图　8.13

解题思路:

将 a[0] 与 a[n−1] 对换,再将 a[1] 与 a[n−2] 对换……直到将 a[int(n−1)/2] 与 a[n−int((n−1)/2)−1] 对换。现用循环处理此问题,设两个"位置指示变量"i 和 j,i 的初值为 0,j 的初值为 n−1。将 a[i] 与 a[j] 交换,然后使 i 的值加 1,j 的值减 1,再将 a[i] 与 a[j] 对换,直到 i=(n−1)/2 为止。

编写程序:

```
#include <stdio.h>
int main()
{void inv(int x[ ],int n);
 int i,a[10]={3,7,9,11,0,6,7,5,4,2};
 printf("The original array:\n");
 for(i=0;i<10;i++)
 printf("%d ",a[i]);
 printf("\n");
 inv(a,10);
 printf("The array has been inverted:\n");
 for(i=0;i<10;i++)
   printf("%d ",a[i]);
 printf("\n");
 return 0;
}

void inv(int x[ ],int n)              //形参 x 是数组名
  {int temp,i,j,m=(n-1)/2;
   for(i=0;i<=m;i++)
      {j=n-1-i;
       temp=x[i]; x[i]=x[j]; x[j]=temp; }
   return;
  }
```

运行结果：

```
The original array
3 7 9 11 0 6 7 5 4 2
The array has been inverted:
2 4 5 7 6 0 11 9 7 3
```

程序分析：

在主函数中定义整型数组 a，并赋予初值。函数 inv 的形参数组名为 x。在 inv 函数中可以不指定数组元素的个数。因为形参数组名实际上是一个指针变量，并不是真正地开辟一个数组空间(定义实参数组时必须指定数组大小，因为要开辟相应的存储空间)。函数形参 n 用来接收实际上需要处理的元素的个数。如果在 main 函数中有函数调用语句"inv(a，10)；"，表示要求对 a 数组的 10 个元素实行题目要求的颠倒排列。如果改为"inv(a,5)；"，则表示要求将 a 数组的前 5 个元素实行颠倒排列，此时，函数 inv 只处理前 5 个数组元素。函数 inv 中的 m 是 i 值的上限，当 i≤m 时，循环继续执行；当 i>m 时，则结束循环过程。例如，若 n=10，则 m=4，最后一次 a[i] 与 a[j] 的交换是 a[4] 与 a[5] 的交换。

思考：对这个程序可否做一些改动。将函数 inv 中的形参数组名 x 改成指针变量"int * x"? 答案是可以的。相应的实参仍为数组名 a，即数组 a 首元素的地址，将它传给形参指针变量 x，这时 x 就指向 a[0]。X+m 是 a[m] 元素的地址。设 i 和 j 以及 p 都是指针变量，用它们指向有关元素。i 的初值为 x，j 的初值为 x+n−1，见图 8.14。使 * i 与 * j 交换就是使 a[i] 与 a[j] 交换。

主函数基本不改动(只改变对 inv 函数的声明)。inv 函数改为：

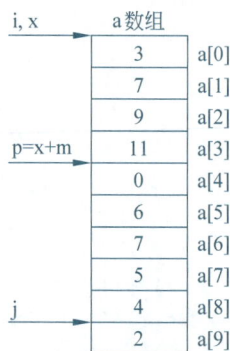

图　8.14

```
void inv(int * x,int n)            //形参 x 为指针变量
  {int * p,temp, * i, * j,m=(n-1)/2;
   i=x;j=x+n-1;p=x+m;
   for(;i<=p;i++,j--)
     {temp= * i; * i= * j; * j=temp;}
   return;
  }
```

运行情况与前一程序相同。

注意：归纳起来，如果有一个实参数组，要想在函数中改变此数组中的元素的值，实参与形参的对应关系有以下 4 种情况。

(1) 形参和实参都用数组名。

（2）实参用数组名，形参用指针变量。

（3）实参形参都用指针变量。先使实参指针变量 p 指向数组 a，然后将 p 作实参，将 &a[0] 传给形参指针变量 x。x 的初始值也是 &a[0]，见图 8.15。通过 x 值的改变可以使 x 指向数组 a 的任一元素。

（4）实参为指针变量，形参为数组名。应该注意，必须先使实参指针变量有确定值，即指向数组一个元素。

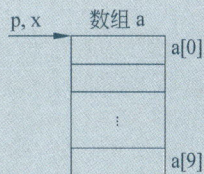

图 8.15

请读者将例 8.8 分别改为用以上 4 种方法实现。

以上 4 种方法，实质上都是地址的传递。其中（3）、（4）两种只是形式上不同，实际上形参都是使用指针变量。

例 8.9 编写一个函数，用选择法对 10 个整数按由大到小顺序排序，用数组名作实参。

解题思路：

用选择法排序，其算法前已介绍。

编写程序：

```
#include <stdio.h>
int main()
{void sort(int x[ ],int n);
 int * p,i,a[10];
 p=a;
 for(i=0;i<10;i++)
    scanf("%d",p++);
 p=a;
 sort(p,10);
 for(p=a,i=0;i<10;i++)
    {printf("%d ", * p);p++;}
 printf("\n");
 return 0;
}

void sort(int x[],int n)
  {int i,j,k,t;
    for(i=0;i<n-1;i++)
        {k=i;
        for(j=i+1;j<n;j++)
            if (x[j]>x[k]) k=j;
        if (k!=i)
```

```
            {t=x[i];x[i]=x[k];x[k]=t;}
        }
    }
```

为了便于理解，函数 sort 中用数组名作为形参，用下标法引用形参数组元素，这样的程序很容易看懂。当然也可以改用指针变量，这时 sort 函数的首部可以改为：

```
sort(int * x,int n)
```

其他不改，程序运行结果不变。可以看到，即使在函数 sort 中将 x 定义为指针变量，在函数中仍可用 x[i] 和 x[k] 这样的形式表示数组元素，它就是 x+i 和 x+k 所指的数组元素。

上面的 sort 函数等价于：

```
void sort(int * x,int n)
  {int i,j,k,t;
  for(i=0;i<n-1;i++)
    {k=i;
    for(j=i+1;j<n;j++)
        if (* (x+j)> * (x+k)) k=j;
    if (k!=i)
        {t= * (x+i); * (x+i)= * (x+k); * (x+k)=t;}
    }
}
```

请读者自己理解消化程序。

指针变量可以指向一维数组中的元素，也可以指向多维数组中的元素。但在概念上和使用方法上，多维数组的指针比一维数组的指针要复杂一些。本书不介绍指向多维数组的指针的应用，有兴趣的读者可参阅作者所著《C 程序设计》（第 5 版）（清华大学出版社）。

8.4　通过指针引用字符串

8.4.1　字符串的表示形式

在 C 程序中，可以用两种方法访问一个字符串。

（1）用字符数组存放一个字符串，然后用字符数组名和下标访问字符数组中的元素，也可以通过字符数组名用%s 格式符输出一个字符串，在第 6.4.4 节已介绍。

（2）用字符指针指向一个字符串。可以不定义字符数组，而定义一个字符指针。用字符指针指向字符串中的字符。

例 8. 10 定义字符指针,使它指向一个字符串。

编写程序:

```
#include <stdio.h>
int main()
  {char * string="I love China!";
   printf("%s\n",string);
   return 0;
  }
```

运行结果:

```
I love China!
```

程序分析:

在程序中没有定义字符数组,只定义了一个字符指针变量 string,用字符串常量"I love China!"对它初始化。C 语言对字符串常量是按字符数组处理的,在内存中开辟了一个字符数组用来存放该字符串常量,但是这个数组没有名字,不能通过数组名来引用,只能通过指针变量来引用。

> **注意**:可以用指针指向字符串常量,但是不能通过指针变量对该字符串常量重新赋值,因为字符串常量是不能改变的。

对字符指针变量 string 初始化,实际上是把字符串第 1 个元素的地址(即存放字符串的字符数组的首元素地址)赋给 string(见图 8.16)。

有的教材把 string 称为"字符串变量",认为在定义时把"I love China!"这几个字符"赋给该字符串变量",这是不正确的。假如有以下定义行:

```
char * string="I love China!"
```

它等价于下面两行:

```
char * string;
string="I love China!"
```

可以看到把 string 定义为一个指针变量,基类型为字符型。请注意它只能指向一个字符变量或其他字符型数据,不能同时指向多个字符数据,更不是把"I love China!"这些字符存放到 string 中(指针变量只能存放地址),也不是把字符串赋给 * string。只是把"I love China!"的第 1 个字符的地址赋给指针变量 string。不要认为上述定义行等价于

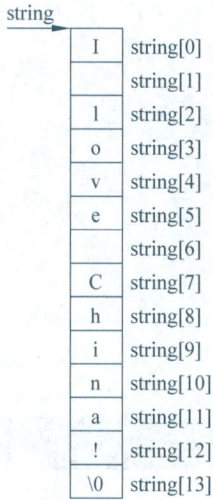

图 8.16

```
char * string;
* string="I love China!"
```

在输出时,要用

```
printf("%s\n",string);
```

%s是输出字符串时所用的格式符,在输出项中给出字符指针变量名 string,则系统先输出它所指向的一个字符数据,然后自动使 string 加1,使之指向下一个字符,然后再输出一个字符……如此直到遇到字符串结束标志'\0'为止。注意,在内存中,字符串的最后被自动加了一个'\0'(如图 8.17 所示),因此在输出时能确定字符串的终止位置。

说明:通过字符数组名或字符指针变量可以输出一个字符串。而对一个数值型数组,是不能企图用数组名输出它的全部元素的。例如:

```
int i[10];
    ⋮
printf("%d\n",i);
```

是不行的,只能逐个元素输出。

提示:对字符串中字符的存取,可以用下标方法,也可以用指针方法。

例 8.11 有一个字符数组 a,在其中存放字符串"I am a boy.",要求把该字符串复制到字符数组 b 中。

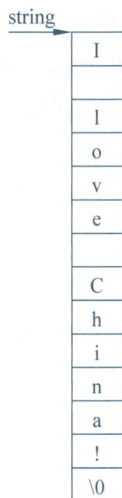

图 8.17

解题思路：

从第一个字符开始，将数组 a 中的字符逐个复制到数组 b 中，直到遇到 a 数组中的某一元素值为'\0'为止。此时表示数组 a 中的字符串结束，然后在已复制到 b 数组中的字符最后加一个'\0'，表示字符串结束。

编写程序：

```
#include <stdio.h>
int main()
  {char a[ ]="I am a boy.",b[20];
  int i;
  for(i=0; * (a+i)!='\0';i++)
      * (b+i)= * (a+i);          //用地址法访问数组元素
  * (b+i)='\0';                  //在已复制到 b 数组中的字符最后加'\0',表示字符串结束
  printf("string a is:%s\n",a);
  printf("string b is:");
  for(i=0;b[i]!='\0';i++)
      printf("%c",b[i]);         //用下标法访问数组元素
  printf("\n");
  return 0;
  }
```

运行结果：

```
string a is:I am a boy.
string b is:I am a boy.
```

程序分析：

程序中 a 和 b 都定义为字符数组,可以通过地址访问其数组元素。在 for 语句中,先检查 a[i]是否为'\0'(程序中的 a[i]是以 * (a+i)形式表示的)。如果不等于'\0',表示字符串尚未处理完,就将 a[i]的值赋给 b[i],即复制一个字符到数组 b 中的相应位置。在 for 循环中将 a 串全部复制给了 b 串。最后还应将'\0'复制过去,故有：

```
* (b+i)='\0';
```

在第二个 for 循环中用下标法表示一个数组元素(即一个字符)。

在上例中也可以改为设立指针变量,改变它的值,使之指向字符串中的不同字符。

例 8.12 用指针变量来处理例 8.11 问题。

解题思路：

(1) 设两个指针变量 p1 和 p2,开始时分别指向字符串 a 和 b 的第 1 个字符；

(2) 将 p1 指向的 a 串中的第 1 个字符复制到 p2 所指向的 b 串中的第 1 个字符位置；

(3) 使 p1 和 p2 分别下移一个位置,即分别指向串 a 和串 b 中的第 2 个字符；

(4) 将 p1 指向的 a 串中的字符复制到 p2 所指向的 b 串中的位置；

(5) 再使 p1 和 p2 分别下移一个位置；

(6) 如此反复执行(4)和(5),直到发现 p1 指向的字符是'\0'为止,此时不再进行复制字符,而在 p2 所指的位置上赋予一个'\0'字符。

编写程序：

```
#include <stdio.h>
int main()
  {char a[]="I am a boy.",b[20], * p1, * p2;
   int i;
   p1=a;                          //p1 指向字符串 a 的第 1 个字符
   p2=b;                          //p2 指向字符串 b 的第 1 个字符
   for(; * p1!='\0';p1++,p2++)
      * p2= * p1;                 //将 p1 指向的 a 串中的字符复制到 p2 所指向的 b 串中的位置
   * p2='\0';                     //最后在 p2 所指的位置上赋予一个'\0'字符
   printf("string a is:%s\n",a);
   printf("string b is:");
   for(i=0;b[i]!='\0';i++)
     printf("%c",b[i]);
   printf("\n");
   return 0;
  }
```

程序分析：

p1 和 p2 是指向字符型数据的指针变量。先使 p1 和 p2 的值分别指向字符串 a 和 b 第 1 个字符。因此开始时 * p1 最初的值为字母'I'。赋值语句" * p2＝ * p1；"的作用是将字符'I'(a 串中第 1 个字符)赋给 p2 所指向的元素，即 b[0]。然后 p1 和 p2 分别加 1，指向其下面的一个元素，直到 * p1 的值为'\0'止。注意 p1 和 p2 的值是不断在改变的，见图 8.18 的虚线和 p1'和 p2'。在 for 语句中的 p1＋＋和 p2＋＋使 p1 和 p2 同步移动。

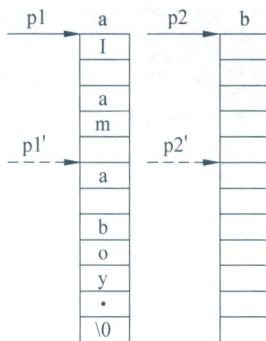

图 8.18

8.4.2 字符指针作函数参数

将一个字符串从一个函数"传递"到另一个函数，可以用地址传递的办法，即用字符数组名作参数，也可以用指向字符的指针变量作参数。在被调用的函数中可以改变字符串的内容，在主调函数中可以得到改变了的字符串。

例 8.13 任务同例 8.11，即复制字符串，但要求用函数调用来实现。

编写程序：

```c
#include <stdio.h>
int main()
{void copy_string(char * from, char * to);   //函数声明
 char * a="I am a teacher.";                  //定义 a 为字符指针变量,指向一个字符串
 char b[]="You are a student.";               //定义 b 为字符数组,内放一个字符串
 char * p=b;                                  //字符指针变量 p 指向字符数组 b 的首元素
 printf("string a=%s\nstring b=%s\n",a,p);
 printf("\ncopy string a to string b:\n ");
 copy_string(a,p);                            //用字符串作形参
 printf("string a=%s\nstring b=%s\n",a,p);
 return 0;
}

void copy_string(char * from, char * to)      //形参是字符指针变量
  { for(; * from!='\0';from++,to++)
      { * to= * from; }                        //只要 a 串没结束就复制到 b 数组
    * to='\0';
  }
```

运行结果：

```
string a=I am a teacher.
string b=You are a student.
```

```
copy string a to string b:
string a=I am a teacher.
string b=I am a teacher.
```

程序分析：

a 是字符指针变量，指向字符串"I am a teacher."。b 是字符数组，在其中存放了字符串"You are a student."。p 是指向字符的指针变量，它得到 b 数组第一个元素的地址，因此也指向字符串"You are a student."的第一个字符。初始情况如图 8.19(a)所示。copy_ string 函数的作用是将 from[i]赋给 to[i]，直到 from[i]的值等于'\0'为止。形参 from 和 to 是字符指针变量。在调用 copy_ string 函数时，将数组 a 首元素的地址传给 from，把指针变量 p 的值（即数组 b 首元素的地址）传给 to。因此 from[0]和 a[0]是同一个单元，to[0]和 p[0]（也就是 b[0]）是同一个单元。在 for 循环中，先检查 from 当前所指向的字符是否等于'\0'，如果不是，就执行" ∗ to＝ ∗ from"，每次将 ∗ from 赋给 ∗ to，第 1 次就是将 a 数组中第 1 个字符赋给 b 数组的第 1 个字符。每次循环中都执行 from＋＋和 to＋＋，使 from 和 to 就分别指向 a 数组和 b 数组的下一个元素。下次再执行 ∗ to＝ ∗ from 时，就将 a[i]赋给 b[i]……最后将'\0'赋给 ∗ to，注意此时 to 指向哪个单元。

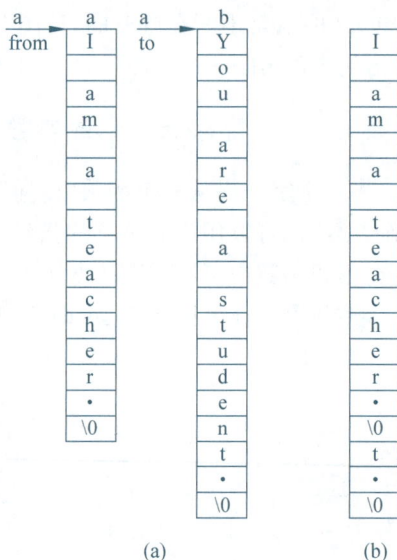

图　8.19

程序执行完以后，b 数组的内容如图 8.19(b)所示。可以看到，由于 b 数组原来的长度大于 a 数组，因此再将 a 数组复制到 b 数组后，未能全部覆盖 b 数组原有内容。b 数组最后 3 个元素仍保留原状。在输出 b 时由于按％s(字符串)输出，遇'\0'即告结束，因此第一个'\0'后的字符不输出。如果不采取％s 格式输出而用％c 逐个字符输出是可以输出后面这些字符的。

例 8.14 有两个字符串：字符串 a 的内容为"I am a teacher."，字符串 b 的内容为"You are a student."。要求把字符串 b 连接到字符串 a 的后面。即字符串 a 的内容为"I am a teacher. You are a student."。

解题思路：

(1)定义两个指针变量分别指向字符串 a 和 b 的首字符；(2)使第一个指针变量指向字符串 a 的末尾'\0'处；(3)从第一个指针变量指向的元素处开始，将字符串 b 中的字符逐个复制到字符数组 a 中。用一个函数来实现字符串连接的功能。

编写程序：

```
#include <stdio.h>
int main()
{void link_string(char * arr1, char * arr2);   //函数声明
 char a[40]="I am a teacher.";                  //定义 a 为字符指针变量,指向一个字符串
 char b[]="You are a student.";                 //定义 b 为字符数组,内放一个字符串
 char * p1=a, * p2=b;                            //字符指针变量 p 指向字符数组 b 的首元素
 printf("string a:%s\nstring b:%s\n",p1,p2);    //输出连接前的字符串
 link_string(p1,p2);                            //调用 link_string 函数,指针变量作形参
 printf("Now,\nstring a:%s\nstring b:%s\n",a,b);   //输出连接后的字符串
 return 0;
 }

void link_string(char * arr1, char * arr2)     //形参是字符指针变量
{ int i;
  for(i=0; * arr1!='\0';i++)
      arr1++;                                  //将指针变量指向'\0'
  for(; * arr2!='\0';arr1++,arr2++)            //只要 arr2 串没结束就复制到 arr1 中
      * arr1= * arr2;
  * arr1='\0';                                 //在复制完后加一个'\0'
}
```

运行结果：

```
string a: I am a teacher.
string b: You are a student.
Now,
string a: I am a teacher. You are a student.
string b: You are a student.
```

程序分析：

定义字符数组 a,它的长度应能容纳两个字符串,现定义长度为 40。字符数组 b 可不指定长度,它的长度由初始化时的字符串长度决定(它不必定义太大,因为不向它增加字符)。字符指针变量 p1,p2 分别指向字符串 a 和 b 的首元素。调用 link_string 函数时以 p1,p2 作为实参,将两个字符串的首元素地址传给形参(字符指针变量 arr1 和 arr2)。这时实参 p1 和形参 arr1 都指向字符数组 a 的首元素(即 a,p1 和 arr1 都指向 a[0]),见图 8.20(a)。实参 p2 和形参 arr2 都指向字符数组 b 的首元素(即 b,p2 和 arr2 都指向 b[0]),见图 8.20(b)。

在执行 link_string 函数时,通过第一个 for 循环使 arr1 的指向每次下移一个元素,直到

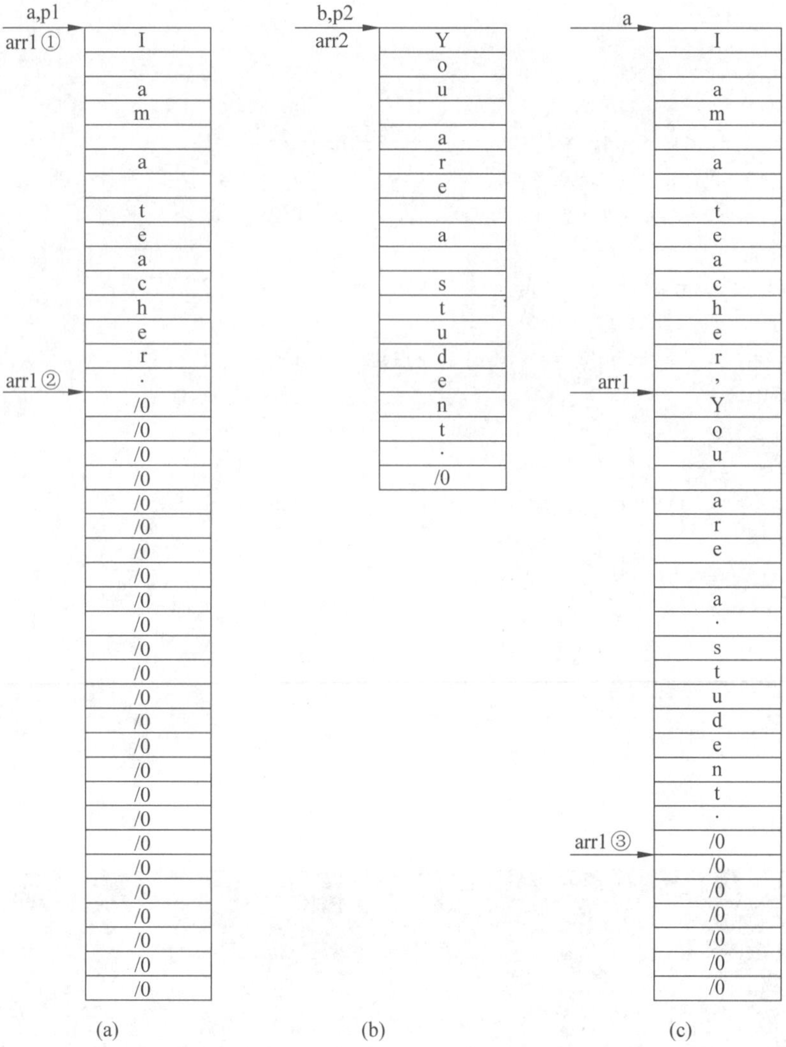

图　8.20

遇到'\0'为止。此时 arr1 指向'\0'所在的单元,见图 8.20(a)中的 arr1②。第二个 for 循环的作用是把 arr2 每次所指向的字符串 b 中的字符逐个复制到 a 数组中 arr1 当时所指向的元素中。在复制完全部有效字符后,再在 a 字符串的最后加一个'\0',作为字符串 a 结束的标志。

在本例中,由于 a 数组中后部的元素在初始化时已全部默认为'\0',因此在此情况下可以省去最后一个语句"＊arr1＝'\0';"。但在一般情况下为稳妥起见应当有此语句。

执行完"＊arr1='\0';"语句后,字符数组 a 中各元素的情况和 arr1 的指向见图 8.20(c)。

用字符指针作为函数参数时,实参与形参的对应关系可以有以下 4 种情况(见表 8.2)。

表 8.2　调用函数时实参与形参的对应关系

实　　参	形　　参	实　　参	形　　参
字符数组名	字符数组名	字符指针变量	字符指针变量
字符数组名	字符指针变量	字符指针变量	字符数组名

读者可以将例 8.13 和例 8.14 改写为表 8.2 中的其他情况。

8.4.3　使用字符指针变量和字符数组的区别

虽然用字符数组和字符指针变量都能实现字符串的存储和运算,但它们二者之间是有区别的,不应混为一谈,主要有以下几点。

(1) 字符数组由若干个元素组成,每个元素中放一个字符,而字符指针变量中存放的是地址(字符串第 1 个字符的地址),绝不是将字符串放到字符指针变量中。

(2) 赋值方式。对字符数组只能对各个元素赋值,不能用以下办法对字符数组赋值:

```
char str[14];
str="I love China!";
```

而对字符指针变量,可以采用下面方法赋值:

```
char * a;
a="I love China!";
```

但应注意,赋给 a 的不是字符,而是字符串第一个元素的地址。

(3) 对字符指针变量赋初值:

```
char * a="I love China!";
```

等价于

```
char * a;
a="I love China!";
```

而对数组的初始化:

```
char  str[14]={"I love China!"};
```

不能等价于

```
char str[14];
str[]="I love China!";
```

即数组可以在定义时整体赋初值,但不能在赋值语句中整体赋值。

(4) 如果定义了一个字符数组,在编译时为它分配内存单元,它有确定的一段地址。而定义一个字符指针变量时,给指针变量分配内存单元,在其中可以放一个字符变量的地址,也就是说,该指针变量可以指向一个字符型数据,但如果未对它赋予一个地址值,则它并未具体指向一个确定的字符数据。例如:

```
char   str[10];
scanf("%s",str);
```

是可以的。而常有人用下面的方法:

```
char * a;
scanf("%s",a);
```

目的是想输入一个字符串,编译时发出"警告"信息,提醒未给指针变量指定初始值。虽然也能勉强运行,但这种方法是危险的,绝不应提倡。因为编译时虽然给指针变量 a 分配了内存单元,变量 a 的地址(即 &a)是已指定了,但 a 的值并未指定,在 a 单元中是一个不可预料的值。在执行 scanf 函数时要求将一个字符串输入到 a 所指向的一段内存单元(即以 a 的值(地址)开始的一段内存单元)中。而 a 的值如今却是不可预料的,它可能指向内存中空白的(未用的)用户存储区中(这是好的情况),也有可能指向已存放指令或数据的有用内存段,这就会破坏了程序,甚至破坏了系统,会造成严重的后果。在程序规模小时,由于空白地带多,往往可以正常运行,而程序规模大时,出现上述"冲突"的可能性就太多了。应当这样:

```
char   * a,str[10];
a=str;
scanf("%s",a);
```

先使 a 有确定值,也就是使 a 指向一个数组的首元素,然后输入一个字符串,把它存放在以该地址开始的若干单元中。

(5) 指针变量的值是可以改变的,见例8.15。

例 8.15   改变指针变量的值。

解题思路:

先使指针变量 a 指向字符串第 1 个字符,然后改变指针变量 a 的值,使之指向字符串中第 1 个字符,输出其后面的字符。

编写程序:

```
#include <stdio.h>
int main()
  {char * a="I love China!";
```

```
    a=a+7;
    printf("%s\n",a);
    return 0;
}
```

运行结果：

```
China!
```

程序分析：

指针变量 a 的值是可以变化的,现用"a＝a＋7;"使 a 指向输出字符串中的第 8 个字符。从 a 当时所指向的单元开始输出各个字符,直到遇'\0'为止。这样就输出了"China!"。

数组名虽然代表地址,但它是常量,它的值是不能改变的。下面是错的:

```
char str[ ]={"I love China!"};
str=str+7;
printf("%s",str);
```

(6) 前面已说明,若指针变量 p 指向数组 a,则可以用指针变量带下标的形式引用数组元素,同理,若字符指针变量 p 指向字符串,就可以用指针变量带下标的形式引用所指的字符串中的字符。如有:

```
char * a="I love China!";
```

则 a[5]的值是 a 所指向的字符串"I love China!"中第 6 个字符(序号为 5),即字母'e'。

虽然并未定义数组 a,但字符串在内存中是以字符数组形式存放的。A[5]按 ＊(a＋5)处理,即从 a 当前所指向的元素下移 5 个元素位置,取出其单元中的值。

(7) 字符数组中各元素的值是可以改变的(可以对它们再赋值),但字符指针变量指向的字符串常量中的内容是不可以被取代的(不能对它们再赋值)。如:

```
char a[]="House";
char * b=" House";
a[2]='r';                          //合法,r 取代 u
b[2]='r';                          //非法,字符串常量不能改变
```

说明：在本章中介绍了指针的基本概念和初步应用。指针是 C 语言中很重要的概念,是 C 语言的一个重要特色。使用指针的优点：①提高程序效率；②在调用函数时变量改变了的值能够为主函数使用,即可从函数调用得到多个可改变的值；③可以实现动态存储分配。

但是同时应该看到,指针使用太灵活,对熟练的程序人员来说,可以利用它编写出颇有

特色的、质量优良的程序,实现许多用其他高级语言难以实现的功能,但也十分容易出错,而且这种错误往往比较隐蔽。由于指针运用的错误可能会使整个程序遭受破坏,比如由于未对指针变量 p 赋值就向 * p 赋值,就可能破坏了有用的单元的内容。有人说指针是有利有弊的"双刃剑",如果使用指针不当(例如赋予它一个错误的值),会出现隐蔽的、难以发现和排除的故障。因此,在初学时应集中精力掌握最基本最常用的内容,首先保证程序的正确性,在熟练之后再注重提高技巧。在使用指针要十分小心谨慎,要多上机调试程序,深入掌握使用指针的规律,注意积累经验。

8.5 提高部分

8.5.1 指针使用的技巧

对以上介绍的有关指针的内容掌握比较好的读者,可以通过下面的例子,了解指针的使用技巧。

在本章例 8.13 中介绍了用函数 copy_string 实现字符串的复制的方法。除了例 8.13 所介绍的程序外,还有其他一些技巧,使 copy_string 函数更加精练、更加专业。请分析以下几种情况:

(1) 将 copy_string 函数改写为:

```
void copy_string(char * from,char * to)
  {while((* to= * from)!='\0')
      {to++;from++;}
  }
```

请与例 8.13 程序对比。在本程序中将"* to= * from"的操作放在 while 语句括号内的表达式中,而且把赋值运算和判断是否为'\0'的运算放在一个表达式中,先赋值后判断。在循环体中使 to 和 from 增值,指向下一个元素……直到 * from 的值为'\0'为止。

(2) copy_string 函数的函数体还可改为:

```
{while((* to++= * from++)!='\0');}
```

把上面程序的 to++和 from++运算与 * to= * from 合并,它的执行过程是,先将 * from 赋给 * to,然后使 to 和 from 增值。显然这又简化了。

(3) copy_string 函数的函数体还可写成:

```
{while(* from!='\0')
    * to++= * from++;
```

```
    * to='\0';
  }
```

当 * from 不等于'\0'时,将 * from 赋给 * to,然后使 to 和 from 增值。

(4) 由于字符可以用其 ASCII 码来代替(例如,"ch＝'a'"可以用"ch＝97"代替,"while (ch!＝'a')"可以用"while(ch!＝97)"代替)。因此,"while(* from!＝'\0')"可以用"while(* from!＝0)"代替('\0'的 ASCII 代码为 0)。而关系表达式" * from!＝0"又可简化为" * from",这是因为若 * from 的值不等于 0,则表达式" * from"为真,同时" * from!＝0"也为真。因此"while(* from!＝0)"和"while(* from)"是等价的。所以函数体可简化为:

```
{while( * from)
   * to++= * from++;
  * to='\0';
}
```

(5) 上面的 while 语句还可以进一步简化为下面的 while 语句:

```
while( * to++= * from++);
```

它与下面语句等价:

```
while(( * to++= * from++)!='\0');
```

将 * from 赋给 * to,如果赋值后的 * to 值等于'\0',则循环终止('\0'已赋给 * to)。

(6) 函数体也可以改用 for 语句:

```
for(;( * to++= * from++)!=0;);
```

或

```
For(; * to++= * from++;);
```

(7) 也可以用字符数组名作函数形参,在函数中另定义两个指针变量 p1,p2。函数 copy_string 可写为:

```
void copy_string(char from[],char to[])
  { char   * p1, * p2;
   p1=from; p2=to;
   while(( * p2++= * p1++)!='\0');
  }
```

以上各种用法,使用十分灵活,变化多端,比较专业,初看起来不太习惯,含义不直观。初学者要很快地写出它们可能会有些困难,也容易出错。但是在专业人士写的程序中,以上形式的使用是比较多的,读者在阅读别人写的程序时可能会遇到类似的用法,多了解一些可能是有好处的。

8.5.2 多维数组的指针

指针变量可以指向一维数组中的元素,也可以指向多维数组中的元素。假如已定义二维数组 a。

```
int a[3][4]={{1,3,5,7},{9,11,13,15},{17,19,21,23}};
```

a 是一个二维数组名。a 数组包含 3 行,即有 3 个行元素:a[0]、a[1]、a[2]。而每一个行元素又是一个一维数组,它包含 4 个元素(即 4 个列元素),见图 8.21。可以认为二维数组是"数组的数组",即二维数组 a 是由 3 个一维数组所组成的。

a 代表二维数组首元素的地址,现在的首元素不是一个简单的整型元素,而是由 4 个整型元素所组成的一维数组,因此 a 代表的是首行(即第 0 行)的首地址。a+1 代表序号为 1 的行的首地址。如果二维数组的首行的首地址为 2000,若一个整型数据占 4 字节,则 a+1 的值应该是 $2000+4×4=2016$,因为第 0 行有 4 个整型数据。a+1 指向 a[1],或者说,a+1 的值是 a[1] 的首地址。a+2 代表 a[2] 的首地址,它的值是 2032,见图 8.22。

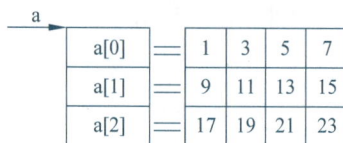

图 8.21

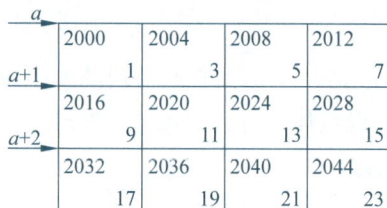

图 8.22

可以定义指向一维数组的指针变量:

```
int (*p)[4];
```

表示 p 是指针变量,指向有 4 个元素的一维数组,数组元素为整型。也就是 p 所指的对象是有 4 个整型元素的数组,此时 p 只能指向一个包含 4 个元素的一维数组,p 的值就是该一维数组的起始地址。

如果有赋值语句

```
p=a+1;
```

此时 p 指向数组序号为 1 的行(即 a[1])的开头。

8.5.3 指向函数的指针

不仅变量有指针,可以定义指针变量指向一个变量,而且函数也有指针,可以定义一个指向函数的指针变量指向一个函数。

如果在程序中定义了一个函数,在编译时,编译系统给这个函数代码分配一段存储空间,这段存储空间的起始地址(又称入口地址)称为这个**函数的指针**。可以定义一个指向函数的指针变量,用来存放某一函数的起始地址,这就意味着此指针变量指向该函数。

下面定义一个指向函数的指针变量:

```
int (*p)(int, int)
```

指针变量名为 p,它指向的函数的类型为 int 型,函数有两个 int 型的形参。定义的一般形式为:

数据类型 (* 指针变量名)(函数参数表列);

如果要用指针调用函数,必须先使指针变量指向该函数。如:

```
p=max;
```

这就把 max 函数的入口地址赋给了指针变量 p。

用函数指针变量调用函数时,只需将(*p)代替函数名即可(p 为指针变量名),在(*p)之后的括号中根据需要写上实参。例如:

```
c=(*p)(a,b);
```

由于 p 指向 max 函数,因此它相当于:

```
c=max(a,b);
```

指向函数的指针变量的一个重要用途是把函数的入口地址作为实参传递给函数的形参,此时形参是指向函数的指针变量。这样就能够在被调用的函数中使用实参函数。

8.5.4 返回指针值的函数

一个函数可以返回一个整型值、实型值或字符值等,也可以返回指针型的数据,即一个地址。

例如:

```
int  *a(int x,int y);
```

a是函数名,这个函数名前面有一个 * ,表示此函数是指针型函数(函数值是指针)。最前面的 int 表示返回的指针是指向整型变量的,x 和 y 是函数 a 的形参(整型)。调用它以后能得到一个指向整型数据的指针(地址)。

返回指针值的函数一般定义形式为:

类型名 * 函数名(参数表列);

这种形式与定义指向函数的指针变量很相似,但请注意:在 * a 两侧没有括号。有括号时就成了指向函数的指针变量了。

8.5.5　指针数组

一个数组,若其元素均为指针类型数据,称为**指针数组**,也就是说,指针数组中的每一个元素都存放一个地址,相当于一个指针变量。

例如:

```
int * p[4];
```

这里的 p[4]显然是数组形式,它有 4 个元素。前面的" * "表示此数组是指针类型的,每个数组元素(相当于一个指针变量)都可指向一个整型变量。

一维指针数组的定义的一般形式为:

类型名数组名[数组长度];

什么情况下要用到指针数组呢? 指针数组比较适合用来指向若干个字符串,使字符串处理更加方便灵活。例如,图书馆有若干本书,想把书名放在一个数组中(见图 8.23(a)),然后要对这些书目进行排序和查询。按一般方法,字符串本身就是一个字符数组。因此要设计一个二维的字符数组才能存放多个字符串。但在定义二维数组时,需要指定列数,也就是说二维数组中每一行中包含的元素个数(即列数)相等。而实际上各字符串(书名)长度一般是不相等的。如按最长的字符串来定义列数,则会浪费许多内存单元,见图 8.23(b)。

可以分别定义一些字符串,然后用指针数组中的元素分别指向各字符串,如图 8.23(c)所示。在 name[0]中存放字符串"Follow me"的首字符的地址,name[1]中存放字符串"BASIC"的首字符的地址……如果想对字符串排序,不必改动字符串的位置,只需改动指针数组中各元素的指向即可(即改变各元素的值,这些值是各字符串的首地址),见图 8.24。

8.5.6　多重指针——指向指针的指针

指向另一个指针数据的指针变量,称为**指向指针的指针**。从图 8.25 可以看到,name 是

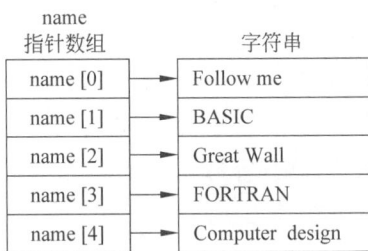

图 8.23

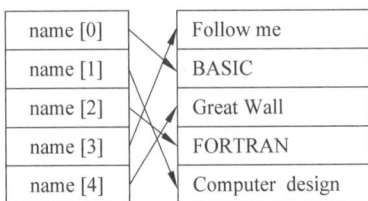

图 8.24

一个指针数组,它的每一个元素是一个指针型数据,其值为地址。name 数组的每一元素都有相应的地址。数组名 name 代表该指针数组首元素的地址。Name+i 是 name[i]的地址。Name+i 就是指向指针型数据的指针。还可以设置一个指针变量 p,它指向指针数组的元素(见图 8.26)。p 就是指向指针型数据的指针变量。

图 8.25

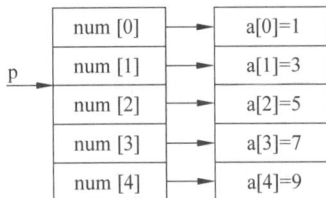

图 8.26

下面定义一个指向指针数据的指针变量 p:

```
char * *p;
```

p 的前面有两个 * 号。* *p 相当于 *(*p),显然 *p 是指针变量的定义形式。如果没有最前面的 *,那就是定义了一个指向字符数据的指针变量。现在它前面又有一个 * 号,表示指针变量 p 是指向一个字符指针变量(即指向字符型数据的指针变量)的。*p 就是 p 所指向的另一个指针变量,在本章开头已经提到了"间接访问"的方式。利用指针变量访问另一个变量就是"间接访问"。如果在一个指针变量中存放一个目标变量的地址,这就是"单级间址",见图 8.27(a)。指向指针数据的指针用的是"二级间址"方法,见图 8.27(b)。从理论上说,间址方法可以延伸到更多的级,即多重指针,见图 8.27(c)。但实际上在程序中很少有超过二级间址的。级数愈多,愈难理解,容易产生混乱,出错机会也多。

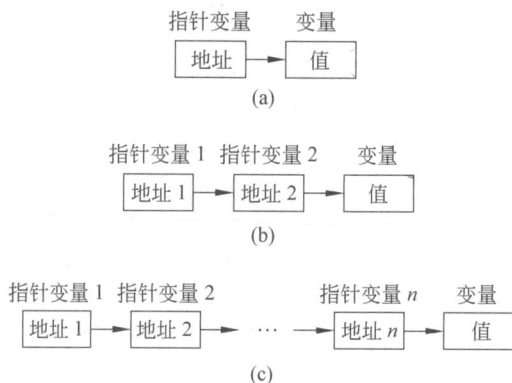

图 8.27

本章提高部分介绍的内容是有关指针的较深入的内容,对非计算机专业的初学者,开始时可以暂时不学,待以后需要时再补学。

本章小结

(1) 首先要准确地弄清楚指针的含义。**指针就是地址**,凡是出现"指针"的地方,都可以用"地址"代替。例如,变量的**指针**就是变量的**地址**,指针变量就是**地址**变量。

要区别指针和指针变量。指针就是地址本身,例如 2008 是某一变量的地址,2008 就是变量的指针。而指针变量是用来存放地址的变量。有人认为"指针是类型名,指针的值是地址",这是不对的。类型是没有值的(如字符类型有值吗?),只有变量才有值,正确的说法是**指针变量的值**是一个地址。不要杜撰出"地址的值"这样莫须有的名词。地址就是地址,本身就是一个值。

（2）什么叫"指向"？ **地址就意味着指向**，因为通过地址能找到具有该地址的对象。对于指针变量来说，把谁的地址存放在指针变量中，就说此指针变量指向谁。但应该注意：并不是任何类型数据的地址都可以存放在同一个指针变量中的，只有与指针变量的基类型相同的数据的地址才能存放在相应的指针变量中。例如：

```
int a, * p;                       //指针变量 p 的基类型是 int 型
float b;                          //变量 b 的类型是 float 型
p=&a;                             //合法,变量 a 是 int 型
p=&b;                             //非法,类型不匹配
```

既然许多数据对象（如变量、数组、字符串、函数等）都被分配了存储空间，因此就有了地址，也就有了指针。可以定义一些指针变量，存放这些数据对象的地址，指向这些对象。

（3）指针代表的不仅是一个纯地址（即内存单元的编号），而且还是一个**带类型的地址**。每一个指针（地址）型数据（如上面的 p，&a，&b）都是有类型属性的（如" ＊ int"，＊ float"）。在 C 语言中，"指针就是地址"指的就是"带类型的地址"。

P 的类型用" ＊ int"表示，其中" ＊"表示它是指针型变量，" ＊ int"表示其基类型为整型。

（4）要深入掌握在对数组的操作中怎样正确地使用指针，搞清楚指针的指向。一维数组名代表数组首元素的地址，如

```
int * p,a[10];
p=a;
```

p 是指向 int 型类型的指针变是量，显然，p 只能指向数组中的首元素（int 型变量），而不是指向整个数组。如 p+1 是指向下一个元素，而不是指向下一个数组。

对"p＝a;"，准确地说应该是：p 指向 a 数组的首元素，在不引起误解的情况下，有时也简称为 p 指向 a 数组，但读者对此应有准确的理解。同理，p 指向字符串，也应理解为 p 指向字符串中的首字符。

在进行赋值时一定要先确定赋值号两侧的类型是否相同，是否允许赋值。

（5）指针运算小结

① 指针变量加（减）一个整数。

例如：p++、p−−、p+i、p−i、p+＝i、p−＝i 等均是指针变量加（减）一个整数。

将该指针变量的原值（是一个地址）和它指向的变量所占用的内存单元字节数相加（减）。

② 对指针变量赋值。

将一个变量地址赋给一个指针变量。例如：

```
p=&a;                  (将变量 a 的地址赋给 p)
p=array;               (将数组 array 首元素地址赋给 p)
p=&array[i];           (将数组 array 第 i 个元素的地址赋给 p)
p1=p2;                 (p1 和 p2 都是基类型相同的指针变量,将 p2 的值赋给 p1)
```

注意：不应把一个整数赋给指针变量。

③ 指针变量可以有"空值",即该指针变量不指向任何变量,可以这样表示：

```
P=NULL;
```

其中 NULL 是一个符号常量,代表整数 0。在 stdio.h 头文件中对 NULL 进行了定义：

```
#define NULL 0
```

它使 p 指向地址为 0 的单元。系统保证使该单元不作他用(不存放有效数据),即有效数据的指针不指向 0 单元。

应该注意,p 的值为 NULL 与未对 p 赋值是两个不同的概念。前者是有值的(值为 0),不指向任何程序变量,后者虽未对 p 赋值但并不等于 p 无值,只是它的值是一个无法预料的值,也就是 p 可能指向一个事先未指定的单元。这种情况是很危险的。因此,在引用指针变量之前应对它赋值。

任何指针变量或地址都可以与 NULL 作相等或不相等的比较,例如：

```
If(p==NULL)…
```

④ 两个指针变量可以相减。

如果两个指针变量都指向同一个数组中的元素,则两个指针变量值之差是两个指针之间的元素个数。

⑤ 两个指针变量比较。

若两个指针指向同一个数组的元素,则可以进行比较。指向前面的元素的指针变量"小于"指向后面元素的指针变量。如果 p1 和 p2 不指向同一数组则比较无意义。

(6) 有关指针变量的定义形式的归纳比较,见表 8.3。其中包括在本章正文中未介绍而在提高部分做简单介绍的指针类型,以使读者有一全面了解。为便于比较,把其他一些类型的定义也列在一起。

表 8.3　指针变量的定义形式

定　　义	含　　义
int i;	定义整型变量 i
int * p;	p 为指向整型数据的指针变量
int a[n];	定义整型数组 a,它有 n 个元素
int * p[n];	定义指针数组 p,它由 n 个指向整型数据的指针元素组成
int (* p)[n];	p 为指向含 n 个元素的一维数组的指针变量
int f();	f 为返回整型函数值的函数
int * p();	p 为返回一个指针的函数,该指针指向整型数据
int (* p)();	p 为指向函数的指针,该函数返回一个整型值
int * * p;	p 是一个指针变量,它指向一个指向整型数据的指针变量
void * p;	p 是一个指针变量,基类型为 void(空类型),不指向具体的数据

习题

本章习题均要求用指针方法处理。

8.1　输入 3 个整数,按由小到大的顺序输出。

8.2　输入 3 个字符串,按由小到大的顺序输出。

8.3　输入 10 个整数,将其中最小的数与第一个数对换,把最大的数与最后一个数对换。写 3 个函数:①输入 10 个数;②进行处理;③输出 10 个数。

8.4　有 n 个整数,使前面各数顺序向后移 m 个位置,最后 m 个数变成最前面 m 个数,见图 8.28。写一函数实现以上功能,在主函数中输入 n 个整数和输出调整后的 n 个数。

8.5　有 n 个学生围成一圈,顺序排号。从第 1 个学生开始报数(从 1 到 3 报数),凡报到 3 的学生退出圈子,到最后只留下一名学生,问最后留下的是原来第几号学生。

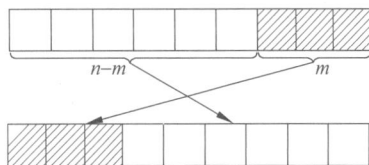

图　8.28

8.6　编写一函数,求一个字符串的长度。在 main 函数中输入字符串,并输出其长度。

8.7　有一个字符串 a,内容为"My name is Li jilin.",另有一字符串 b,内容为"Mr. Zhang Haoling is very happy."。写一函数,将字符串 b 中从第 5 个到第 17 个字符(即"Zhang Haoling")复制到字符串 b 中,取代字符串 a 中第 12 个字符以后的字符(即"Li jilin.")。输出新的字符串 a。

8.8　输入一行文字,找出其中大写字母、小写字母、空格、数字以及其他字符各有多少。

8.9　在主函数中输入 10 个等长的字符串。用另一个函数对它们排序。然后在主函数中输出这 10 个已排好序的字符串。

8.10　将 n 个数按输入时顺序的逆序排列,用函数实现。

8.11　编写一个函数 inv,将数组 a 中 n 个整数按相反顺序存放,用指针变量作为调用该函数时的实参。

8.12　输入一个字符串,内有数字和非数字字符,例如:

$$a123x456\ 17960?\ 302tab5876$$

将其中连续的数字作为一个整数,依次存放到一数组 a 中。例如,123 放在 a[0],456 放在 a[1]……共有多少个整数,并输出这些数。

8.13　编写一函数,将一个 3×3 的整型二维数组转置,即行列互换。

第 ⑨ 章

使用结构体类型处理组合数据
——用户自定义数据类型

　　C 语言提供了一些由系统已建立的基本数据类型,如：整型、实型、字符型、指针等类型,用户可以用它们处理一般的问题,但是人们要处理的问题往往比较复杂,只有这几类数据类型还不能满足应用的要求,C 语言允许用户根据需要自己建立数据类型,用它来定义变量。

9.1　定义和使用结构体变量

9.1.1　自己建立结构体类型

　　在前面所看到的程序中,所用的变量大多数是互相独立、无内在联系的。例如定义了整型变量 a、b、c,它们都是单独存在的变量,在内存中的地址也是互不相干的,但在实际生活和工作中,有些数据是有内在联系的,成组出现的。例如,一个学生的学号、姓名、性别、年龄、成绩、家庭地址等项,是属于同一个学生的,见图 9.1。可以看到性别(sex)、年龄(age)、成绩(score)、地址(addr)是属于学号为 10010 和名为"Li Fun"的学生的。如果将 num、name、sex、age、score、addr 分别定义为互相独立的简单变量,难以反映它们之间的内在联系。而且这些数据(如学号、性别、成绩等)的类型是不相同的。人们要求把这些类型不同(当然也可以相同)的数据组成一个组合数据,例如定义一个名为 student_1 的变量,在这个变量中包括"学生 1"的学号、姓名、性别、年龄、成绩和家庭地址等项。这样,使用起来就方便多了。

num	name	sex	age	score	addr
10010	Li Fun	M	18	87.5	Beijing

图　9.1

　　有人可能想到数组,能否用一个数组来存放这些数据呢? 显然不行,因为一个数组中只能存放同一类型的数据。例如整型数组可以存放学号或成绩,但不能存放姓名、性别、地址等字符型的数据。C 语言允许用户自己建立由不同类型数据组成的组合型的数据结构,它称为**结构体**(structure)。在其他一些高级语言中把这种形式的数据结构称为"记录"(record)。

如果程序中要用到图 9.1 所表示的数据结构,C 语言允许用户在程序中自己建立所需的**结构体类型**。例如:

```
struct   student
    {int num;                    //学号为整型
     char   name[20];            //姓名为字符串
     char   sex;                 //性别为字符型
     int   age;                  //年龄为整型
     float   score;              //成绩为实型
     char   addr[30];            //地址为字符串
    };                           //注意最后有一个分号
```

上面由程序设计者指定了一个新的**结构体类型 struct student**(struct 是声明结构体类型时所必须使用的关键字,不能省略),它向编译系统声明这是一个"结构体类型",它包括 num、name、sex、age、score、addr 等不同类型的子项。经过上面的指定,struct student 就是一个在程序中可以使用的合法类型名,它和系统提供的标准类型(如 int、char、float、double 等)具有类似的作用,都可以用来定义变量的类型,只不过 int 等基本类型是系统已定义了的,而结构体类型是根据用户需要由程序设计者在程序中指定的。

声明一个结构体类型的一般形式为:

struct 结构体名
    {成员表列};

注意:结构体类型的名字是由一个关键字 struct 和结构体名二者组合而成的(例如 struct student)。结构体名是由用户指定的,又称"结构体标记"(structure tag),以区别于其他的结构体类型。上面的结构体声明中 student 就是结构体名(结构体标记)。

大括号内是该结构体所包括的子项,称为结构体的**成员**(member)。上例中的 num、name、sex 等都是成员。对各成员都应进行类型声明,即

类型名 成员名;

"成员表列"(member list)也称为"域表"(field list),每一个成员是结构体中的一个域。成员名命名规则与变量名相同。

说明:

(1) 结构体类型并不是只有一种,而是可以设计出许多种结构体类型,例如除了可以建立上面的 struct student 结构体类型外,还可以根据需要建立名为 struct teacher,struct

worker,struct date 等结构体类型,各自包含不同的成员。

（2）成员可以是另一个结构体变量。例如：

```
struct   date                        //声明一个结构体类型 struct date
  { int   month;                     //月
    int   day;                       //日
    int   year;                      //年
  };
struct   student                     //声明一个结构体类型 struct student
  { int   num;
    char   name[20];
    char   sex;
    int   age;
    struct date birthday;            //birthday 是 struct date 类型
    char   addr[30];
  };
```

先声明一个 struct date 类型,它代表"日期",包括 3 个成员：month（月）、day（日）、year（年）。然后在声明 struct student 类型时,将成员 birthday 指定为 struct date 类型。struct student 的结构如图 9.2 所示。已声明的类型 struct date 与其他类型（如 int、char）一样可以用来定义成员的类型。

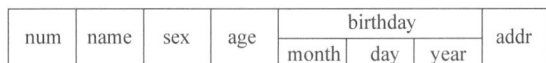

num	name	sex	age	birthday			addr
				month	day	year	

图　9.2

（3）"结构体"这个词是根据英文单词 structure 译出的。有些 C 语言书把 structure 直译为"结构"。作者认为译作"结构"会与一般含义上的"结构"混淆（例如,数据结构、程序结构、控制结构等）。作者认为"结构体"比"结构"更确切一些,不致与一般含义上的"结构"混淆。读者在阅读其他 C 语言书时,如遇到"结构类型",应知道就是"结构体类型"。

9.1.2　定义结构体类型变量

前面只是指定了一个结构体类型,它相当于一个模型,并没有定义变量,其中并无具体数据,系统对之也不分配实际的内存单元。相当于设计好了图纸,但并未建成具体的房屋。为了能在程序中使用结构体类型的数据,应当定义结构体类型的变量,并在其中存放具体的数据。可以采取以下 3 种方法定义结构体类型变量。

1. 先声明结构体类型，再定义该类型的变量

在9.1.1节的开头已定义了一个结构体类型 struct student，可以用它来定义变量。例如：

struct student student1,student2;

　　结构体类型名　　　结构体变量名

这种形式和定义其他类型的变量形式(如 int a,b;)是相似的。上面定义了 student1 和 student2 为 struct student 类型的变量，这样 student1 和 student2 就具有 struct student 类型的结构，如图9.3所示。

student1:	10001	Zhang Xin	M	19	90.5	Shanghai

student2:	10002	Wang Li	F	20	98	Beijing

图　**9.3**

在定义了结构体变量后，系统会为之分配内存单元。根据结构体类型中包含的成员情况，在 Visual C++ 中，student1 和 student2 在内存中占63字节(4＋20＋1＋4＋4＋30＝63)。

这种方式是声明类型和定义变量分离，在声明类型后可以随时定义变量，比较灵活。

2. 在声明类型的同时定义变量

例如：

```
struct   student
  {int   num;
   char   name[20];
   char   sex;
   int   age;
   float score;
   char   addr[30];
}student1,student2;
```

它的作用与第一种方法相同，但是在定义 struct student 类型的同时定义两个 struct student 类型的变量 student1、student2。这种形式的定义的一般形式为：

struct　结构体名
　　{
　　　成员表列
　　} 变量名表列;

声明类型和定义变量放在一起进行,能直接看到结构体的结构,比较直观,在写小程序时用此方式比较方便,但写大程序时,往往要求对类型的声明和对变量的定义分别放在不同的地方,以使程序结构清晰,便于维护,所以不宜用这种方式。

3. 不指定类型名而直接定义结构体类型变量

其一般形式为:

```
struct
  {
      成员表列
  }变量名表列;
```

指定了一个无名的结构体类型,它没有名字(不出现结构体名)。显然不能再以此结构体类型去定义其他变量。这种方式用得不多。

说明:

(1)结构体类型与结构体变量是不同的概念,不要混同。只能对变量赋值、存取或运算,而不能对一个类型赋值、存取或运算。在编译时,对类型是不分配空间的,只对变量分配空间。

(2)结构体类型中的成员名可以与程序中的变量名相同,但二者不代表同一对象。例如,程序中可以另外定义一个变量 num,它与 struct student 中的 num 是两回事,互不干扰。

(3)对结构体变量中的成员(即"域"),可以单独使用,它的作用与地位相当于普通变量。关于对成员的引用方法见 9.1.3 节。

9.1.3　结构体变量的初始化和引用

在定义结构体变量时,可以对它初始化,即赋予初始值。然后可以引用这个变量,例如输出它的成员的值。

例 9.1　把一个学生的信息放在一个结构体变量中,然后输出这个学生的信息。

解题思路:

先在程序中自己建立一个结构体类型,包括有关学生信息的各成员。然后用它来定义结构体变量,同时赋以初值(一个学生的信息)。最后输出该结构体变量的各成员(即该学生的信息)。

编写程序:

```
#include <stdio.h>
int main()
  {struct student                    //声明结构体类型 struct student
    {int num;
```

```
    char name[20];
    char sex;
    char addr[20];
    }student1={10101,"Li Lin",'M',"123 Beijing Road"};
                                    //对变量 seudent1 初始化
    printf("NO.:%d\nname:%s\nsex:%c\naddress:%s\n",student1.num, student1.name,
    student1.sex, student1.addr);
    return 0;
}
```

运行结果：

```
No.: 10101
name: Li Lin
sex: M
address: 123 Beijing Road
```

程序分析：

程序中指定了一个结构体名为 student 的结构体类型，有 4 个成员。在声明类型的同时定义了结构体变量 student1，这个变量具有 struct student 类型所规定的结构。在定义变量同时，进行初始化。在变量名 student1 后面的大括号中提供了各成员的值，将 10101,"Li Lin",'M',"123 Beijing Road"按顺序分别赋给 student1 变量中的成员 num，name 数组，sex，addr 数组。最后用 printf 函数输出变量中各成员的值。student1.num 表示变量 student1 中的 num 成员，同理。student1.name 代表变量 student1 中的 name 成员。

引用结构体变量应遵守以下规则：

（1）可以引用结构体变量中成员的值，引用方式为：

结构体变量名.成员名

例如，student1.num 表示 student1 变量中的 num 成员，即 student1 的 num（学号）项。

在程序中可以对变量的成员赋值，例如：

```
student1.num =10010;
```

"."是成员运算符，它在所有的运算符中优先级最高，因此可以把 student1.num 作为一个整体来看待。上面赋值语句的作用是将整数 10010 赋给 student1 变量中的成员 num。

注意：不能通过结构体变量名来得到结构体变量中所有成员的值。如下面用法不正确：

```
printf("%s\n",student1);        //企图用结构体变量名输出所有成员的值
```

只能对结构体变量中的各个成员分别进行输入和输出。

（2）如果成员本身又属一个结构体类型，则要用若干个成员运算符，一级一级地找到最低的一级的成员。只能对最低级的成员进行赋值或存取以及运算。如果在结构体中包含另一个结构体 struct date 类型的变量 birthday（见 9.1.1 节最后介绍的结构体），则引用成员的方式为：

```
student1.num              (结构体变量 student1 中的成员 num)
student1.birthday.month   (结构体变量 student1 中的成员 birthday 中的成员 month)
```

不能用 student1.birthday 来访问 student1 变量中的成员 birthday，因为 birthday 本身是一个结构体变量。

（3）对结构体变量的成员可以像普通变量一样进行各种运算（根据其类型决定可以进行的运算）。例如：

```
student2.score=student1.score;           (赋值运算)
sum=student1.score+student2.score;       (加法运算)
student1.age++;                          (自加运算)
```

由于"."运算符的优先级最高，因此 student1.age＋＋是对 student1.age 进行自加运算，而不是先对 age 进行自加运算。

（4）同类的结构体变量可以互相赋值，如：

```
student1=student2;        //假设 student1 和 student2 已定义为同类型的结构体变量
```

（5）可以引用结构体变量成员的地址，也可以引用结构体变量的地址。例如：

```
scanf("%d",&student1.num);        (输入 student1.num 的值)
printf("%o",&student1);           (输出结构体变量 student1 的首地址)
```

但不能用以下语句整体读入结构体变量，例如：

```
scanf("%d,%s,%c,%d,%f,%s",&student1);
```

结构体变量的地址主要用作函数参数，传递结构体变量的地址。

例 9.2　输入两个学生的学号、姓名和成绩，输出成绩较高的学生的学号、姓名和成绩。

解题思路：

（1）定义两个结构相同的结构体变量 student1 和 student2；

（2）分别输入两个学生的学号、姓名和成绩；

（3）比较两个学生的成绩，如果学生 1 的成绩高于学生 2 的成绩，就输出学生 1 的全部信息，如果学生 2 的成绩高于学生 1 的成绩，就输出学生 2 的全部信息。如果二者相等，输出两个学生的全部信息。

编写程序：

```
#include <stdio.h>
int main()
  {struct student                        //声明结构体类型 struct student
    {int num;
     char name[20];
     float score;
    }student1,student2;                   //定义两个结构体变量 student1,student2
   scanf("%d%s%f",&student1.num,student1.name, &student1.score);
                                          //输入学生 1 数据
   scanf("%d%s%f",&student2.num,student2.name, &student2.score);
                                          //输入学生 2 数据
   printf("The higher score is:\n");
   if (student1.score>student2.score)
      printf("%d  %s  %6.2f\n",student1.num,student1.name, student1.score);
   else if (student1.score<student2.score)
      printf("%d  %s  %6.2f\n",student2.num,student2.name, student2.score);
   else
      {printf("%d  %s  %6.2f\n",student1.num,student1.name, student1.score);
       printf("%d  %s  %6.2f\n",student2.num,student2.name, student2.score);
      }
   return 0;
  }
```

运行结果：

```
10101 Wang 89↙
10103 Ling 90↙
The higher score is:
10103 Ling 90
```

程序分析：

（1）student1 和 student2 是 struct student 类型的变量。在三个成员中分别存放学号、姓名和成绩。

（2）用 scanf 函数输入结构体变量时，必须分别输入它们的成员的值，不能在 scanf 函数中使用结构体变量名一揽子输入全部成员的值。注意在 scanf 函数中在成员 student1.num 和 student1.score 的前面都有地址符 &，而在 student1.name 前面没有 &，这是因为 name 是数组名，本身就代表地址，故不能画蛇添足地再加一个 &。

（3）根据 student1.score 和 student2.score 的比较结果，输出不同学生的信息。从这里可以看到利用结构体变量的好处：由于 student1 是一个"组合项"，内放有关联的一组数据，student1.score 是属于 student1 变量的一部分，因此如果确定了 student1.score 是成绩较高的，从而输出 student1 的全部信息是轻而易举的，因为它们本来是互相关联，绑定在一起的。如果用普通变量是难以方便地实现这一目的的。

9.2　结构体数组

一个结构体变量中可以存放一组有关联的数据（如一个学生的学号、姓名、成绩等数据）。如果有 10 个学生的数据需要参加运算，显然应该用数组，这就是**结构体数组**。结构体数组与前面介绍过的数值型数组不同之处在于每个数组元素都是一个结构体类型的数据，它们都分别包括各个成员项。

下面举一个简单的例子来说明结构体数组的定义和引用。

例 9.3　有 3 个候选人，每个选民只能投票选一人，要求编写一个统计选票的程序，先后输入被选人的名字，最后输出各人得票结果。

解题思路：

显然，需要设一个结构体数组，数组中包含 3 个元素，每个元素中的信息应包括候选人的姓名（字符型）和得票数（整型）。然后将输入的姓名与务数组元素中的"姓名"成员比较，如果相同，就给这个元素中的"得票数"成员的值加 1，最后输出所有元素的信息。

编写程序：

```
#include <string.h>
#include <stdio.h>
struct person                              //声明结构体类型 struct person
  {char name[20];                          //候选人姓名
   int count;                              //候选人得票数
  }leader[3]={"Li",0,"Zhang",0,"Fun",0};   //定义结构体数组并初始化

int main()
  {int i,j;
   char leader_name[20];                   //定义字符数组
   for (i=1;i<=10;i++)
     {scanf("%s",leader_name);             //输入所选的候选人姓名
      for(j=0;j<3;j++)
        if(strcmp(leader_name,leader[j].name)==0) leader[j].count++;
            //如果输入的姓名和某一元素中的 name 成员相同，就给该元素的 count 成员加 1
     }
```

```
    printf("\nResult:\n");
    for(i=0;i<3;i++)
      printf("%5s:%d\n",leader[i].name,leader[i].count);
                            //输出数组所有元素中的信息

    return 0;
  }
```

运行结果：

```
Li↙
Li↙
Fun↙
Zhang↙
Zhang↙
Fun↙
Li↙
Fun↙
Zhang↙
Li↙


Result:
Li:4
Zhang:3
Fun:3
```

程序分析：

在程序中定义一个全局的结构体数组 leader，它有 3 个元素，每一个元素包含两个成员 name（姓名）和 count（票数）。在定义数组时使之初始化，将"Li"赋给 leader[1].name，0 赋给 leader[1].score，"Zhang"赋给 leader[2].name，0 赋给 leader[2].score，"Fun"赋给 leader[3].name，0 赋给 leader[3].score。这样，3 位候选人的票数全部先置零，见图 9.4。

name	count
Li	0
Zhang	0
Sun	0

图 9.4

在主函数中定义字符数组 leader_name，用它存放被投的候选人的姓名。在每次循环中输入一个被投的候选人姓名，然后把它与结构体数组中 3 个候选人姓名相比，看它和哪一个候选人的名字相同。注意 leader_name 是和 leader 数组第 j 个元素的 name 成员相比。若 j 为某一值时，输入的姓名与 leader[j].name 相等，就执行"leader[j].count++"，由于成员运算符"."优先于自增运算符"++"，因此它相当于（leader[j].count)++，使 leader[j]成员 count 的值加 1。在输入和统计结束之后，将 3 人的名字和得票数输出。

说明：

1. 定义结构体数组一般形式是：

（1）struct 结构体名

{成员表列} 数组名[数组长度]；

如例 9.3 程序第 3～6 行。

（2）也可以先声明一个结构体类型（如 struct person），然后再用此类型定义结构体数组：

结构体类型　数组名[数组长度]；

如：

struct person　leader[3];　　　　　//leader 是结构体数组名

2. 对结构体数组初始化的形式是在定义数组的后面加上

　=｛初值表列｝；

如：

struct person　leader[3]={"Li",0,"Zhang",0,"Fun",0};

例 9.4　有 N 个学生的信息（包括学号、姓名、成绩），要求按照成绩的高低顺序输出各学生的信息。

解题思路：

用结构体数组存放 N 个学生信息，采用选择法对各元素进行排序。选择排序法已在第 7 章例 7.9 中介绍。

编写程序：

```c
#include <stdio.h>
#define N 5
struct student                          //声明结构体类型 struct student
    {int num;
     char name[20];
     float score;
    };
int main()
```

```
{struct student stu[5]={{10101,"Zhang",78},{10103,"Wang",98.5},{10106,"Li",
    86},{10108,"Ling",73.5},{10110,"Fun",100}};            //定义结构体数组并初始化
struct student temp;                        //定义结构体变量 temp,用作交换时的临时变量
int i,j,k;
printf("The order is:\n");
for(i=0;i<N-1;i++)
    {k=i;
     for(j=i+1;j<N;j++)
         if(stu[j].score>stu[k].score)   //进行成绩的比较
             k=j;
     temp=stu[k];stu[k]=stu[i];stu[i]=temp;            //stu[k]和 stu[i]元素整体互换
     }
for(i=0;i<N;i++)
    printf("%6d %8s %6.2f\n",stu[i].num,stu[i].name,stu[i].score);
                                            //输出结果
printf("\n");
return 0;
}
```

程序分析:

(1) 程序可适用于任意个学生,现定义 N 为 5,如果有 30 个学生,只需第 2 行改为下行即可,其余各行不必修改。

```
#define N 30
```

(2) 在定义结构体数组时进行初始化,为清晰起见,将每个学生的信息用一对大括号括起来,这样做,在阅读和检查比较方便,尤其当数据量多时,这样是有好处的。

(3) 在执行第 1 次外循环时 i 的值为 0,经过比较找出 5 个成绩中最高成绩所在的元素的序号为 k,然后将 stu[k]与 stu[0]对换(对换时借助临时变量 temp)。执行第 2 次外循环时 i 的值为 1,参加比较的只有 4 个成绩了,然后将这 4 个成绩中最高的所在的元素与 stu[1]对换。其余类推。注意临时变量 temp 也应定义为 struct student 类型,只有同类型的结构体变量才能互相赋值。程序 19 行是将 stu[k]元素中所有成员和 stu[i]元素中所有成员整体互换(而不必人为地指定一个一个成员地互换)。从这点也可以看到使用结构体类型的好处。

9.3 结构体指针

所谓结构体指针就是指向结构体数据的指针,一个结构体变量的起始地址就是这个结构体变量的指针。如果把一个结构体变量的起始地址存放在一个指针变量中,那么,这个指

针变量就指向该结构体变量。指针变量既可以指向结构体变量,也可以用来指向结构体数组中的元素。但是,指针变量的基类型必须与结构体变量的类型相同。例如:

```
struct student * pt;                    //pt 可以指向 struct student 类型的数据
```

例 9.5　通过指向结构体变量的指针变量输出结构体变量中成员的信息。

解题思路:

在以上的基础上,本题要解决两个问题:

(1) 怎样对结构体变量成员的赋值;

(2) 怎样通过指向结构体变量的指针访问结构体变量中成员。

编写程序:

```
#include <stdio.h>
#include <string.h>
int main()
  {struct student
    {long num;
     char name[20];
     char sex;
     float score;
    };
    struct student stu_1;              //定义 struct student 类型的变量 stu_1
    struct student * p;                //定义指向 struct student 类型数据的指针变量 p
    p=&stu_1;                          //p 指向结构体变量 stu_1
    stu_1.num=10101;                   //对结构体变量的 num 成员赋值
    strcpy(stu_1.name,"Li Lin");       //对结构体变量的 name 成员赋值
    stu_1.sex='M';                     //对结构体变量的 sex 成员赋值
    stu_1.score=89.5;                  //对结构体变量的 score 成员赋值
    printf("No.:%ld\nname:%s\nsex:%c\nscore:%5.1f\n",stu_1.num,stu_1.name,
      stu_1.sex,stu_1.score);          //输出各成员的值
    printf("\nNo.:%ld\nname:%s\nsex:%c\nscore:%5.1f\n",(*p).num,(*p).name,
      (*p).sex,(*p).score);            //输出各成员的值
    return 0;
  }
```

运行结果:

```
No.: 10101
name: Li Lin
sex: M
```

```
score:  89.5

No: 10101
name: Li Lin
sex: M
score:  89.5
```

两个 printf 函数输出的结果是相同的。

程序分析：

在主函数中声明了 struct student 类型，然后定义一个 struct student 类型的变量 stu_1。又定义一个指针变量 p，它指向一个 struct student 类型的数据。将结构体变量 stu_1 的起始地址赋给指针变量 p，也就是使 p 指向 stu_1（见图 9.5），然后对 stu_1 的各成员赋值。第一个 printf 函数是通过结构体变量名 stu_1 访问它的成员，输出 stu_1 的各个成员的值。用 stu_1.num 表示 stu_1 中的成员 num，依此类推。第二个 printf 是通过指向结构体变量的指针变量访问它的成员，输出 stu_1 各成员的值，使用的是（ * p).num 这样的形式。（ * p）表示 p 指向的结构体变量，（ * p).num 是 p 指向的结构体变量中的成员 num。注意 * p 两侧的括号不可省，因为成员运算符"."优先于" * "运算符，* p.num 就等价于 *(p.num)了。

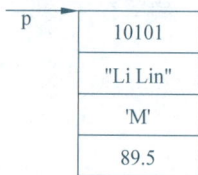

p →	10101
	"Li Lin"
	'M'
	89.5

图　9.5

说明：为了使用方便和使之直观，C 语言允许把 p—＞num 代替（ * p).num，它表示 p 所指向的结构体变量中的 num 成员。同样，p—＞name 等价于（ * p).name。"—＞"称为指向运算符。

如果 p 指向一个结构体变量，以下 3 种形式等价：

① 结构体变量.成员名

②（ * p).成员名

③ p—＞成员名

指向结构体变量的指针变量，也可以用来指向结构体数组元素。

例 9.6　有 3 个学生的信息，放在结构体数组中，要求输出全部学生的信息。

解题思路：

(1) 声明结构体类型 struct student，并定义结构体数组，同时使之初始化；

(2) 定义一个指向 struct student 类型数据的指针变量 p；

(3) 使 p 指向结构体数组的首元素，输出它指向的元素中的有关信息；

(4) 使 p 指向结构体数组的下一个元素，输出它指向的元素中的有关信息；

(5) 再使 p 指向结构体数组的下一个元素，输出它指向的元素中的有关信息。

编写程序：

```
#include <stdio.h>
struct student                        //声明结构体类型 struct student
  {int num;
   char name[20];
   char sex;
   int age;
  };
struct student stu[3]={{10101,"Li Lin",'M',18},{10102,"Zhang Fun",'M',19},
                    {10104,"Wang Min",'F',20}};
                                      //定义结构体数组并初始化
int main()
  {struct student * p;                //定义指向 struct student 结构体变量的指针
   printf(" No.  Name                 sex age\n");
   for (p=stu;p<stu+3;p++)
      printf("%5d %-20s %2c %4d\n",p->num, p->name, p->sex, p->age);
                                      //输出结果

   return 0;
  }
```

运行结果：

```
No.   Name                  sex age
10101   Li Lin               M   18
10102   Zhang Fun            M   19
10104   Wang Min             F   20
```

程序分析：

p 是指向 struct student 结构体类型数据的指针变量。在 for 语句中先使 p 的初值为 stu,也就是数组 stu 第一个元素的起始地址,见图 9.6 中 p 的指向。在第一次循环中输出 stu[0] 的各个成员值。然后执行 p++,使 p 自加 1。p 加 1 意味着 p 所增加的值为结构体数组 stu 的一个元素所占的字节数(本例中一个元素所占的字节数为 4＋20＋1＋4＝29 字节)。执行 p++后 p 的值等于 stu+1,p 指向 stu[1],见图 9.6 中 p′的指向。在第二次循环中输出 stu[1] 的各成员值。在执行 p++后,p 的值等于 stu+2,它的指向见图 9.6 中的 p″,再输出 stu[2] 的各成员值。在执行 p++后,p 的值变为 stu+3,已不

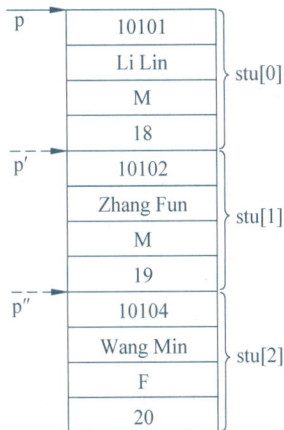

p	10101	
	Li Lin	stu[0]
	M	
	18	
p′	10102	
	Zhang Fun	stu[1]
	M	
	19	
p″	10104	
	Wang Min	stu[2]
	F	
	20	

图 9.6

再小于 stu＋3 了,不再执行循环。

> **注意:**
>
> (1) 如果 p 的初值为 stu,即 p 指向 stu 的第一个元素,p 加 1 后,p 就指向下一个元素。例如:
>
> ```
> (++p)->num        //先使 p 自加 1,然后得到 p 指向的元素中的 num 成员值(即 10102)
> (p++)->num        //先求得 p->num 的值(即 10101),然后再使 p 自加 1,指向 stu[1]
> ```
>
> 请注意以上二者的不同。
>
> (2) 程序已定义了 p 是一个指向 struct student 类型数据的指针变量,它用来指向一个 struct student 类型的数据(在例 9.6 中的 p 的值是 stu 数组的一个元素(如 stu[0]、stu[1]))的起始地址,不应用来指向 stu 数组元素中的某一成员。例如,下面的用法是不对的:
>
> ```
> p=stu[1].name;
> ```
>
> 编译时将给出"警告"信息,表示地址的类型不匹配。不要认为反正 p 是存放地址的,可以将任何地址赋给它。如果一定要将某一成员的地址赋给 p,可以用强制类型转换,先将成员的地址转换成 p 的类型。例如:
>
> ```
> p=(struct  student *)stu[0].name;
> ```
>
> 此时,p 的值是 stu[0]元素的 name 成员的起始地址,也就是 p 得到 stu[0].name 的纯地址,且把 stu[0].name 的指针改为指向一个 student 类型的数据。可以用"printf("%s",p);"输出 stu[0]中成员 name 的值。但是,p 仍保持原来的类型。如果执行"printf("%s",p+1);",则会输出 stu[1]中 name 的值。请分析这是为什么? 执行 p++时,p 的值增加了结构体 struct student 的长度。

9.4 用结构体变量和结构体变量的指针作函数参数

将一个结构体变量的值传递给另一个函数,有 3 个方法:

(1) 用结构体变量的成员作参数。例如,用 stu[1].num 或 stu[2].name 作函数实参,将实参值传给形参。用法和用普通变量作实参是一样的,属于"值传递"方式。应当注意实参与形参的类型保持一致。

(2) 用结构体变量作实参。用结构体变量作实参时,采取的也是"值传递"的方式,将结构体变量所占的内存单元的内容全部顺序传递给形参,形参也必须是同类型的结构体变量。在函数调用期间形参也要占用内存单元。这种传递方式在空间和时间上开销较大,如果结构体的规模很大时,开销是很可观的。此外,由于采用值传递方式,如果在执行被调用函数期间改变了形参(也是结构体变量)的值,该值不能返回主调函数,这往往造成使用上的不便。因此一般较少用这种方法。

(3)用指向结构体变量(或数组)的指针作实参,将结构体变量(或数组)的地址传给形参。

例 9.7 有 N 个结构体变量 stu,内含学生学号、姓名和 3 门课程的成绩。要求输出平均成绩最高的学生的信息(包括学号、姓名、3 门课程成绩和平均成绩)。

解题思路:

按照功能函数化的思想,分别用 3 个函数来实现不同的功能:

(1)用 input 函数来输入数据和求各学生平均成绩。

(2)用 max 函数来找平均成绩最高的学生。

(3)用 print 函数来输出成绩最高学生的信息。

在主函数中先后调用这 3 个函数,用指向结构体变量的指针作实参。最后得到结果。

为简化操作,本程序只设 3 个学生(N=3)。在输出时使用中文字符串,以方便阅读。

编写程序:

```c
#include <stdio.h>
#define N 3                                   //学生数为 3
struct student                                //声明结构体类型 struct student
  {int num;                                   //学号
   char name[20];                             //姓名
   float score[3];                            //三门课成绩
   float aver;                                //平均成绩
  };

int main()
  {void input(struct student stu[]);          //函数声明
   struct student max(struct student stu[]);  //函数声明
   void print(struct student stu);            //函数声明
   struct student stu[N], * p=stu;            //定义结构体数组和指针
   input(p);                                  //调用 input 函数
   print(max(p));                             //调用 print 函数,以 max 函数的返回值作为实参
   return 0;
  }

void input(struct student stu[])              //定义 input 函数
  {int i;
   printf("请输入各学生的信息:学号、姓名、三门课成绩:\n");
```

```
    for(i=0;i<N;i++)
        {scanf("%d %s %f %f %f",&stu[i].num,stu[i].name,&stu[i].score[0],
            &stu[i].score[1],&stu[i].score[2]);        //输入数据
        stu[i].aver=(stu[i].score[0]+stu[i].score[1]+stu[i].score[2])/3.0;
                                                        //求各人平均成绩
        }
    }

struct student max(struct student stu[])           //定义 max 函数
{int i,m=0;                                         //用 m 存放成绩最高的学生在数组中的序号
 for(i=0;i<N;i++)
        if (stu[i].aver>stu[m].aver) m=i;           //找出平均成绩最高的学生在数组中的序号
 return stu[m];                                     //返回包含该生信息的结构体元素
}

void print(struct student stud)                    //定义 print 函数
    {printf("\n 成绩最高的学生是:\n");
    printf("学号:%d\n 姓名:%s\n 三门课成绩:%5.1f,%5.1f,%5.1f\n 平均成绩:%6.2f\n",
        stud.num,stud.name,stud.score[0],stud.score[1],stud.score[2],stud.aver);
    }
```

运行结果：

```
请输入各学生的信息：学号、姓名、三门课成绩：
10101 Li 78 89 98↙
10103 Wang 98.5 87 69↙
10106 Fun 88 76.5 89↙

成绩最高的学生是:
学号:10101
姓名:Li
三门课成绩: 78.0 89.0 98.0
平均成绩:88.33
```

程序分析：

（1）结构体类型 struct student 中包括 num（学号）、name（姓名）、数组 score（三门课成绩）和 aver（平均成绩）。在输入数据时只输入学号、姓名和三门课成绩，未给 aver 赋值。aver 的值是在 input 函数中计算出来的。

（2）在主函数中定义了结构体 struct student 类型的数组 stu 和指向 struct student 类型数据的指针变量 p，使 p 指向 stu 数组的首元素 stu[0]。在调用 input 函数时，用指针变量

p作为函数实参,input函数的形参是struct student类型的数组stu(注意形参数组stu和主函数中的数组stu都是局部数据,虽然同名,但在调用函数进行虚实结合前二者代表不同的对象,互相间没有关系)。在调用input函数时,将主函数中的stu数组的首元素的地址传给形参数组stu,使形参数组stu与主函数中的stu数组具有相同的地址,见图9.7。因此在input函数中向形参数组stu输入数据就等于向主函数中的stu数组输入数据。

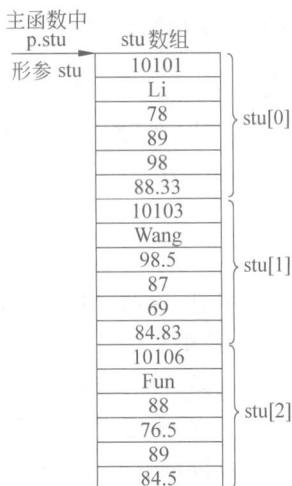

图　9.7

在用scanf函数输入数据后,立即计算出该学生的平均成绩,stu[i].aver代表序号为i的学生的平均成绩。请注意for循环体的范围。input函数无返回值,它的作用是给stu数组各元素赋予确定的值。

（3）在主函数中调用print函数,实参是max(p)。其调用过程是先调用max函数（以p为实参）,得到max(p)的值,然后用它调用print函数。

现在先分析调用max函数的过程:与前相同,指针变量p将主函数中的stu数组的首元素的地址传给形参数组stu,使形参数组stu与主函数中的stu数组具有相同的地址。在max函数中对形参数组的操作就是对主函数中的stu数组的操作。在max函数中,将各人平均成绩与当前的"最高平均成绩"比较,将平均成绩最高的学生在数组stu中的序号存放在变量m中,通过return语句将stu[m]的值返回主函数。请注意：stu[m]是一个结构体数组的元素。max函数的类型为struct student类型。

（4）用max(p)的值（是结构体数组的元素）作为实参调用print函数。print函数的形参stud是struct student类型的变量（而不是struct student类型的数组）。在调用时进行虚实结合,把stu[m]的值（是结构体元素）传递给形参stud,这时传递的不是地址,而是结构体变量中的信息。在print函数中输出结构体变量中各成员的值。

（5）以上3个函数的调用,情况各不相同:

- 调用input函数时,实参是指针变量p,形参是结构体数组名,传递的是结构体元素的地址,函数无返回值。
- 调用max函数时,实参是指针变量p,形参是结构体数组名,传递的是结构体元素的地址,函数的返回值是结构体类型数据。
- 调用print函数时,实参是结构体变量（结构体数组元素）,形参是结构体变量,传递的是结构体变量中各成员的值,函数无返回值。

请读者仔细分析,掌握各种用法。

9.5 用指针处理链表

结构体变量的一个重要的用途是和指针相结合,构造线性链表。本章只对链表的知识作简单的介绍。

9.5.1 什么是线性链表

如果有一批数据要存储和引用,有两种方法,一种方法是采取分配固定存储单元的方法,例如数组。但是在程序执行期间,数组的大小是固定的,不能改变的,在内存中是连续存放的。如果有的班级有 100 人,而有的班级只有 30 人,若用同一个数组先后存放不同班级的学生数据,则必须定义长度为 100 的数组。如果事先难以确定一个班的最多人数,则必须把数组定得足够大,以便能存放任何班级的学生数据,显然这将会浪费内存。这种数据结构称为静态的数据结构。

另一种方法是动态的数据结构,它没有固定的大小,根据需要随时开辟存储单元,在用完后可以随时释放存储单元。线性链表就是动态地进行存储分配的一种数据结构。图 9.8 表示最简单的一种链表(单向链表)的结构。

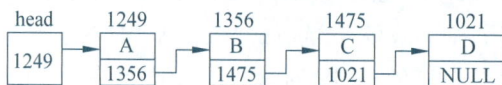

图 9.8

链表有一个"头指针"变量,图中以 head 表示,它存放一个地址,该地址指向链表中的一个元素。链表中的各元素称为"**结点**",每个结点都应包括两个部分:用户需要用的实际数据和下一个结点的地址。可以看出,head 指向第一个结点;第一个结点中有一个指针变量指向第二个结点⋯⋯直到最后一个结点,该结点不再指向其他结点,它称为"表尾",它的地址部分放一个"NULL"(表示"空地址"),链表到此结束。

可以看到链表中各结点在内存中的地址可以是不连续的。要找某一结点,必须先找到上一个结点,根据它提供的下一结点地址才能找到下一个结点。如果不提供"头指针"(head),则整个链表都无法访问。链表如同一条铁链一样,一环扣一环,中间是不能断开的。打个通俗的比方:幼儿园的老师带领孩子出来散步,老师牵着第一个小孩的手,第一个小孩的另一只手牵着第二个孩子⋯⋯这就是一个"链",最后一个孩子有一只手空着,他是"链尾"。要找这个队伍,必须先找到老师,然后顺序找到每一个孩子。

显然,链表这种数据结构,必须利用结构体变量和指针变量才能实现。在一个结点中包含两个部分:**数据部分**和一个**指针变量**(该指针变量存放下一结点的起始地址)。

例如可以设计这样一个结构体类型:

```
struct  student
  {int  num;
   float  score;
   struct  student * next;          //next 成员是指针变量
  };
```

其中成员 num 和 score 用来存放结点中的有用数据(用户需要用到的数据),相当于
图 9.8 结点中的 A、B、C、D。next 是指针类型的成员。为了构造链表,应当把 next 定义为指向 struct student 类型数据的指针变量。这时,next 既是 struct student 类型中的一个成员,又指向 struct student 类型的数据,见图 9.9。

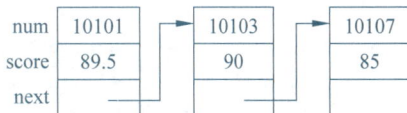

	num	10101		10103		10107
score	89.5		90		85
next				

图 9.9

图 9.9 中每一个结点都属于 struct student 类型,它的成员 next 存放下一结点的地址,程序设计人员可以不必知道各结点的具体地址,只要保证将下一个结点的地址放到前一结点的成员 next 中即可。

9.5.2 建立简单的静态链表

例 9.8 建立一个如图 9.9 所示的简单链表,它由 3 个学生数据的结点组成。输出各结点中的数据。

编写程序:

```
#include <stdio.h>
#define NULL 0
struct student                          //声明结构体类型 struct student
  {int num;
   float score;
   struct student * next;
  };
int main()
  {struct student a,b,c, * head, * p;    //定义 3 个结构体变量作为链表的结点
   a. num=10101; a.score=89.5;          //对结点 a 的 num 和 score 成员赋值
   b. num=10103; b.score=90;            //对结点 b 的 num 和 score 成员赋值
   c. num=10107; c.score=85;            //对结点 c 的 num 和 score 成员赋值
   head=&a;                             //将结点 a 的起始地址赋给头指针 head
   a.next=&b;                           //将结点 b 的起始地址赋给 a 结点的 next 成员
   b.next=&c;                           //将结点 c 的起始地址赋给 a 结点的 next 成员
   c.next=NULL;                         //c 结点的 next 成员不存放其他结点地址
   p=head;                             //使 p 也指向 a 结点
```

```
    do
      {printf("%ld %5.1f\n",p->num,p->score);        //输出 p 指向的结点的数据
       p=p->next;                        //使 p 指向下一个结点
      }while(p!=NULL);                    //输出完 c 结点后 p 的值为 NULL,循环终止
    return 0;
    }
```

运行结果：

```
10101  89.5
10103  90.0
10107  85.0
```

请思考：

① 各个结点是怎样构成链表的？

② 没有头指针 head 行不行？

③ p 起什么作用？没有它行不行？

程序分析：

开始时使 head 指向 a 结点,a.next 指向 b 结点,b.next 指向 c 结点,这就构成链表关系。"c.next＝NULL"的作用是使 c.next 不指向任何有用的存储单元。这就形成了一个简单的链表。

在输出链表时要借助 p,先使 p 指向 a 结点,然后输出 a 结点中的数据。"p＝p—＞next"是为输出下一个结点作准备。p—＞next 是 p 当前指向的对象中的成员 next,当前 p 的值是 b 结点的地址,因此执行"p＝p—＞next"后 p 就指向 b 结点,所以在下一次循环时输出的是 b 结点中的数据。

本例是比较简单的,所有结点都是在程序中定义的,不是临时开辟的,也不能用完后释放,这种链表称为"静态链表"。

9.5.3 建立动态链表

所谓建立动态链表是指在程序执行过程中从无到有地建立起一个链表,即一个一个地开辟结点和输入各结点数据,并建立起前后相连的关系。

例 9.9 建立一个有两名学生学号和成绩数据的单向动态链表。

解题思路：

（1）定义结构体变量,其成员包括学号、成绩和指针变量。

（2）动态地开辟一个新单元(动态开辟内存单元用 malloc 函数)。使指针变量 p 和 head 指向此结点。

（3）向此结点输入数据。

（4）再开辟第 2 个新结点，并使指针变量 p 指向此结点。

（5）使第 2 个结点中的指针变量的值为 NULL，即不指向任何对象，链表到此为止。

（6）输出两个结点中的数据。

编写程序：

```
#include <stdio.h>
#include <malloc.h>                         //用 malloc 函数开辟新单元时需用此头文件
#define LEN sizeof(struct student)          //LEN 代表 struct student 类型数据的字节数
struct student                              //声明 struct student 类型
  {int num;                                 //学号成员
   float score;                             //成绩成员
   struct student * next;                   //指针变量成员
  };

int main()
{  struct student * head, * p;              //定义指针变量 head 和 p
      //建立链表
   head=p=(struct student * ) malloc(LEN);     //开辟一个新单元，并让 p 和 head 指向它
   scanf("%d,%f",&p->num,&p->score); //输入第 1 个结点的数据
   p=(struct student * ) malloc(LEN);    //开辟第 2 个新单元，并让 p 指向它
   scanf("%d,%f",&p->num,&p->score); //输入第 2 个结点的数据
   head->next=p;                         //使第 1 个结点中的 next 成员指向第 2 个结点
   p->next=NULL;                         //使第 2 个结点中的 next 成员不指向任何对象
      //输出两个结点中的数据
   p=head;                               //使 p 指向第 1 个结点
   printf("\n结点 1:%d,%6.2f\n",p->num,p->score);     //输出第 1 个结点中的数据
   p=p->next;                            //使 p 指向第 2 个结点
   printf("结点 2:%d,%6.2f\n",p->num,p->score);       //输出第 2 个结点中的数据
   return 0;
}
```

运行结果：

```
10101,89.5↙                        (输入第 1 个结点的数据)
10102,90↙                          (输入第 2 个结点的数据)

结点 1: 10101, 89.50
结点 2: 10102, 90.00
```

程序分析：

（1）在 C 语言中，开辟内存单元需要用 malloc 函数。如果有 malloc(10)，表示要向系统

申请分配一个占 10 字节的内存空间,此函数的返回值是该段内存单元的起始地址。程序第
3 行已定义 LEN 代表 struct student 类型数据的字节数,因此 malloc(LEN)的作用是开辟
一个长度为 struct student 类型数据长度的内存空间。由于 malloc 函数返回的地址(指针)
是(void *)类型的,即不指向一个特定的类型的对象,因此,对其返回值进行强制类型转换,
即(struct student *) malloc(LEN),使它能指向 struct student 类型的数据。第 12 行:

```
head=p=(struct student * ) malloc(LEN);
```

作用是把新开辟的内存单元(即结点)的起始地址赋给 p 和 head,也就是说使 p 和 head 指向
新开辟的结点,见图 9.10(a)。

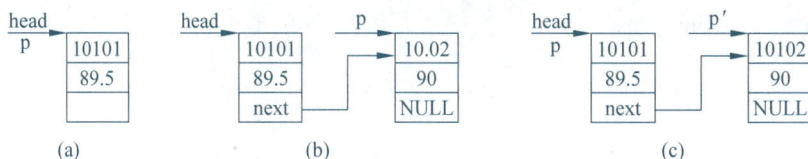

图　9.10

(2) 由于 p 指向新结点,因此用 scanf 函数输入数据时,p—>num 就是此结点(是结构
体变量)中的 num 成员,p—>score 是此结点中的 score 成员。

(3) 第 14 行再开辟一个新结点(即第 2 个结点),并把此结点的起始地址赋给 p,即 p 此
时指向了第 2 个结点,第 15 行用 scanf 函数输入第 2 个结点中的数据。

(4) 第 16 行"head—>next=p;"的作用是把 p 的值(即第 2 个结点的起始地址)赋给第
1 个结点中的 next 指针,这样就使第 1 个结点的 next 指针指向第 2 个结点,见图 9.10(b)。

(5) 第 17 行"p—>next=NULL;"的作用是使第 2 个结点中的 next 指针的值为
NULL,在 stdio.h 头文件中已定义 NULL 为 0,这就使 next 指向地址为 0 的单元,系统不将
0 地址分配给任何对象,因此,第 2 个结点中的 next 指针不指向任何对象,故第 2 个结点就
是链表中最后的结点。

(6) 程序最后 4 行的作用是输出链表,"p=head"使 p 指向第 1 个结点,见图 9.10(c),输
出第 1 个结点中成员的值,然后"p=p—>next"把 p 当前所指向的结点中的 next 指针的值
赋给 p,而此时第 1 个结点中的 next 指针是指向第 2 个结点的,因此也就是使 p 指向第 2 个
结点,见图 9.10(c)中的 p′,因此最后的 printf 语句中的 p—>num 就是第 2 个结点的 num
成员。

思考:如果链表包含 3 个或更多的结点,应如何处理呢? 显然不能按照上面的方法一
个一个结点去开辟,应当能有效率更高、更通用的方法。

此外,在建立了链表以后,如果想插入一个结点或删除一个结点,应怎样处理。

以上这几个问题,请读者思考,理出一个解决问题的思路。解决这些问题需要更深入的
知识和经验。

考虑到学时的限制和教学基本要求的定位,本书不准备对链表作深入的展开,只作很简单的介绍,使读者初步了解什么是链表以及处理链表问题的基本思路。如果以后在实践中需要进行有关链表的编程,可以进一步学习有关资料。

9.6 提高部分

用户除了可以自己建立结构体类型外,还可以建立共用体类型和枚举类型,下面简单介绍。

9.6.1 共用体类型

有时需要使几种不同类型的变量存放到同一段内存单元中。例如,可把一个整型变量、一个字符型变量、一个实型变量放在同一个地址开始的内存单元中(见图9.11)。以上3个变量在内存中占的字节数不同,但都从同一地址开始(图中设地址为1000)存放。也就是使用覆盖技术,几个变量互相覆盖。这种使几个不同的变量共占同一段内存的结构,称为**共用体**类型的结构。

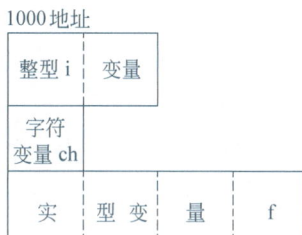

图 9.11

定义共用体类型变量的一般形式为:

```
union   共用体名
  { 成员表列
  }变量表列;
```

例如:

```
union data
   { short int i;
    char ch;
    float f;
   }a,b,c;
```

可以看到,"共用体"与"结构体"的定义形式相似。但它们的含义是不同的。

结构体变量所占内存长度是各成员占的内存长度之和。每个成员分别占有其自己的内存单元。而共用体变量所占的内存长度等于最长的成员的长度。例如,上面定义的"共用体"变量a、b、c各占4字节(因为一个实型变量占4字节),而不是各占2+1+4=9字节。

不能引用共用体变量,而只能引用共用体变量中的成员。例如,前面定义了a、b、c为共用体变量,下面的引用方式是正确的:

a.i	(引用共用体变量中的整型变量 i)
a.ch	(引用共用体变量中的字符变量 ch)
a.f	(引用共用体变量中的实型变量 f)

由于共用体类型使用较少,本书不作详细介绍。

9.6.2 枚举类型

如果一个变量只有几种可能的值,则可以定义为**枚举类型**。所谓"枚举"是指将变量的值一一列举出来,变量的值只限于列举出来的值的范围内。

声明枚举类型用 enum 开头。例如:

```
enum weekday{sun,mon,tue,wed,thu,fri,sat};
```

以上声明了一个枚举类型 enum weekday,这种类型变量的值是七天中的一天。然后可以用此类型来定义变量。例如:

enum weekday workday,week_end;

    枚举类型   枚举变量

workday 和 week_end 被定义为**枚举变量**,它们的值只能是 sun 到 sat 之一。例如:

```
workday=mon;
week_end=sun;
```

是正确的。也可以直接定义枚举变量,例如:

```
enum{sun,mon,tue,wed,thu,fri,sat} workday,week_end;
```

其中 sun,mon,…,sat 称为**枚举元素**或**枚举常量**。它们是用户定义的标识符。

例 9.10 口袋中有红、黄、蓝、白、黑 5 种颜色的球若干个。每次从口袋中先后取出 3 个球,问得到 3 种不同色的球的可能排列,输出每种排列的情况。

解题思路:

球只能是 5 种色之一,而且要判断各球是否同色,应该用枚举类型变量处理。

设取出的球为 i、j、k。根据题意,i、j、k 分别是 5 种色球之一,并要求 i≠j≠k。可以用穷举法,即把每一种排列都试一下,看哪一组符合条件。

算法可用图 9.12 表示。

用 n 累计得到 3 种不同色球的次数。外循环使第 1 个球 i 从 red 变到 black。中循环使第 2 个球 j 也从 red 变到 black。如果 i 和 j 同色则不可取,只有 i 和 j 不同色(i≠j)时才需要继续找第 3 个球,此时第 3 个球 k 也有 5 种可能(red 到 black),但要求第 3 个球不能与第 1 个球或第 2 个球同色,即 k≠i,k≠j。满足此条件就得到 3 种不同色的球。输出这种 3 色组合方案,然后使 n 加 1。外循环全部执行完后,全部方案就已输出完了。最后输出总数 n。

下面的问题是如何实现图 9.12 中的"输出一种取法",可以采用图 9.13 的方法。

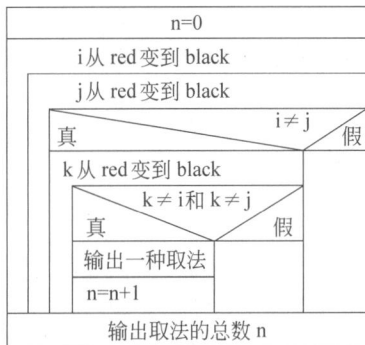

图　9.12

图　9.13

为了输出 3 个球的颜色,显然应经过 3 次循环,第 1 次输出 i 的颜色,第 2 次输出 j 的颜色,第 3 次输出 k 的颜色。在 3 次循环中先后将 i、j、k 赋予 pri。然后根据 pri 的值输出颜色信息。在第 1 次循环时,pri 的值为 i,如果 i 的值为 red,则输出字符串"red",其余类推。

编写程序:

```
#include <stdio.h>
int main()
{enum color {red,yellow,blue,white,black};     //声明枚举类型 color
 enum color i,j,k,pri; int n,loop;             //定义枚举变量
 n=0;
 for (i=red;i<=black;i++)                       //逐个检查是否符合条件
   for (j=red;j<=black;j++)
     if (i!=j)
      { for (k=red;k<=black;k++)
        if ((k!=i) && (k!=j))
         {n=n+1;
          printf("%-4d",n);
          for (loop=1;loop<=3;loop++)
            {switch (loop)
              {case 1: pri=i;break;
               case 2: pri=j;break;
               case 3: pri=k;break;
               default:break;
```

```
                }
            switch (pri)
             {case red:printf("%-10s","red"); break;
              case yellow: printf("%-10s","yellow"); break;
              case blue: printf("%-10s","blue"); break;
              case white: printf("%-10s","white"); break;
              case black: printf("%-10s","black"); break;
              default :break;
             }
            }
        printf("\n");
        }
    }
printf("\ntotal:%5d\n",n);
return 0;
}
```

运行结果：

```
1   red      yellow    blue
2   red      yellow    white
3   red      yellow    black
⋮   ⋮        ⋮         ⋮
58  black    white     red
59  black    white     yellow
60  black    white     blue
total:60
```

用枚举变量直观,因为枚举元素都选用了令人"见名知义"的标识符,而且枚举变量的值限制在定义时规定的几个枚举元素范围内,如果赋予它一个其他的值,就会出现出错信息,便于检查。

本章小结

1. C语言中的数据类型包括两类：一类是系统已经定义好的标准数据类型（如 int, char, float, double 等）,编程者不必自己定义,可以直接用它们去定义变量；另一类是用户根据需要在一定的框架范围内自己设计的类型,先要向系统作出声明,然后才能用它们定义变量。其中最常用的有结构体类型,此外还有共用体类型和枚举类型。

2. 结构体类型是把若干个数据有机地组成一个整体,这些数据可以是不同类型的。声明结构体类型的一般形式是:

> **struct** 结构体名
>   {成员列表}

> 注意:struct 是声明结构体类型必写的关键字。结构体类型名应该是"**struct**＋**结构体名**",如 struct student。声明结构体类型时,系统并不对其分配存储空间,只有在用结构体类型定义结构体变量时才对变量分配存储空间。结构体类型常用于数据处理中,把属于同一个对象的若干属性(如学生的姓名、性别、年龄、成绩)放在同一个结构体变量中,符合客观情况,便于处理。

3. 同类结构体变量可以互相赋值,但不能企图用结构体变量名对结构体变量进行整体输入和输出。可以对结构体变量中的成员进行赋值、比较、输入和输出等操作。引用结构体变量中的成员的方式有:

(1) **结构体变量.成员名**。如 student1.age。

(2) **(＊指针变量).成员名**。如(＊p).age,其中 p 指向结构体变量。

(3) **p—＞成员名**。如 p—＞age,其中 p 指向结构体变量。

4. 结构体变量的指针就是结构体变量的起始地址,注意它的基类型是结构体类型的数据。可以定义指向结构体变量的指针变量,这个指针变量的值是结构体变量的起始地址。指向结构体变量的指针变量常用于作为函数参数和链表中(用来指向下一个结点)。

5. 把结构体变量和指向结构体变量的指针结合起来,可以建立动态数据结构(如链表)。开辟动态内存空间用 malloc 函数,函数的返回值是所开辟的空间的起始地址。利用所开辟的空间作为链表的一个结点,这个结点是一个结构体变量,其成员由两部分组成:一部分是实际的有用数据,另一部分是一个指向结构体类数据的指针变量,利用它指向下一个结点。

要了解什么是链表,以及怎样建立一个链表。

6. 共用体与结构体不同,其各成员不是分别占独立的存储单元,而是共享同一段存储空间,因此,各成员的值不会同时存在,在某一瞬时,只有最后一次被赋值的成员是有意义的。

7. 枚举类型是把可能的值全部一一列出,枚举变量的值只能是其中之一。实际生活中有些问题没有现成的数学公式来解决,只能把所有的可能性一一列出,测试其是否满足条件,这时用枚举变量比较方便。

习题

9.1 定义一个结构体变量(包括年、月、日)。计算该日在本年中是第几天? 注意闰年问题。

9.2 写一个函数 days,实现第 1 题的计算。由主函数将年、月、日传递给 days 函数,计算后将日子数传回主函数输出。

9.3 编写一个函数 print,打印一个学生的成绩数组,该数组中有 5 个学生的数据记录,每个记录包括 num、name、score[3],用主函数输入这些记录,用 print 函数输出这些记录。

9.4 在习题 9.3 题的基础上,编写一个函数 input,用来输入 5 个学生的数据记录。

9.5 有 10 个学生,每个学生的数据包括学号、姓名、3 门课程的成绩,从键盘输入 10 个学生数据,要求输出各学生 3 门课程平均成绩,然后按照平均成绩由高到低输出各学生的信息(包括学号、姓名、3 门课程成绩、平均分数)。

9.6 有 13 个人围成一圈,从第 1 个人开始顺序报号 1,2,3。凡报到 3 者退出圈子。找出最后留在圈子中的人原来的序号。

9.7 建立由 3 个学生数据结点构成的单向动态链表,向每个结点输入学生的数据(每个学生的数据包括学号、姓名、成绩)。然后逐个输出各结点中的数据。

第 ⑩ 章

利用文件保存数据

10.1 C 文件的有关概念

凡是用过计算机的人都不会对**"文件"**感到陌生,大多数人都接触过或使用过文件,例如:写好一篇文章把它存放到磁盘上以文件形式保存;用数码相机照相,每一张相片就是一个文件;随电子邮件发送的"附件"就是以文件形式保存的信息。

10.1.1 什么是文件

文件(file)有不同的类型,在进行 C 语言程序设计中,主要用到两种文件:

(1) **程序文件**。包括源程序文件(后缀为.c)、目标文件(后缀为.obj)、可执行文件(后缀为.exe)等。这种文件是用来存放程序的,以便实现程序的功能。

(2) **数据文件**。文件的内容不是程序,而是供程序运行时读写的数据,如在程序运行过程中输出到磁盘(或其他外部设备)的数据,或供程序运行时读入内存的数据。如一批学生的成绩数据,或货物交易的数据等。

本章讨论的是**数据文件**。

在前面各章中,程序所处理的数据的输入和输出,都是以终端为对象的,即从终端键盘输入数据,运行结果输出到终端上。而在实际应用中,常常需要将一些数据(运行的最终结果或中间数据)输出到磁盘(或光盘)上保存起来,以后需要时再从磁盘(或光盘)中输入到计算机内存。这就要用到磁盘(或光盘)文件。

为了简化用户对输入输出设备的操作,使用户不必去区分各种输入输出设备之间的区别,操作系统把各种设备都统一作为文件来处理。从操作系统的角度看,每一个与主机相连的输入输出设备都看作是一个文件。例如,终端键盘是输入文件,显示屏和打印机是输出文件。

文件是程序设计中一个重要的概念。所谓"文件"一般指**存储在外部介质上数据的集合**。一批数据是以文件的形式存放在外部介质(如磁盘)上的。操作系统是以文件为单位对数据进行管理的,也就是说,如果想找存在外部介质上的数据,必须先按文件名找到所指定的文件,然后再从该文件中读取数据(例如一张音乐光盘,每一首曲子分别是一个文件,找到曲名后才能调出曲目)。要向外部介质上存储数据也必须先建立一个文件(以文件名标识),才能向它输出数据。

输入输出是数据传送的过程,数据如流水一样从一处流向另一处,因此常将输入输出形象地称为**流**(stream),即**输入输出流**。流表示了信息从**源**到**目的**端的流动。在输入操作时,数据从文件流向计算机内存,在输出操作时,数据从计算机流向文件(如打印机、磁盘文件、光盘文件)。

C语言把文件看作是一个字符(字节)的序列,即由一个一个字符(字节)的数据顺序组成。一个输入输出流就是一个字节流或二进制流。在C文件中,数据由一连串的字符(字节)组成,中间没有分隔符,对文件的存取是以字符(字节)为单位的,可以从文件读取一个字符或向文件输出一个字符。输入输出数据流的开始和结束仅受程序控制而不受物理符号(如回车换行符)控制,这就增加了处理的灵活性。这种文件称为**流式文件**。

10.1.2　文件名

一个文件要有一个唯一的文件标识,以便用户识别和引用。文件标识包括三部分:(1)文件路径;(2)文件名主干;(3)文件后缀。

文件路径表示文件在外部存储设备中的位置。如:

```
d:\cc\temp\filel.dat
```

文件路径　文件名主干　文件后缀

为方便起见,文件标识常被称为文件名,但应了解此时所称的文件名,实际上包括以上三部分内容,而不仅是文件名主干。文件名主干的命名规则遵循标识符的命名规则。后缀用来表示文件的性质,一般不超过3个字母,如:

.doc(Word生成的文件),.txt(文本文件),.dat(数据文件),.c(C语言源程序文件),.cpp(C++源程序文件),.for(FORTRAN语言源程序文件),.pas(Pascal语言源程序文件),.obj(目标文件),.exe(可执行文件),.ppt(电子幻灯文件),.bmp(图形文件),.jpg(图像文件)等。

10.1.3　文件的分类

根据数据的组织形式,数据文件可分为**ASCII文件**和**二进制文件**。ASCII文件又称文本(text)文件,它的每一字节放一个字符的ASCII代码。二进制文件是把内存中的数据按其在内存中的存储形式原样输出到磁盘上存放。字符型数据只能以ASCII形式存储,数值型数据可以用ASCII形式存储在磁盘上,也可以用二进制形式存储。例如有短整数为10000,如果用ASCII码形式输出到磁盘,则在磁盘中占5字节(每一个字符占1字节),而用二进制形式输出,则在磁盘上只占2字节,见图10.1。

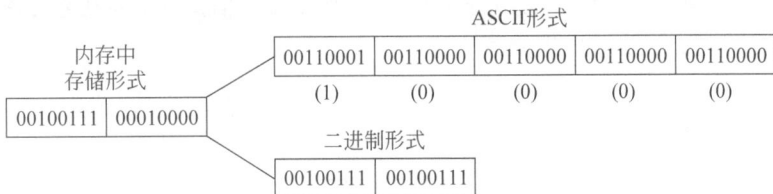

图 10.1

用 ASCII 码形式输出与字符一一对应,1 字节代表 1 个字符,因而便于对字符进行逐个处理,也便于输出字符。但一般占存储空间较多,而且要花费转换时间(二进制形式与 ASCII 码间的转换)。用二进制形式输出数值,可以节省外存空间和转换时间,但 1 字节并不对应 1 个字符,不能直接输出字符形式。一般作为中间结果的数值型数据,需要暂时保存在外存上,以后又需要输入到内存的,常用二进制文件保存。

10.1.4 文件缓冲区

C 语言采用**"缓冲文件系统"**处理文件,所谓缓冲文件系统是指系统自动地在内存区为程序中每一个正在使用的文件开辟一个**文件缓冲区**。从内存向磁盘输出数据必须先送到内存中的缓冲区,装满缓冲区后才一起送到磁盘去。如果从磁盘向内存读入数据,则一次从磁盘文件将一批数据输入到内存缓冲区(充满缓冲区),然后再从缓冲区逐个地将数据送到程序数据区(给程序变量),见图 10.2。缓冲区的大小由各个具体的 C 编译系统确定。

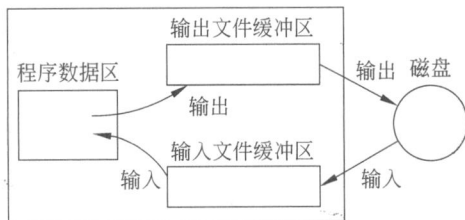

图 10.2

从前面的学习中已经知道,在 C 语言中对数据的输入输出都是用库函数来实现的。所有的 C 编译系统都提供了一些标准输入输出函数,用来对文件进行读写。

10.1.5 文件类型指针

缓冲文件系统中,关键的概念是文件类型指针,简称**文件指针**。每个被使用的文件都在内存中开辟一个相应的**文件信息区**,用来存放文件的有关信息(如文件的名字、文件状态及文件当前位置等)。这些信息是保存在一个结构体变量中的。该结构体类型是由系统声明的,取名为 FILE。不同的 C 编译系统的 FILE 类型包含的内容不完全相同,但大同小异。

定义 FILE 结构体类型的信息包含在头文件"stdio.h"中。在程序中可以直接用 FILE

类型名定义变量。每一个 FILE 类型变量对应一个文件的信息区,其中包含该文件的有关信息。例如,可以定义以下 FILE 类型的变量:

```
FILE f;
```

以上定义了一个结构体变量 f,可以用它来存放一个文件的有关信息。这些信息是建立文件时根据文件的性质由编译系统自动放入的,用户不必过问。

一般不对 FILE 类型的变量命名,也就是不通过变量的名字来引用这些变量,而是设置一个指向 FILE 类型变量的指针变量,然后通过它来引用这些 FILE 类型变量。这样使用起来方便。

下面定义一个**指向文件型数据的指针变量**:

```
FILE  * fp;
```

定义 fp 为一个指向 FILE 类型变量的指针变量。可以使 fp 指向某一个文件的文件信息区(是一个结构体变量),通过该文件信息区中的信息能够访问该文件。也就是说,通过文件指针变量能够找到与它相关的文件。如果有 n 个文件,一般应设 n 个指针变量,分别指向 n 个 FILE 类型变量,以实现对 n 个文件的访问,见图 10.3。

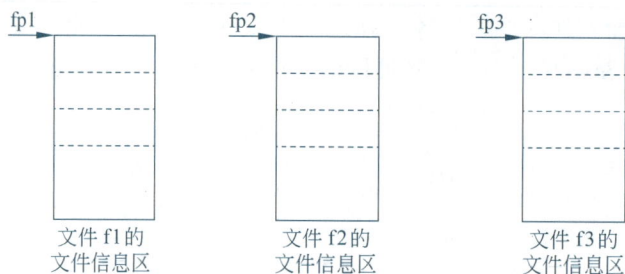

图   10.3

为方便起见,通常将这种指向文件信息区的指针变量称为**指向文件的指针变量**。

> **注意**:指向文件的指针变量并不是指向外部介质上的数据文件的开头,而是指向内存中的文件信息区的开头。

10.2 文件的打开与关闭

对文件读写之前应该**打开**该文件,在使用结束之后应**关闭**该文件。"打开"和"关闭"是形象的说法,好像打开门才能进入房子,门关闭就无法进入一样。实际上,所谓"打开"是指为文件建立相应的信息区(用来存放有关文件的信息)和文件缓冲区(用来暂时存放输入输出的数据)。在编写程序时,在打开文件时,一般都指定一个指针变量指向该文件,也就是建立起指针变量与文件之间的联系,这样,就可以通过该指针变量对文件进行读写了。所谓"关闭"是指撤销文件信息区和文件缓冲区,使文件指针变量不再指向该文件,显然就无法进行对文件的读写了。

10.2.1　用 fopen 函数打开数据文件

用标准输入输出函数 fopen 来实现打开文件。

fopen 函数的调用方式通常为

fopen(文件名,使用文件方式);

例如:

```
fopen("a1","r");
```

表示要打开名字为"a1"的文件,使用文件的方式为"读入"(r 代表 read,即读入)。fopen 函数的返回值是指向 a1 文件的指针(即 a1 文件信息区的起始地址)。通常将 fopen 函数的返回值赋给一个指向文件的指针变量。如:

```
FILE * fp;                    //定义一个指向文件的指针变量 fp
fp=fopen("a1","r");           //将 fopen 函数的返回值赋给指针变量 fp
```

这样 fp 就和文件 a1 相联系了,或者说,fp 指向了 a1 文件。可以看出,在打开一个文件时,通知编译系统以下 3 个信息:

① 要打开的文件名,也就是准备访问的文件的名字;

② 使用文件的方式("读"还是"写"等);

③ 让哪一个指针变量指向被打开的文件。

使用文件的方式见表 10.1。

表 10.1　使用文件的方式

文件使用方式	含　义	如果指定的文件不存在
"r"(只读)	为输入打开一个已存在的 ASCII 文件	出错
"w"(只写)	为输出打开一个 ASCII 文件	建立新文件
"a"(追加)	向 ASCII 文件尾添加数据	出错
"rb"(只读)	为输入打开一个二进制文件	出错
"wb"(只写)	为输出打开一个二进制文件	建立新文件

续表

文件使用方式	含　义	如果指定的文件不存在
"ab"（追加）	向二进制文件尾添加数据	出错
"r＋"（读写）	为读写打开一个 ASCII 文件	出错
"w＋"（读写）	为读写建立一个新的 ASCII 文件	建立新文件
"a＋"（读写）	为读写打开一个 ASCII 文件	出错
"rb＋"（读写）	为读写打开一个二进制文件	出错
"wb＋"（读写）	为读写建立一个新的二进制文件	建立新文件
"ab＋"（读写）	为读写打开一个二进制文件	出错

说明：

（1）表 10.1 中最基本的是最前面的"r"、"w"、"a"三种方式。在其后加"b"表示是二进制文件，不加"b"的表示是 ASCII 文件（即文本文件）。加"＋"表示既可读又可写。

（2）如果不能实现"打开"的任务，fopen 函数将会带回一个出错信息。出错的原因可能是用"r"方式打开一个并不存在的文件；磁盘出故障；磁盘已满无法建立新文件等。此时 fopen 函数将带回一个空指针值 NULL（NULL 在 stdio.h 文件中已被定义为 0）。

常用下面的方法打开一个文件：

```
if ((fp=fopen("file1","r"))==NULL)
  { printf("cannot open this file\n");
    exit(0);
  }
```

编译系统先检查打开的操作有否出错，如果有错就在终端上输出"cannot open this file"。exit 函数的作用是关闭所有文件，终止正在执行的程序，待用户检查出错误，修改后再运行。

10.2.2　用 fclose 函数关闭文件

在使用完一个文件后应该关闭它，以防止它再被误用。"关闭"就是撤销文件信息区和文件缓冲区，使文件指针变量不再指向该文件，也就是文件指针变量与文件"脱钩"，此后不能再通过该指针对原来与其相联系的文件进行读写操作，除非再次打开，使该指针变量重新指向该文件。

关闭文件用 fclose 函数。fclose 函数调用的一般形式为：

fclose(文件指针);

例如：

```
fclose(fp);
```

前面曾把打开文件(用 fopen 函数)时所带回的指针赋给了 fp,现在把 fp 指向的文件关闭,此后 fp 不再指向该文件。

应该养成在程序终止之前关闭所有文件的习惯,如果不关闭文件可能会丢失数据。因为,如前所述,在向文件写数据时,是先将数据输出到缓冲区,待缓冲区充满后才正式输出给文件。如果当数据未充满缓冲区而程序结束运行,就会将缓冲区中的数据丢失。用 fclose 函数关闭文件,可以避免这个问题,它先把缓冲区中的数据输出到磁盘文件,然后才释放文件指针变量。

fclose 函数也带回一个值,当顺利地执行了关闭操作,则返回值为 0;否则返回 EOF(−1)。

10.3　文件的顺序读写

文件打开之后,就可以对它进行读写了。在顺序写时,先写入的数据存放在文件中前面的位置,后写入的数据存放在文件中后面的位置。在顺序读时,先读文件中前面的数据,后读文件中后面的数据。也就是说,对顺序读写来说,对文件读写数据的顺序和数据在文件中的物理顺序是一致的。

顺序读写需要用以下函数实现。

10.3.1　向文件读写字符

对文本文件读入或输出一个字符的函数见表 10.2。

表 10.2　读写一个字符的函数

函 数 名	调用形式	功　　能	返 回 值
fgetc	fgetc(fp)	从 fp 指向的文件读入一个字符	读成功,带回所读的字符,失败则返回文件结束标志 EOF(即−1)
fputc	fputc(ch,fp)	把字符 ch 写到文件指针变量 fp 所指向的文件中	输出成功,返回值就是输出的字符;输出失败,则返回 EOF(即−1)

例 10.1　从键盘输入一些字符,逐个把它们送到磁盘上去,直到用户输入一个"♯"为止。

解题思路:

这个程序的算法并不难,只需从键盘逐个输入字符,然后用 fputc 函数写到磁盘文件即可。

编写程序：

```
#include <stdio.h>
#include <stdlib.h>
int  main()
  {FILE * fp;
  char ch,filename[10];
  printf("请输入所用的文件名：");
  scanf("%s",filename);
  if((fp=fopen(filename,"w"))==NULL)          //打开输出文件
     {printf("无法打开此文件\n");              //如果打开时出错,就输出"打不开"的信息
      exit(0);                               //终止程序
      }
  ch=getchar();                             //ch用来接收在执行 scanf 语句时最后输入的回车符
  printf("请输入一个准备存储到磁盘的字符串(以#结束)：");
  ch=getchar();                             //接收从键盘输入的第一个字符
  while(ch!='#')                            //当输入"#"时结束循环
    {
      fputc(ch,fp);                         //向磁盘文件输出一个字符
      putchar(ch);                          //将输出的字符显示在屏幕上
      ch=getchar();                         //再接收从键盘输入的一个字符

    }
  fclose(fp);                               //关闭文件
  putchar(10);                              //向屏幕输出一个换行符,换行符的 ASCII 代码为 10
  return 0;
  }
```

运行结果：

请输入所用的文件名：
file1.dat↙   (输入磁盘文件名,数据文件后缀用.dat)
请输入一个准备存储到磁盘的字符串(以# 结束)：
Computer and C#↙   (输入一个字符串,以#表示结束)
Computer and C   (输出一个字符串)

程序分析：

(1)用来存储数据的文件名可以在 fopen 函数中直接写成字符串常量形式（如指定"a1"），也可以在程序运行时由用户临时指定。本程序采取的方法是由键盘输入文件名。为此设立一个字符数组 filename。用来存放文件名。运行时,从键盘输入磁盘文件名"file1.dat",操作系统就新建立一个磁盘文件 file1.c,用来接收程序输出的数据。

（2）用 fopen 函数打开一个"只写"的文件（"w"表示只能写入不能从中读数据），如果打开成功，函数的返回值是该文件所建立的信息区的起始地址，把它赋给指针变量 fp（fp 已定义为指向文件的指针变量）。如果不能成功地打开文件，则在显示器的屏幕上显示"无法打开此文件"，然后用 exit 函数终止程序运行。

（3）exit 是标准 C 的库函数，作用是使程序终止，用此函数时在程序的开头应加入 stdlib.h 头文件。

（4）用 getchar 函数接收用户从键盘输入的字符。注意每次只能接收一个字符。现输入准备写入磁盘文件的字符"Computer and C♯"，"♯"是用来表示输入的字符串到此结束。用什么字符作为结束标志是人为的，由程序指定的，也可以用别的字符（如"!"，"@"或其他字符）作为结束标志。但应注意：如果字符串中包含"♯"，就不能用"♯"作结束标志。

（5）先从键盘读入一个字符，检查它是否"♯"？ 如果是，表示字符串已结束，不执行循环体。如果不是，则执行一次循环体，将该字符输出到磁盘文件 file1.dat。然后在屏幕上显示出该字符，接着再从键盘读入一个字符。如此反复，直到读入"♯"字符为止。这时，程序已将"Computer and C"写到以"file1.dat"命名的磁盘文件中了，同时在屏幕上也显示出了这些字符，以便核对。

（6）为了检查磁盘文件 file1.dat 中是否确实存储了这些内容，可以在 Windows 的资源管理器中，用记事本的打开方式打开 file1.dat 文件，在屏幕上会显示：

Computer and C   （显示出此文件中的信息）

这就证明了在 file1.dat 文件中已存入了"Computer and C"的信息。

例 **10.2** 将一个磁盘文件中的信息复制到另一个磁盘文件中。现要求将上例建立的 file1.dat 文件中的内容复制到另一个磁盘文件 file2.dat 中。

解题思路：

处理此问题的算法是：从 file1.dat 文件中逐个读入字符，然后逐个输出到 file2.dat 中。

编写程序：

```
#include <stdio.h>
#include <stdlib.h>
int main()
  {FILE * in, * out;
   char  ch,infile[10],outfile[10];      //定义两个字符数组,分别存放两个文件名
   printf("请输入读入文件的名字:");
   scanf("%s",infile);                    //输入一个输入文件的名字
   printf("请输入输出文件的名字:");
   scanf("%s",outfile);                   //输入一个输出文件的名字
   if((in=fopen(infile,"r"))==NULL)       //打开输入文件
```

```
            {printf("无法打开此文件\n");
             exit(0);
            }
        if((out=fopen(outfile,"w"))==NULL)      //打开输出文件
            {printf("无法打开此文件\n");
             exit(0);
            }
        ch=fgetc(in);                           //从输入文件读入一个字符,放在变量 ch 中
        while(!feof(in))                        //如果未遇到输入文件的结束标志
            {fputc(ch,out);                     //将 ch 写到输出文件中
             putchar(ch);                       //将 ch 显示在屏幕上
             ch=fgetc(in);                      //从输入文件读入一个字符,暂放在变量 ch 中
            }
        putchar(10);                            //显示完全部字符后换行
        fclose(in);                             //关闭输入文件
        fclose(out);                            //关闭输出文件
        return 0;
    }
```

运行结果:

请输入读入文件的名字: <u>file1.dat</u>↙   (输入已有数据的磁盘文件名)
请输入输出文件的名字: <u>file2.dat</u>↙   (输入新复制的磁盘文件名)
Computer and C   (在显示器屏幕上显示出写到 file2.dat 文件的字符)

程序分析:

(1) 在访问磁盘文件时,是逐个字符(字节)进行的,为了知道当前访问到第几字节,系统用**"文件读写位置标记"**来表示**当前所访问的位置**。开始时文件读写位置标记指向第一字节,每访问完一字节后,当前文件读写位置标记就指向下一字节,即当前读写位置自动后移。

(2) 为了知道对文件的访问是否完成,只需看是否读到文件的末尾。在一个文件所有有效字符的后面一字节中,系统自动设置了一个**文件尾标志**,用标识符 EOF(End Of File)表示,在 stdio.h 头文件中 EOF 被定义为－1。当读完全部有效字符后,读写位置标记就指向 EOF 字节(但还未读入该字节内容)。如果再执行一次读的操作,就读入 EOF(即－1)。可以用 feof 函数检测文件尾标志 EOF 是否已被读过。如果文件尾标志被读过,表示文件有效字符已全部读完了,即文件已结束,此时 feof 函数值为真(以 1 表示),否则 feof 函数值为假(以 0 表示)。程序中第 19 行中的"feof(in)"用来判断 in 所指向的文件是否结束了。开始时显然没有读到文件尾标志,因此"feof(in)"为假,而"! feof(in)"为真。所以要执行 while 循环体。直到读完并输出最后一个字符后,还要执行一次 fgetc 函数读 1 字节(程序第 22

行),此时就读到 EOF 了。再返回 while 语句检查循环条件。由于文件尾标志已被读过,故
"feof(in)"为真,"!feof(in)"为假。不再执行 while 循环体,循环结束。

也可以把 19 行 while 语句改写为:

```
while (ch !=-1)
```

或

```
while (ch !=EOF)
```

请读者自己分析比较。

(3) 运行结果是将 file1.dat 文件中的内容复制到 file2.dat 中。

可以在 Windows 的资源管理器中,用记事本的打开方式打开这两个文件,可以看到这
两个文件中的内容都是:

```
Computer and C
```

(4) 以上程序是按文本文件方式处理的。也可以用此程序来复制一个二进制文件,只
需将两个 fopen 函数中的"r"和"w"分别改为"rb"和"wb"即可。

(5) C 系统已把 fputc 和 fgetc 函数定义为宏名 putc 和 getc:

```
#define  putc(ch,fp)  fputc(ch,fp)
#define  getc(fp)  fgetc(fp)
```

这是在 stdio.h 中定义的。因此,在程序中用 putc 和 fputc 作用是一样的,用 getc 和
fgetc 作用是一样的。读者可以试一下。

10.3.2　向文件读写一个字符串

前面已掌握了向磁盘文件读写一个字符的方法,有的读者很自然地提出一个问题,如果
字符个数多,一个一个读和写太麻烦,能否一次读写一个字符串。

C 语言允许通过函数 fgets 和 fputs 一次读写一个字符串,见表 10.3。

表 10.3　读写一个字符串的函数

函数名	调用形式	功　能	返 回 值
fgets	fgets(str,n,fp)	从 fp 指向的文件读入一个长度为(n−1)的字符串,存放到字符数组 str 中	读成功,返回地址 str,失败则返回 NULL
fputs	fputs(ch,fp)	把字符 str 写到文件指针变量 fp 所指向的文件中	输出成功,返回 0;否则返回非 0 值

说明：

（1）用 fgets 函数可以从指定的文件读入一个字符串。如：

```
fgets(str,n,fp);
```

其中 n 为要求得到的字符个数，但实际上只从 fp 指向的文件中读入 n−1 个字符，然后在最后加一个'\0'字符，这样得到的字符串共有 n 个字符，把它们放到字符数组 str 中。如果在读完 n−1 个字符之前遇到换行符"\n"或文件结束符 EOF，读入即结束，但将所遇到的换行符"\n"也作为一个字符读入。若执行 fgets 函数成功，则返回值为 str 数组首元素的地址，如果一开始就遇到文件尾或读数据出错，则返回 NULL。

（2）用 fputs 函数可以向指定的文件输出一个字符串。例如：

```
fputs("China",fp);
```

把字符串"China"输出到 fp 指向的文件中。fputs 函数中第一个参数可以是字符串常量、字符数组名或字符型指针。字符串末尾的'\0'不输出。若输出成功，函数值为 0；失败时，函数值为 EOF。

（3）函数的名字不必死记，从函数的名字可以知道它的含义，如 fgets，第一个字母 f 代表文件(file)，最后的字母 s 代表字符串(string)，中间的 get 是"取得"，显然其含义是"从文件中读取字符串"。同样，从 fputs 的名字可知其作用是将字符串送到文件中。前面介绍过的 fgetc 和 fputc 函数，其名字最后一个字母不是 s 而是 c(character)，表示它读写的是一个字符，而不是字符串。

fgets 和 fgets 这两个函数的功能类似于 gets 和 puts 函数，只是 gets 和 puts 以终端为读写对象，而 fgets 和 fputs 函数以指定的文件作为读写对象。

例 10.3 从键盘读入若干个字符串，对它们按字母大小的顺序排序，然后把排好序的字符串送到磁盘文件中保存。

解题思路：

为解决问题，可分为三个步骤：

（1）从键盘读入 n 个字符串，存放在一个二维字符数组中，每一个一维数组存放一个字符串；

（2）对字符数组中的 n 个字符串按字母顺序排序，排好序的字符串仍存放在字符数组中；

（3）将字符数组中的字符串顺序输出。

编写程序：

```
#include <stdio.h>
#include <stdlib.h>
```

```c
#include <string.h>
int main()
  { FILE * fp;
    char   str[3][10],temp[10];        //str 是用来存放字符串的二维数组,temp 是临时数组
    int i,j,k,n=3;
    printf("Enter strings:\n");         //提示输入字符串
for(i=0;i<n;i++)
     gets(str[i]);                      //从键盘输入字符串
for(i=0;i<n-1;i++)                      //用选择法对字符串排序
  {k=i;
   for(j=i+1;j<n;j++)
     if(strcmp(str[k],str[j])>0) k=j;
   if (k!=i)
     {strcpy(temp,str[i]);              //用 strcmp 函数对字符串比较大小
      strcpy(str[i],str[k]);            //复合语句的作用是将 str[i] 与 str[k]的值对换
      strcpy(str[k],temp);
     }
  }
if ((fp=fopen("D:\\CC\\temp\\string.dat","w"))==NULL)  //打开磁盘文件
   {printf("can't open file!\n");
    exit(0);
   }
printf("\nThe new sequence:\n");
for(i=0;i<n;i++)
  {fputs(str[i],fp);fputs("\n",fp);                    //向磁盘文件写数据
   printf("%s\n",str[i]);                              //在屏幕上显示
  }
return 0;
}
```

运行结果:

```
Enter strings:
China↙
Canada↙
India↙

The new sequence:
Canada
China
India
```

程序分析：

（1）在打开文件时，指定了文件路径，假设想在 D 盘的 cc\temp 子目录下建立一个名为 str.dat 的数据文件，用来存放已排好序的字符串。本来应该写成"D:\cc\temp\str.dat"，但由于在 C 语言中把"\"作为转义字符的标志，因此在字符串或字符中要表示'\'时，应当在'\'之前再加一个'\'，即"D:\\cc\\temp\\str.dat"。注意：只在双撇号（""）或单撇号（' '）中的'\'才需要写成"\\"，其他情况下则不必。

（2）在向磁盘文件写数据时，只输出的字符串中的有效字符，并不包括字符串结束标志'\0'。这样前后两次输出的字符串之间无分隔，连成一片。当以后从磁盘文件读回数据时就无法区分各个字符串了。为了避免出现此情况，在输出一个字符串后，人为地输出一个"\n"，作为字符串之间的分隔，见程序第 27 行中的 fputs("\n",fp)。

（3）为运行简单，本例只输入 3 个字符串，如果有 10 个字符串，只需把第 7 行的 n＝3 改为 n＝10 即可。

为了验证输出到磁盘文件中的内容，可以编写出以下的程序，从该文件中读回字符串，并在屏幕上显示。

```c
#include <stdio.h>
#include <stdlib.h>
int main()
  { FILE * fp;
    char  str[3][10];
    int i=0;
    if((fp=fopen("D:\\CC\\temp\\string.dat","r"))==NULL) //注意文件名必须与前相同
    {  printf("can't open file!\n");
       exit(0);
    }
    while(fgets(str[i],10,fp)!=NULL)
      {printf("%s",str[i]);
        i++;}
    fclose(fp);
    return 0;
  }
```

运行结果：

```
Canada
China
India
```

程序分析：

（1）在打开文件时要注意，指定的文件路径和文件名必须和输出时指定的一致，否则找不到该文件。读写方式要改为"r"。

（2）在第 11 行中用 fgets 函数读字符串时，按照字符数组的大小，指定一次读入 10 个字符，但按 fgets 函数的规定，如果遇到"\n"就结束字符串输入，"\n"作为最后一个字符也读入到字符数组。

（3）由于读入到字符数组中的每个字符串后都有一个"\n"，因此在向屏幕输出时不必再加"\n"，而只写"printf("%s",str[i]);"即可。

10.3.3　文件的格式化读写

前面进行的是字符的输入输出，而实际上数据的类型是丰富的（包括数值型和字符型）。大家已很熟悉用 printf 函数和 scanf 函数向终端进行格式化的输入输出，可以输入输出各种不同类型的数据。其实也可以对文件进行格式化输入输出，这时就要用 **fprintf** 函数和 **fscanf** 函数，从函数名可以看到，它们只是在 printf 和 scanf 的前面加了一个字母"f"。它们的作用与 printf 函数和 scanf 函数相仿，都是格式化读写函数。只有一点不同：fprintf 和 fscanf 函数的读写对象不是终端而是外部文件。它们的一般调用方式为：

> **fprintf(文件指针,格式字符串,输出表列);**
> **fscanf(文件指针,格式字符串,输入表列);**

例如：

```
fprintf(fp,"%d,%6.2f",i,f);
```

它的作用是将整型变量 i 和实型变量 f 的值按%d 和%6.2f 的格式输出到 fp 指向的文件中。如果 i＝3,f＝4.5，则输出到磁盘文件上的是以下的字符：

```
3,4.50
```

这是和输出到屏幕的情况相似的，只是它没有输出到屏幕而是输出到文件而已。

同样，用以下 fscanf 函数可以从磁盘文件上读入 ASCII 字符：

```
fscanf(fp,"%d,%f",&i,&t);
```

磁盘文件上如果有以下字符：

```
3,4.5
```

则从磁盘文件中读取数据 3 送给变量 i,4.5 送给变量 t。

用 fprintf 和 fscanf 函数对磁盘文件读写,使用方便,容易理解,但由于在输入时要将文件中的 ASCII 码转换为二进制形式再保存在内存变量中,在输出时又要将内存中的二进制形式转换成字符,花费时间比较多。因此,在内存与磁盘频繁交换数据的情况下,最好不用 fprintf 和 fscanf 函数,而用下面介绍的 fread 和 fwrite 函数进行二进制的读写。

10.3.4　用二进制方式读写文件

在程序中不仅需要一次输入输出一个数据,而且常常需要一次输入输出一组数据(如数组或结构体变量的值),C 标准允许用 fread 函数从文件读一个数据块,用 fwrite 函数向文件写一个数据块。在进行读写时是以二进制形式进行的。在向磁盘写数据时,直接将内存中一组数据原封不动、不加转换地复制到磁盘文件上,在读入时也是将磁盘文件中若干字节的内容一批读入内存。

它们的一般调用形式为:

```
fread(buffer,size,count,fp);
fwrite(buffer,size,count,fp);
```

其中:

buffer:是一个地址。对 fread 来说,它是读入数据的存放地址。对 fwrite 来说,是要输出数据的地址(以上指的是起始地址)。

size:要读写的字节数。

count:要进行读写多少个 size 字节的数据项。

fp:文件型指针。

文件以二进制形式打开。用 fread 和 fwrite 函数就可以读写任何类型的信息,例如:

```
fread(f,4,10,fp);
```

其中 f 是一个实型数组名。一个实型变量占 4 字节。这个函数从 fp 所指向的文件读入 10 个 4 字节的数据,存储到数组 f 中。

如果有一个 struct student_type 结构体类型:

```
struct student_type
    {char name[10];
     int num;
     int age;
     char  addr[30];
    }stud[40];
```

定义了一个结构体数组 stud,有 40 个元素,每一个元素用来存放一个学生的数据(包括姓名、学号、年龄、地址）。假设学生的数据已存放在磁盘文件中，可以用下面的 for 语句和 fread 函数读入 40 个学生的数据：

```
for(i=0;i<40;i++)
  fread(&stud[i],sizeof(struct student_type),1,fp);
```

同样，以下 for 语句和 fwrite 函数可以将内存中的学生数据输出到磁盘文件中：

```
for(i=0;i<40;i++)
  fwrite(&stud[i],sizeof(struct student_type),1,fp);
```

如果 fread 或 fwrite 调用成功，则函数返回值为 count 的值，即输入或输出数据项的完整个数。

例 10.4   从键盘输入 10 个学生的有关数据，然后把它们转存到磁盘文件上。

编写程序：

```
#include <stdio.h>
#define SIZE 10
struct student_type
  {char name[10];
   int num;
   int age;
   char addr[15];
  }stud[SIZE];                          //定义全局结构体数组 stud,包含 4 个学生数据

void save()                            //定义函数 save,向文件输出 SIZE 个学生的数据
  {FILE * fp;
   int i;
   if((fp=fopen("stu_dat","wb"))==NULL)             //打开输出文件 atu_dat
      {printf("cannot open file\n");
       return;
      }
   for(i=0;i<SIZE;i++)
      if(fwrite(&stud[i],sizeof(struct student_type),1,fp)!=1)
         printf("file write error\n");
   fclose(fp);
  }

int  main()
  {int i;
```

```
    printf("Please enter data of student:");
    for(i=0;i<SIZE;i++)                    //输入 SIZE 个学生的数据,存放在数组 stud 中
      scanf("%s%d%d%s",stud[i].name,&stud[i].num,&stud[i].age,stud[i].addr);
    save();
    return 0;
  }
```

运行结果:

```
Please enter data of student:        (输入 10 个学生的姓名、学号、年龄和地址)
Zhang 1001 19 room_101↙
Fun 1002 20 room_102↙
Tan 1003 21 room_103↙
Ling 1004 21 room 104↙
Li 1006 22 room_105↙
Wang 1007 20 room_106↙
Zhen 1008 16 room_107↙
Fu 1010 18 room_108↙
Qin 1012 19 room_109↙
Liu 1014 21 room_110↙
```

程序分析:

(1) 在 main 函数中,从终端键盘输入 10 个学生的数据,然后调用 save 函数,将这些数据输出到以"stu_dat"命名的磁盘文件中。fwrite 函数的作用是将一个长度为 33 字节的数据块送到 stu_dat 文件中(一个 struct student_type 类型结构体变量的长度为它的成员长度之和,即 10+4+4+15=33,假设 int 型数据占 4 字节)。

(2) 在 fopen 函数中指定读写方式为"wb",即二进制只写方式。在向磁盘文件 stu_dat 写的时候,将内存中存放 stud 数组元素 stud[i] 的内存单元中的内容原样复制到磁盘文件。

(3) 程序运行时,屏幕上并无输出任何信息,只是将从键盘输入的数据送到磁盘文件上。为了验证在磁盘文件"stu_dat"中是否已存在此数据,可以用以下程序从"stu_dat"文件中读入数据,然后在屏幕上输出。

```
#include <stdio.h>
 #define SIZE 10
 struct student_type
    {char name[10];
     int num;
     int age;
     char addr[15];
```

```
   }stud[SIZE];

int main()
  {int i;
   FILE * fp;
   if((fp=fopen("stu_dat","rb"))==NULL)   //打开输入文件 stu_dat
      {printf("cannot open file\n");
       return;
      }
   for(i=0;i<SIZE;i++)
     {fread(&stud[i],sizeof(struct student_type),1,fp);
                                    //从 fp 指向的文件读入一组数据
      printf ("%-10s %4d %4d  %-15s\n",stud[i].name,stud[i].num,stud[i].age,stud
          [i].addr);                 //在屏幕上输出这组数据
     }
   fclose(fp);                         //关闭文件"stu_list"
   return 0;
  }
```

运行结果(不需从键盘输入任何数据。屏幕上显示出以下信息)：

```
Zhang        1001  19   room_101
Fun          1002  20   room_102
Tan          1003  21   room_103
Ling         1004  21   room_104
Li           1006  22   room_105
Wang         1007  20   room_106
Zhen         1008  16   room_107
Fu           1010  18   room_108
Qin          1012  19   room_109
Liu          1014  21   room_110
```

这个题目要求的是从键盘输入数据，如果已有的数据已经以二进制形式存储在一个磁盘文件"stu_list"中，要求从其中读入数据并输出到"stu_dat"文件中，可以编写一个如下的 load 函数，从磁盘文件"stu_list"中读二进制数据，并存放在 stud 数组中。

```
void load()
  {FILE * fp;
   int i;
   if((fp=fopen("stu_list","rb"))==NULL)    //打开输入文件 stu_list
```

```
        {printf("cannot open infile\n");
         return;}
    for(i=0;i<SIZE;i++)
        if(fread(&stud[i],sizeof(struct student_type),1,fp)!=1)
                              //从 stu_ list 文件中读数据

            {if(feof(fp))
                {fclose(fp);
                 return;
                }
             printf("file read error\n");
            }
    fclose(fp);
    }
```

将 load 函数加到本例第一个程序文件中，并将 main 函数改为：

```
int main()
  {load();
   save();
  }
```

即可实现题目要求。

10.4 文件的随机读写

对文件进行顺序读写比较容易理解，也容易操作，但有时效率不高，例如文件中有 1000 个数据，若只访问第 1000 个数据，必须先逐个读入前面 999 个数据，才能读入第 1000 个数据。如果文件中存放一个城市几百万人的资料，若按此方法查某一人的情况，等待的时间可能是不能忍受的。

随机访问不是按数据在文件中的物理位置次序进行读写，而是可以对任何位置上的数据进行访问，显然这种方法比顺序访问效率高得多。

10.4.1 文件位置标记及其定位

1. 文件位置标记

前面已介绍：为了对读写进行控制，系统为每个文件设置了一个**文件读写位置标记**（简称**文件位置标记**或**文件标记**),用来指示当前的读写位置。①

一般情况下,在对字符文件进行顺序读写时,文件位置标记指向文件开头,这时如果对文件进行读的操作,就读第一个字符,然后文件位置标记顺序向后移一个位置,在下一次执行读的操作时,就将位置标记指向的第二个字符读入。以此类推,直到遇文件尾结束,见图 10.4。

图 10.4

如果是顺序写文件,则每写完一个数据后,文件位置标记顺序向后移一个位置,然后在下一次执行写操作时把数据写入文件位置标记当前所指的位置。直到把全部数据写完,此时文件位置标记在最后一个数据之后。

可以根据读写的需要,人为地移动文件位置标记的位置。文件位置标记可以向前移、向后移,移到文件头或文件尾,然后对该位置进行读写,显然这就不是顺序读写了,而是**随机读写**。

对流式文件既可以进行顺序读写,也可以进行随机读写。关键在于控制文件位置标记。如果文件位置标记是按字节位置顺序移动的,就是顺序读写。如果能将文件位置标记按需要移动到任意位置,就可以实现随机读写。所谓随机读写,是指读写完上一个字符(字节)后,并不一定要读写其后续的字符(字节),而可以读写文件中任意位置上所需的字符(字节),即对文件读写数据的顺序和数据在文件中的物理顺序一般是不一致的。**可以在任何位置写入数据,在任何位置读取数据。**

2. 文件位置标记的定位

可以强制使文件位置标记指向需要的位置,用以下函数实现。

(1) 用 rewind 函数使文件位置标记指向文件头。

rewind 函数的作用是使文件位置标记重新返回文件的开头,此函数没有返回值。

例 10.5   有一个磁盘文件,第一次将它的内容显示在屏幕上,第二次把它复制到另一个文件上。

解题思路:

分别实现以上两个任务都不困难,以前我们都做过。但是把二者连续做,就会出现问题,因为在第一次读入完文件内容后,文件位置标记已指到文件的末尾,如果再接着读数据,

---

① 有的教材把指示文件读写的位置标记,称为"文件位置指针"(也称为"文件指针")。认为可以设想在文件中有一个看不见的指针在移动,它指向文件中下一个被读写的字节。但是这里说的指针和 C 语言中的"指针"所表示的概念是完全不同的,容易引起混淆。**如有的读者常把"文件位置指针"和"指向文件的指针"(FILE 指针)相混淆。从概念上说,变量的指针就是变量在内存中存储单元的地址。而文件是存储在外部介质上的,不存在内存地址。因此作者认为表示文件读写位置的不宜称为"指针",称为"文件读写位置标记"更为确切。**

就遇到文件结束标志,feof 函数的值等于 1(真),无法再读数据。必须在程序中用 rewind 函数使文件位置标记返回文件的开头。

编写程序：

```
#include<stdio.h>
int main()
  {FILE * fp1, * fp2;
  fp1=fopen("file1.dat","r");           //打开输入文件
  fp2=fopen("file2.dat","w");           //打开输出文件
  while(!feof(fp1)) putchar(getc(fp1)); //逐个读入字符并输出到屏幕
  putchar(10);
  rewind(fp1);                          //使文件位置标记返回文件头
  while(!feof(fp1)) putc(getc(fp1),fp2);
                                        //从文件头重新逐个读字符,输出到 file2 文件
  fclose(fp1);fclose(fp2);
  return 0;
  }
```

程序分析：

第一次从 file1.dat 文件逐字节读入内存,并显示在屏幕上,在读完全部数据后,文件 file1.dat 的文件位置标记已指到文件末尾,feof(fp1)的值为真,! feof(fp1) 的值为假(零),while 循环结束。执行 rewind 函数,使文件 file1 的文件位置标记重新定位于文件开头,同时 feof 函数的值恢复为 0(假)。

为简化程序,在打开文件时未作"是否打开成功"的检查。

(2) 用 fseek 函数移动文件位置标记。

用 fseek 函数可以改变文件位置标记的位置。

fseek 函数的调用形式为

fseek   (文件类型指针,位移量,起始点)

使用时,"起始点"用 0、1 或 2 代替,0 代表"文件开始",1 为"当前位置",2 为"文件末尾"。C 标准指定的名字如表 10.4 所示。

表 10.4 fseek 函数中的"起始点"的表示方法

起 始 点	名　　字	用数字代表
文件开始	SEEK_SET	0
文件位置标记当前位置	SEEK_CUR	1
文件末尾	SEEK_END	2

"位移量"指以"起始点"为基点,向前移动的字节数。C 标准要求位移量是 long 型数据(在数字的末尾加一个字母 L,就表示是 long 型)。

fseek 函数一般用于二进制文件,因为文本文件要发生字符转换,计算位置时往往会发生混乱。

下面是 fseek 函数调用的几个例子:

```
fseek(fp,100L,0);                    //将文件位置标记移到离文件头 100 字节处
fseek(fp,50L,1);                     //将文件位置标记移到离当前位置后面 50 字节处
fseek(fp,－10L,2);                    //将文件位置标记从文件末尾处向后退 10 字节
```

(3) 用 ftell 函数测定文件位置标记的当前位置。

ftell 函数的作用是得到流式文件位置标记的当前位置。由于文件位置标记经常移动,人们往往不容易知道其当前位置,所以常用 ftell 函数得到当前位置。用相对于文件开头的位移量来表示。如果 ftell 函数返回值为－1L,表示出错。例如:

```
i=ftell(fp);
if(i==－1L) printf("error\n");
```

变量 i 存放当前位置,如调用函数时出错(如不存在 fp 文件),则输出"error"。

10.4.2　随机读写文件

有了 rewind 和 fseek 函数,就可以实现随机读写了。通过下面简单的例子可以了解怎样进行随机读写。

例 10.6　在磁盘文件 stu_dat 上已存有 10 个学生的数据(stu_dat 是执行例 10.4 程序时建立的数据文件)。现要求将该文件中的第 1、3、5、7、9 个学生数据输入计算机,并在屏幕上显示出来。

解题思路:

(1) 按"二进制只读"的方式打开指定的磁盘文件,准备从磁盘文件中读取学生数据。

(2) 将文件位置标记指向文件的开头,然后从磁盘文件读入一个学生的信息,并把它显示在屏幕上。

(3) 再将文件位置标记指向文件中第 3,5,7,9 个学生的数据区的开头,从磁盘文件读入相应学生的信息,并把它显示在屏幕上。

(4) 关闭文件。

编写程序:

```
#include <stdlib.h>
#include<stdio.h>
struct student_type                    //学生数据类型
```

```
    { char name[10];
      int num;
      int age;
      char addr[15];
    }stud[10];

int main()
    { int i;
      FILE   * fp;
      if((fp=fopen("stu_dat","rb"))==NULL)          //以只读方式打开二进制文件
         {printf("can not open file\n");
          exit(0);
          }
      for(i=0;i<10;i+=2)
        {fseek(fp,i * sizeof(struct student_type),0);//移动文件位置标记
         fread(&stud[i], sizeof(struct student_type),1,fp);
                                                   //读一个数据块到结构体变量
         printf("%-10s %4d %4d %-15s\n",stud[i].name,stud[i].num,stud[i].age,
             stud[i].addr);                        //屏幕输出
         }
      fclose(fp);
      return 0;;
    }
```

运行结果:

```
Zhang      1001  19  room_101
Tan        1003  21  room_103
Li         1006  22  room_105
Zhen       1008  16  room_107
Qin        1012  19  room_109
```

程序分析:

函数中,指定"起始点"为0,即以文件开头为参照点。位移量为$i * sizeof(struct student\_type)$, $sizeof(struct student\_type)$是struct student_type类型变量的长度(字节数),i初值为0,因此第1次执行fread函数时,读入长度为$sizeof(struct student\_type)$的数据,即第1个学生的信息,把它存放在结构体数组的元素stud[0]中,然后在屏幕上输出该学生的信息。在第2次循环时,i增值为2,文件位置标记的移动量是struct student_type类型变量的长度的两倍,即跳过一个结构体变量,移到第3个学生的数据区的开头,然后用fread函数读入一个结构体变量,即第3个学生的信息,存放在结构体数组的元素stud[2]中,并输出到屏幕。

如此继续下去,每次文件位置标记的移动量是结构体变长度的两倍,这样就读取了第 1,3,5,7,9 学生的信息。

需要注意的是应当在磁盘中已经有所指定的文件"stu_dat",并且在该文件中存在这些学生的信息,否则会出错。

10.5 提高部分

10.5.1 系统定义的文件类型指针

在标准输入输出库中,系统定义了三个 FILE 型的指针变量:

(1) **stdin**(标准输入文件指针)。指向在内存中与**键盘**相应的文件信息区,因此,用它进行输入就蕴涵了从**键盘输入**。

(2) **stdout**(标准输出文件指针)。指向在内存中与显示器屏幕相应的文件信息区,因此,用它进行输出就蕴涵了输出到显示器屏幕。

(3) **stderr**(标准出错文件指针),用来输出出错的信息,它也指向在内存中与显示器屏幕相应的文件信息区,因此,在程序运行时的出错的信息就输出到显示器屏幕。

这三个 FILE 型的指针变量称为**标准文件**(standard file)指针,有时简称标准文件。它们是在 stdio.h 头文件中定义的。因此在使用键盘输入和屏幕输出时用户不需要自己定义相应的文件指针。

按规定,在程序中所有用到的文件必须先打开才能使用,但是为什么在对终端(显示器、打印机等)输入输出时程序中并没有打开相应的文件呢? 原因是:为了方便用户,系统在程序开始运行时,自动打开 3 个标准文件:标准输入 stdin、标准输出 stdout 和标准出错输出 stderr。因此用户就不需要自己打开终端文件了。

10.5.2 回车换行符的转换

从计算机输入文本文件时,将回车和换行符转换为一个换行符,在输出时把换行符转换成为回车和换行两个字符。在用二进制文件时,不进行这种转换,在内存中的数据形式与输出到外部文件中的数据形式完全一致,一一对应。

在执行例 10.4 第一个程序时,从键盘输入 10 个学生的数据是 ASCII 形式,在送到计算机内存时,回车和换行符转换成一个换行符。再从内存以"wb"方式(二进制写)输出到"stu_dat"文件,此时不发生字符转换,按内存中存储形式原样输出到磁盘文件上。在例 10.4 验证程序中,又用 fread 函数从"stu_dat"文件向内存读入数据,注意此时用的是"rb"方式,即二进制方式,数据按原样输入,也不发生字符转换。也就是这时候内存中的数据恢复到第一个程序向"stu_dat"输出以前的情况。最后在验证程序中,用 printf 函数输出到屏幕,printf 是格式输出函数,输出 ASCII 码,在屏幕上显示字符。换行符又转换为回车加换行符。

如果企图从"stu_dat"文件中以"r"方式(ASCII 读方式)读入数据就会出错。

10.5.3　fread 和 fwrite 函数用于二进制文件的输入输出

应当说明：fread 和 fwrite 函数只能用于二进制文件的输入输出，因为它们是按数据块的长度来处理输入输出的，按数据在存储空间存放的实际情况原封不动地在磁盘文件和内存之间传送，一般不会出错。如果在 ASCII 文件和二进制形式之间传送，在字符发生转换的情况下很可能出现与原设想的情况不同。

例如：

```
fread(&stud[i],sizeof(struct student_type),1,stdin);
```

企图从终端键盘输入数据(stdin 指向键盘文件)，这在语法上并不存在错误，编译能通过。如果用以下形式输入数据：

```
Zhang 1001 19 room 101↙
```

由于 fread 函数要求一次输入 33 字节(而不问这些字节的内容)，因此输入数据中的空格也作为输入数据而不作为数据间的分隔符了。连空格也存储到 stud[i]中了，显然是不对的。

10.5.4　文件读写的出错检测

C 标准提供一些函数用来检查输入输出函数调用中的错误。

1. ferror 函数

在调用各种输入输出函数(如 putc、getc、fread、fwrite 等)时，如果出现错误，除了函数返回值有所反映外，还可以用 ferror 函数检查。它的一般调用形式为：

```
ferror(fp);
```

如果 ferror 返回值为 0(假)，表示未出错；如果返回一个非零值，表示出错。

应该注意，对同一个文件每一次调用输入输出函数，均产生一个新的 ferror 函数值，因此，应当在调用一个输入输出函数后立即检查 ferror 函数的值，否则信息会丢失。

在执行 fopen 函数时，ferror 函数的初始值自动置为 0。

2. clearerr 函数

clearerr 的作用是使文件错误标志和文件结束标志置为 0。假设在调用一个输入输出函数时出现错误，ferror 函数值为一个非零值。应该立即调用 clearerr(fp)，使 ferror(fp)的值变成 0,以便再进行下一次的检测。

只要出现文件读写错误标志,它就一直保留,直到对同一文件调用 clearerr 函数或 rewind 函数,或任何其他一个输入输出函数。

本章小结

(1)文件是在**外部介质上数据的集合**,操作系统把所有输入输出设备都作为文件来管理。每一个文件需要有一个文件标识,包括文件路径、文件主干名和文件后缀。

(2)数据文件有两类:**ASCII 文件**和**二进制文件**。数据在内存中是以二进制形式存储的,如果不加转换地输出到外存,就是二进制文件,可以认为它就是存储在内存的数据的**映像**,所以也称为映像文件。如果要求在外存上以 ASCII 代码形式存储,则需要在存储前进行转换。

(3)C 语言采用缓冲文件系统,为每一个使用的文件在内存开辟一个**文件缓冲区**,在计算机输入时,先从文件把数据读到文件缓冲区,然后从缓冲区分别送到各变量的存储单元。在输出时,先从内存数据区将数据送到文件缓冲区,待放满缓冲区后一次输出,这有利于提高效率。

(4)**文件指针**是缓冲文件系统中的一个重要的概念。在文件打开时,在内存建立一个**文件信息区**,存放文件的有关特征和当前状态。这个信息区的数据组织成结构体类型,系统把它命名为 **FILE 类型**。文件指针是指向 FILE 类型数据的,具体来说就是指向某一文件信息区的开头。通过这个指针可以得到文件的有关信息,从而对文件进行操作。这就是指针指向文件的含义。

(5)文件使用前必须"打开",用完后应当"关闭"。所谓打开,是建立相应的文件信息区,开辟文件缓冲区。由于建立的文件信息区没有名字,只能通过指针变量来引用,因此一般在打开文件时同时使指针变量指向该文件的信息区,以便程序对文件进行操作。所谓关闭,是撤销文件信息区和文件缓冲区,指针变量不再指向该文件。

(6)有两种对文件的读写方式,**顺序读写**和**随机读写**。对于顺序读写而言,对文件读写数据的顺序和数据在文件中的物理顺序是一致的。对于随机读写而言,对文件读写数据的顺序和数据在文件中的物理顺序一般是不一致的。

(7)对文件的操作,要通过文件操作函数实现。表 10.5 归纳了常用的文件操作函数及其功能。

表 10.5　常用的文件操作函数及功能

分　类	函　数　名	功　　能
打开文件	fopen()	打开文件
关闭文件	fclose()	关闭文件
文件定位	fseek()	改变文件位置标记的位置
	rewind()	使文件位置标记重新置于文件开头
	ftell()	得到文件位置标记的当前值
文件读写	fgetc(), getc()	从指定文件取得一个字符
	fputc(), putc()	把字符输出到指定文件
	fgets()	从指定文件读取字符串
	fputs()	把字符串输出到指定文件
	fread()	从指定文件中读取数据块
	fwrite()	把数据块写到指定文件
	fscanf()	从指定文件按格式输入数据
	fprintf()	按指定格式将数据写到指定文件中
文件状态	feof()	若到文件末尾,函数值为"真"(非 0)
	ferror()	若对文件操作出错,函数值为"真"(非 0)
	clearerr()	使 ferror 和 feof 函数值置零

（8）文件这一章的内容在实际应用中是很重要的,许多可供实际使用的 C 程序都包含了文件处理。通常将大批数据存放在磁盘上,在运行应用程序的过程中,内存与磁盘之间频繁地交换数据,或大量地从文件中查询数据,这就要经常进行文件操作。本章只介绍了一些最基本的概念,并通过一些简单的例子初步了解怎样对文件进行操作,为以后的进一步学习和应用打下必要的基础。

习题

10.1　对 C 文件操作有些什么特点? 什么是缓冲文件系统和文件缓冲区?

10.2　什么是文件型指针? 通过文件指针访问文件有什么好处?

10.3　对文件的打开与关闭的含义是什么? 为什么要打开和关闭文件?

10.4　从键盘输入一个字符串,将其中的小写字母全部转换成大写字母,然后输出到一个磁盘文件"test"中保存。输入的字符串以"!"结束。

10.5　有两个磁盘文件"A"和"B",各存放一行字母,现要求把这两个文件中的信息合并(按字母顺序排列),输出到一个新文件"C"中去。

10.6　有 5 个学生,每个学生有 3 门课程的成绩,从键盘输入学生数据(包括学号,姓名,3 门课程成绩),计算出平均成绩,将原有数据和计算出的平均分数存放在磁盘文件"stud"中。

10.7　将习题 10.6"stud"文件中的学生数据,按平均分进行排序处理,将已排序的学生数据存入一个新文件"stu_sort"中。

10.8　将习题 10.7 已排序的学生成绩文件进行插入处理。插入一个学生的 3 门课程成绩,程序先计算新插入学生的平均成绩,然后将它按成绩高低顺序插入,插入后建立一个新文件。

10.9　将习题 10.8 的结果存入原有的"stu_sort"文件而不另外建立新文件。

10.10　有一磁盘文件"employee",内存放职工的数据。每个职工的数据包括职工姓名、职工号、性别、年龄、住址、工资、健康状况、文化程度。现要求将职工名、工资的信息单独抽出来另外建一个简明的职工工资文件。

10.11　从习题 10.10 的"职工工资文件"中删去一个职工的数据,再存回原文件。

10.12　从键盘输入若干行字符(每行长度不等),输入后把它们存储到磁盘文件中。再从该文件中读入这些数据,将其中小写字母转换成大写字母后在显示屏上输出。

常用字符与 ASCII 代码对照表

ASCII 码		字　符	ASCII 码		字　符	ASCII 码		字　符	ASCII 码		字　符
十进制	十六进制		十进制	十六进制		十进制	十六进制		十进制	十六进制	
000	00	NUL	032	20	SP	064	40	@	096	60	'
001	01	SOH(^A)	033	21	!	065	41	A	097	61	a
002	02	STX(^B)	034	22	"	066	42	B	098	62	b
003	03	ETX(^C)	035	23	#	067	43	C	099	63	c
004	04	EOT(^D)	036	24	$	068	44	D	100	64	d
005	05	END(^E)	037	25	%	069	45	E	101	65	e
006	06	ACK(^F)	038	26	&	070	46	F	102	66	f
007	07	BEL(^G)	039	27	'	071	47	G	103	67	g
008	08	BS(^H)	040	28	(	072	48	H	104	68	h
009	09	HT(^I)	041	29	)	073	49	I	105	69	i
010	0A	LF(^J)	042	2A	*	074	4A	J	106	6A	j
011	0B	VT(^K)	043	2B	+	075	4B	K	107	6B	k
012	0C	FF(^L)	044	2C	,	076	4C	L	108	6C	l
013	0D	CR(^M)	045	2D	—	077	4D	M	109	6D	m
014	0E	SO(^N)	046	2E	.	078	4E	N	110	6E	n
015	0F	SI(^O)	047	2F	/	079	4F	O	111	6F	o
016	10	DLE(^P)	048	30	0	080	50	P	112	70	p
017	11	DC1(^Q)	049	31	1	081	51	Q	113	71	q
018	12	DC2(^R)	050	32	2	082	52	R	114	72	r
019	13	DC3(^S)	051	33	3	083	53	S	115	73	s
020	14	DC4(^T)	052	34	4	084	54	T	116	74	t
021	15	NAK(^U)	053	35	5	085	55	U	117	75	u
022	16	SYN(^V)	054	36	6	086	56	V	118	76	v
023	17	ETB(^W)	055	37	7	087	57	W	119	77	w
024	18	CAN(^X)	056	38	8	088	58	X	120	78	x
025	19	EM(^Y)	057	39	9	089	59	Y	121	79	y
026	1A	SUB(^Z)	058	3A	:	090	5A	Z	122	7A	z
027	1B	ESC	059	3B	;	091	5B	[	123	7B	{
028	1C	FS	060	3C	<	092	5C	\	124	7C	|
029	1D	GS	061	3D	=	093	5D	]	125	7D	}
030	1E	RS	062	3E	>	094	5E	^	126	7E	~
031	1F	US	063	3F	?	095	5F	_	127	7F	del

C 语言中的关键字

auto	break	case	char	const
continue	default	do	double	else
enum	extern	float	for	goto
if	inline	int	long	register
restrict	return	short	signed	sizeof
static	struct	switch	typedef	union
unsigned	void	volatile	while	_bool
_complex	_Imaginary			

运算符和结合性

优先级	运 算 符	含 义	要求运算 对象的个数	结合方向
1	( ) [ ] -> ·	圆括号 下标运算符 指向结构体成员运算符 结构体成员运算符		自左至右
2	! ~ ++ −− − （类型） * & sizeof	逻辑非运算符 按位取反运算符 自增运算符 自减运算符 负号运算符 类型转换运算符 指针运算符 地址与运算符 长度运算符	1 （单目运算符）	自右至左
3	* / %	乘法运算符 除法运算符 求余运算符	2 （双目运算符）	自左至右
4	+ −	加法运算符 减法运算符	2 （双目运算符）	自左至右
5	<< >>	左移运算符 右移运算符	2 （双目运算符）	自左至右
6	< <= > >=	关系运算符	2 （双目运算符）	自左至右
7	== !=	等于运算符 不等于运算符	2 （双目运算符）	自左至右
8	&	按位与运算符	2 （双目运算符）	自左至右
9	∧	按位异或运算符	2 （双目运算符）	自左至右

续表

优先级	运算符	含义	要求运算 对象的个数	结合方向
10	|	按位或运算符	2 (双目运算符)	自左至右
11	&&	逻辑与运算符	2 (双目运算符)	自左至右
12	||	逻辑或运算符	2 (双目运算符)	自左至右
13	? :	条件运算符	3 (三目运算符)	自右至左
14	= += -= *= /= %= >>= <<= &= ∧= |=	赋值运算符	2	自右至左
15	,	逗号运算符 (顺序求值运算符)		自左至右

说明:

(1) 同一优先级的运算符优先级别相同,运算次序由结合方向决定。例如 * 与 / 具有相同的优先级别,其结合方向为自左至右,因此 3 * 5 / 4 的运算次序是先乘后除。- 和 ++ 为同一优先级,结合方向为自右至左,因此 -i++ 相当于 -(i++)。

(2) 不同的运算符要求有不同的运算对象个数,如 +(加)和 -(减)为双目运算符,要求在运算符两侧各有一个运算对象(如 3+5、8-3 等)。而 ++ 和 -(负号)运算符是一元运算符,只能在运算符的一侧出现一个运算对象(如 -a、i++、--i、(float)i、sizeof(int)、*p 等)。条件运算符是 C 语言中唯一的一个三目运算符,如 x?a:b。

(3) 从上述表中可以大致归纳出各类运算符的优先级(上面的高,下面的低):

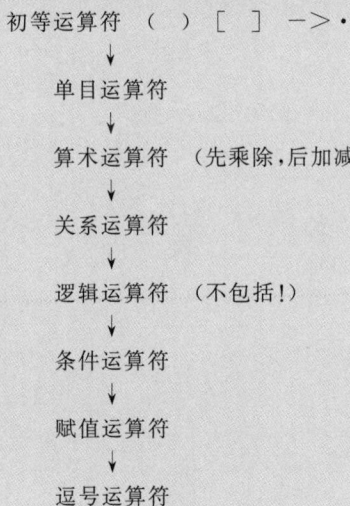

初等运算符 ( ) [ ] -> ·
↓
单目运算符
↓
算术运算符 (先乘除,后加减)
↓
关系运算符
↓
逻辑运算符 (不包括!)
↓
条件运算符
↓
赋值运算符
↓
逗号运算符

以上的优先级别由上到下递减。初等运算符优先级最高，逗号运算符优先级最低。位运算符的优先级比较分散（有的在算术运算符之前（如～），有的在关系运算符之前（如 << 和 >>），有的在关系运算符之后（如 & 、∧、|））。为了容易记忆，使用位运算符时可加圆括号。

附录 D

C 语言常用语法提要

为读者查阅方便,下面列出 C 语言语法中常用的一些部分的提要。为便于理解没有采用严格的语法定义形式,只是备忘性质,供参考。

1. 标识符

可由字母、数字和下画线组成。标识符必须以字母或下画线开头。大、小写的字母分别认为是两个不同的字符。不同的系统对标识符的字符数有不同的规定,一般允许 7 个字符。

2. 常量

可以使用:

(1) 整型常量

十进制常数。

八进制常数(以 0 开头的数字序列)。

十六进制常数(以 0x 开头的数字序列)。

长整型常数(在数字后加字符 L 或 l)。

(2) 字符常量

用单引号(撇号)括起来的一个字符,可以使用转义字符。

(3) 实型常量(浮点型常量)

小数形式。

指数形式。

(4) 字符串常量

用双引号括起来的字符序列。

3. 表达式

(1) 算术表达式

整型表达式:参加运算的运算量是整型量,结果也是整型数。

实型表达式:参加运算的运算量是实型量,运算过程中先转换成 double 型,结果为

double 型。

（2）逻辑表达式

用逻辑运算符连接的整型量,结果为一个整数(0 或 1)。逻辑表达式可以认为是整型表达式的一种特殊形式。

（3）字位表达式

用位运算符连接的整型量,结果为整数。字位表达式也可以认为是整型表达式的一种特殊形式。

（4）强制类型转换表达式

用"(类型)"运算符使表达式的类型进行强制转换。如(float)a。

（5）逗号表达式(顺序表达式)

形式为

表达式 1,表达式 2,…,表达式 n

顺序求出表达式 1,表达式 2,……,表达式 n 的值。结果为表达式 n 的值。

（6）赋值表达式

将赋值号"＝"右侧表达式的值赋给赋值号左边的变量。赋值表达式的值为执行赋值后被赋值的变量的值。

（7）条件表达式

形式为

逻辑表达式? 表达式 1:表达式 2

逻辑表达式的值若为非零,则条件表达式的值等于表达式 1 的值;若逻辑表达式的值为零,则条件表达式的值等于表达式 2 的值。

（8）指针表达式

对指针类型的数据进行运算。例如,p－2、p1－p2、＆a 等(其中 p、p1、p2 均已定义为指针变量),结果为指针类型。

以上各种表达式可以包含有关的运算符,也可以是不包含任何运算符的初等量(例如,常数是算术表达式的最简单的形式)。

4. 数据定义

对程序中用到的所有变量都需要进行定义。对数据要定义其数据类型,需要时要指定其存储类别。

（1）类型标识符可用

```
int
short
```

```
long
unsigned
char
float
double
struct      结构体名
union       共用体名
用 typedef 定义的类型名
```

结构体与共用体的定义形式为

struct　　结构体名
　　{ 成员表列 };

union　　共用体名
　　{ 成员表列 };

用 typedef 定义新类型名的形式为

typedef　　已有类型　新定义类型;

如：

```
typedef int COUNT;
```

（2）存储类别可用

```
auto
static
register
extern
```

（如不指定存储类别，作 auto 处理）

变量的定义形式为

存储类别　数据类型　变量表列

例如：

```
static   float   a,b,c;
```

注意：外部数据定义只能用 extern 或 static，而不能用 auto 或 register。

5. 函数定义

形式为

```
存储类别    数据类型    函数名 (形参表列)
    函数体
```

函数的存储类别只能用 extern 或 static。函数体是用大括号括起来的,可包括数据定义和语句。函数的定义举例如下:

```
static int max(int x,int y)
{   int z;
    z=x>y? x:y;
    return(z);
}
```

6. 变量的初始化

可以在定义时对变量或数组指定初始值。

静态变量或外部变量如未初始化,系统自动使其初值为零(对数值型变量)或空(对字符型数据)。对自动变量或寄存器变量,若未初始化,则其初值为一不可预测的数据。

7. 语句

(1) 表达式语句。

(2) 函数调用语句。

(3) 控制语句。

(4) 复合语句。

(5) 空语句。

其中控制语句包括以下内容。

(1) if(表达式)语句


```
if (表达式)  语句 1
else   语句 2
```

(2) while(表达式)语句

(3) do 语句

```
    while  (表达式);
```

(4) for(表达式 1;表达式 2;表达式 3)语句

(5) switch(表达式)

```
{  case  常量表达式 1:  语句 1;
   case  常量表达式 2:  语句 2;
```

$$\vdots$$

```
    case  常量表达式 n:  语句 n;
    default;  语句 n+ 1;
}
```

前缀 case 和 default 本身并不改变控制流程,它们只起标号作用,在执行上一个 case 所标志的语句后,继续顺序执行下一个 case 前缀所标志的语句,除非上一个语句中最后用 break 语句使控制转出 switch 结构。

(6) break 语句

(7) continue 语句

(8) return 语句

(9) goto 语句

8. 预处理命令

```
#define  宏名  字符串
#define  宏名(参数 1,参数 2,…,参数 n) 字符串
#undef  宏名
#include  "文件名"  (或<文件名>)
#if  常量表达式
#ifdef  宏名
#ifndef  宏名
#else
#endif
```

C 库函数

库函数并不是 C 语言的一部分。它是由人们根据需要编制并提供用户使用的。每一种 C 编译系统都提供了一批库函数,不同的编译系统所提供的库函数的数目和函数名以及函数功能是不完全相同的。ANSI C 标准提出了一批建议提供的标准库函数。它包括了目前多数 C 编译系统所提供的库函数,但也有一些是某些 C 编译系统未曾实现的。考虑到通用性,本书列出 ANSI C 标准建议提供的、常用的部分库函数。对多数 C 编译系统,可以使用这些函数的绝大部分。由于 C 库函数的种类和数目很多(例如,还有屏幕和图形函数、时间日期函数、与系统有关的函数等,每一类函数又包括各种功能的函数),限于篇幅,本附录不能全部介绍,只从教学需要的角度列出最基本的。读者在编制 C 程序时可能要用到更多的函数,请查阅所用系统的手册。

1. 数学函数

使用数学函数时,应该在该源文件中使用如下命令行。

```
#include<math.h>  或  #include "math.h"
```

函数名	函数原型	功　能	返回值	说　明
abs	int abs(int x)	求整数 x 的绝对值	计算结果	
acos	double acos(double x);	计算 $\arccos(x)$ 的值	计算结果	x 应在 $-1\sim1$ 范围内
asin	double asin(double x);	计算 $\arcsin(x)$ 的值	计算结果	x 应在 $-1\sim1$ 范围内
atan	double atan(double x);	计算 $\arctan(x)$ 的值	计算结果	
atan2	double atan2(double x, double y);	计算 $\arctan(x/y)$ 的值	计算结果	
cos	double cos(double x);	计算 $\cos x$ 的值	计算结果	x 的单位为弧度
cosh	double cosh(double x);	计算 x 的双曲余弦 $\cosh(x)$ 的值	计算结果	
exp	double exp(double x);	求 e^x 的值	计算结果	

续表

函数名	函数原型	功　能	返回值	说　　明
fabs	double fabs(double x);	求 x 的绝对值	计算结果	
floor	double floor(double x);	求出不大于 x 的最大整数	该整数的双精度实数	
fmod	double fmod(double x, double y);	求整除 x/y 的余数	返回余数的双精度数	
frexp	double frexp(double val, int * eptr);	把双精度数 val 分解为数字部分(尾数)x 和以 2 为底的指数 n，即 $val=x*2^n$，n 存放在 eptr 指向的变量中	返回数字部分 x $0.5 \leqslant x < 1$	
log	double log(double x);	求 $\log_e x$，即 $\ln x$	计算结果	
log10	double log10(double x);	求 $\log_{10} x$	计算结果	
modf	double modf(double val, double * iptr);	把双精度数 val 分解为整数部分和小数部分，把整数部分存到 iptr 指向的单元	val 的小数部分	
pow	double pow(double x, double y);	计算 x^y 的值	计算结果	
rand	int rand(void);	产生 -90 到 32767 间的随机整数	随机整数	
sin	double sin(double x);	计算 $\sin x$ 的值	计算结果	x 单位为弧度
sinh	double sinh(double x);	计算 x 的双曲正弦函数 $\sinh(x)$ 的值	计算结果	
sqrt	double sqrt(double x);	计算 $\sqrt{x}$	计算结果	x 应 $\geqslant 0$
tan	double tan(double x);	计算 $\tan(x)$ 的值	计算结果	x 单位为弧度
tanh	double tanh(double x);	计算 x 的双曲正切函数 $\tanh(x)$ 的值	计算结果	

2. 字符函数和字符串函数

ANSI C 标准要求在使用字符串函数时要包含头文件"string.h"，在使用字符函数时要包含头文件"ctype.h"。有的 C 编译不遵循 ANSI C 标准的规定，而用其他名称的头文件。请使用时查有关手册。

函数名	函 数 原 型	功　　能	返　回　值	包含文件
isalnum	int isalnum(int ch);	检查 ch 是否是字母(alpha)或数字(numeric)	是字母或数字返回 1;否则返回 0	ctype.h
isalpha	int isalpha(int ch);	检查 ch 是否字母	是,返回 1;不是则返回 0	ctype.h
iscntrl	int iscntrl(int ch);	检查 ch 是否控制字符(其 ASCII 码在 0 和 0x1F 之间)	是,返回 1;不是,返回 0	ctype.h
isdigit	int isdigit(int ch);	检查 ch 是否数字(0~9)	是,返回 1 不是,返回 0	ctype.h
isgraph	int isgraph(int ch);	检查 ch 是否可打印字符(其 ASCII 码在 0x21 ~ 0x7E 之间),不包括空格	是,返回 1;不是,返回 0	ctype.h
islower	int islower(int ch);	检查 ch 是否小写字母(a~z)	是,返回 1;不是,返回 0	ctype.h
isprint	int isprint(int ch);	检查 ch 是否可打印字符(包括空格),其 ASCII 码在 0x20~0x7E 之间	是,返回 1;不是,返回 0	ctype.h
ispunct	int isprint(int ch);	检查 ch 是否标点字符(不包括空格),即除字母、数字和空格以外的所有可打印字符	是,返回 1;不是,返回 0	ctype.h
isspace	int isspace(int ch);	检查 ch 是否空格、跳格符(制表符)或换行符	是,返回 1;不是,返回 0	ctype.h
isupper	int isupper(int ch);	检查 ch 是否大写字母(A~Z)	是,返回 1;不是,返回 0	ctype.h
isxdigit	int isxdigit(int ch);	检查 ch 是否一个十六进制数学字符(即 0~9,或 A~F,或 a~f)	是,返回 1;不是,返回 0	ctype.h
strcat	char * strcat(char * str1, char * str2)	把字符串 str2 接~str1 后面,str1 最后面的'\0'被取消	str1	string.h
strchr	char * strchr(char * str, int ch); str;	找出 str 指向的字符串中第一次出现字符 ch 的位置	返回指向该位置的指针,如找不到,则返回空指针	string.h
strcmp	int strcmp(char * str1,char * str2)	比较两个字符串 str1、str2	str1<str2,返回负数 str1=str2,返回 0。str1>str2,返回正数	string.h
strcpy	char * strcpy(char * str1,char * str2);	把 str2 指向的字符串复制到 str1 中去	返回 str1	string.h

续表

函数名	函 数 原 型	功　　能	返　回　值	包含文件
strlen	unsigned int strlen (char * str);	统计字符串 str 中字符的个数(不包括终止符'\0')	返回字符个数	string.h
strstr	char * strstr(char * str1,char * str2);	找出 str2 字符串在 str1 字符串中第一次出现的位置(不包括 str2 的串结束符)	返回该位置的指针。如找不到,返回空指针	string.h
tolower	int tolower(int ch);	ch 字符转换为小写字母	返回 ch 所代表的字符的小写字母	ctype.h
toupper	int toupper(int ch);	将 ch 字符转换成大写字母	与 ch 相应的大写字母	

3. 输入输出函数

凡用以下的输入输出函数,应该使用 #include<stdio.h>把 stdio.h 头文件包含到源程序文件中。

函数名	函 数 原 型	功　　能	返　回　值	说　　明
clearerr	void clearerr(FILE * fp);	清除文件指针错误。指示器	无	
close	int close(int fp);	关闭文件	关闭成功返回 0,不成功,返回−1	非 ANSI 标准
creat	int creat(char * filename, int mode);	以 mode 所指定的方式建立文件	成功则返回正数,否则返回−1	非 ANSI 标准
eof	inteof(int fd);	检查文件是否结束	遇文件结束,返回 1;否则返回 0	非 ANSI 标准
fclose	int fclose(FILE * fp);	关闭 fp 所指的文件,释放文件缓冲区	有错则返回非 0,否则返回 0	
feof	int feof(FILE * fp);	检查文件是否结束	遇文件结束符返回非零值,否则返回 0	
fgetc	int fgetc(FILE * fp);	从 fp 所指定的文件中取得下一个字符	返回所得到的字符。若读入出错,返回 EOF	
fgets	char * fgets(char * buf, int n, FILE * fp);	从 fp 指向的文件读取一个长度为(n−1)的字符串,存入起始地址为 buf 的空间	返回地址 buf,若遇文件结束或出错,返回 NULL	
fopen	FILE * fopen (char * filename, char * mode);	以 mode 指定的方式打开名为 filename 的文件	成功,返回一个文件指针(文件信息区的起始地址),否则返回 0	
fprintf	int fprintf (FILE * fp, char * format,args,…);	把 args 的值以 format 指定的格式输出到 fp 所指定的文件中	实际输出的字符数	

续表

函数名	函数原型	功　　能	返　回　值	说　　明
fputc	int fputc(char ch, FILE * fp);	将字符 ch 输出到 fp 指向的文件中	成功,则返回该字符;否则返回非 0	
fputs	int fputs (char * str, FILE * fp);	将 str 指向的字符串输出到 fp 所指定的文件	返回 0,若出错返回非 0	
fread	int fread(char * pt, unsigned size, unsigned n, FILE * fp);	从 fp 所指定的文件中读取长度为 size 的 n 个数据项,存到 pt 所指向的内存区	返回所读的数据项个数,如遇文件结束或出错返回 0	
fscanf	int fscanf (FILE * fp, char format,args,…);	从 fp 指定的文件中按 format 给定的格式将输入数据送到 args 所指向的内存单元(args 是指针)	已输入的数据个数	
fseek	int fseek (FILE * fp, long offset, int base);	将 fp 所指向的文件的位置指针移到以 base 所指出的位置为基准、以 offset 为位移量的位置	返回当前位置,否则,返回—1	
ftell	long ftell(FILE * fp);	返回 fp 所指向的文件中的读写位置	返回 fp 所指向的文件中的读写位置	
fwrite	int fwrite (char * ptr, unsigned size, unsigned n, FILE * fp);	把 ptr 所指向的 n * size 字节输出到 fp 所指向的文件中	写到 fp 文件中的数据项的个数	
getc	int getc(FILE\ * fp);	从 fp 所指向的文件中读入一个字符	返回所读的字符,若文件结束或出错,返回 EOF	
getchar	int getchar(void);	从标准输入设备读取下一个字符	所读字符。若文件结束或出错,则返回—1	
getw	int getw(FILE * fp);	从 fp 所指向的文件读取下一个字(整数)	输入的整数。如文件结束或出错,返回—1	非 ANSI 标准函数
open	int open(char * filename, int mode);	以 mode 指出的方式打开已存在的名为 filename 的文件	返回文件号(正数)。如打开失败,返回—1	非 ANSI 标准函数
printf	int printf(char * format,args,…);	按 format 指向的格式字符串所规定的格式,将输出表列 args 的值输出到标准输出设备	输出字符的个数。若出错,返回负数	format 可以是一个字符串,或字符数组的起始地址
putc	int putc (int ch, FILE * fp);	把一个字符 ch 输出到 fp 所指的文件中	输出的字符 ch。若出错,返回 EOF	
putchar	int putchar(char ch);	把字符 ch 输出到标准输出设备	输出的字符 ch。若出错,返回 EOF	

续表

函数名	函数原型	功　能	返　回　值	说　明
puts	int puts(char * str);	把 str 指向的字符串输出到标准输出设备,将'\0'转换为回车换行	返回换行符。若失败,返回 EOF	
putw	int putw(int w, FILE * fp);	将一个整数 w(即一个字)写到 fp 指向的文件中	返回输出的整数。若出错,返回 EOF	非 ANSI 标准函数
read	int read(int fd, char * buf, unsigned count);	从文件号 fd 所指示的文件中读 count 字节到由 buf 指示的缓冲区中	返回真正读入的字节个数。如遇文件结束返回 0,出错返回 —1	非 ANSI 标准函数
rename	int rename (char * oldname, char * newname);	把由 oldname 所指的文件名,改为由 newname 所指的文件名	成功返回 0,出错返回 —1	
rewind	void rewind (FILE * fp);	将 fp 指示的文件中的位置指针置于文件开头位置,并清除文件结束标志和错误标志	无	
scanf	int scanf(char * format, args,…);	从标准输入设备按 format 指向的格式字符串所规定的格式,输入数据给 args 所指向的单元	读入并赋给 args 的数据个数。遇文件结束返回 EOF,出错返回 0	args 为指针
write	int write (int fd, char * buf, unsigned count);	从 buf 指示的缓冲区输出 count 个字符到 fd 所标志的文件中	返回实际输出的字节数。如出错返回 —1	非 ANSI 标准函数

4. 动态存储分配函数

ANSI 标准建议设 4 个有关的动态存储分配的函数,即 calloc()、malloc()、free()、realloc()。实际上,许多 C 编译系统实现时,往往增加了一些其他函数。ANSI 标准建议在"stdlib.h"头文件中包含有关的信息,但许多 C 编译要求用"malloc.h"而不是"stdlib.h"。读者在使用时应查阅有关手册。

ANSI 标准要求动态分配系统返回 void 指针。void 指针具有一般性,它们可以指向任何类型的数据。但目前有的 C 编译所提供的这类函数返回 char 指针。无论以上两种情况的哪一种,都需要用强制类型转换的方法把 void 或 char 指针转换成所需的类型。

函数名	函数和形参类型	功　能	返　回　值
calloc	void * calloc (unsigned n, unsign size);	分配 n 个数据项的内存连续空间,每个数据项的大小为 size	分配内存单元的起始地址。如不成功,返回 0

续表

函数名	函数和形参类型	功　能	返　回　值
free	void free(void * p);	释放 p 所指的内存区	无
malloc	void * malloc(unsigned size);	分配 size 字节的存储区	所分配的内存区地址，如内存不够，返回 0
realloc	void * realloc(void * p, unsigned size);	将 f 所指出的已分配内存区的大小改为 size。size 可以比原来分配的空间大或小	返回指向该内存区的指针

参考文献

[1]　谭浩强. C 语言程序设计[M]. 3 版. 北京：清华大学出版社，2014.

[2]　谭浩强. C 语言程序设计(第 3 版)学习辅导[M]. 北京：清华大学出版社，2014.

[3]　谭浩强. C 程序设计[M]. 4 版. 北京：清华大学出版社，2010.

[4]　谭浩强. C 程序设计教程[M]. 2 版. 北京：清华大学出版社，2013.

[5]　谭浩强. C 程序设计(第 4 版)学习辅导[M]. 北京：清华大学出版社，2010.

图 书 资 源 支 持

感谢您一直以来对清华版图书的支持和爱护。为了配合本书的使用，本书提供配套的资源，有需求的读者请扫描下方的"书圈"微信公众号二维码，在图书专区下载，也可以拨打电话或发送电子邮件咨询。

如果您在使用本书的过程中遇到了什么问题，或者有相关图书出版计划，也请您发邮件告诉我们，以便我们更好地为您服务。

我们的联系方式：

地　　址：北京市海淀区双清路学研大厦 A 座 714

邮　　编：100084

电　　话：010-83470236　　010-83470237

客服邮箱：2301891038@qq.com

QQ：2301891038（请写明您的单位和姓名）

资源下载：关注公众号"书圈"下载配套资源。

资源下载、样书申请

书 圈　　　　　获取最新书目　　　　　观看课程直播